陕西出版资金精品项目

MJ 螺纹强度理论与计算

谭申刚　主编

西北工業大學出版社

【内容简介】 螺栓是飞机结构最常用的连接件之一，在飞机结构设计中作为标准件被大量采用，也常在特殊连接区域需要特制，以满足复杂连接情况的要求。强度设计分析时主要依据螺栓的标准试验结果进行，缺少对螺纹受载特点和强度分析方法的系统研究。本书从螺纹的演变历史出发，比较系统地介绍了各种螺纹的发展过程，螺纹的强度分析方法演变，基于经验强度分析和有限元应力分析结果，通过试验验证并总结出了MJ 螺纹强度分析方法，供飞机结构设计人员使用。

图书在版编目（CIP）数据

MJ 螺纹强度理论与计算/谭申刚主编. —西安：西北工业大学出版社，2014.9
ISBN 978-7-5612-4154-7

Ⅰ.①M… Ⅱ.①谭… Ⅲ.①飞机构件—螺纹—强度理论—计算 Ⅳ.①V229

中国版本图书馆 CIP 数据核字（2014）第 217757 号

出版发行：西北工业大学出版社
通信地址：西安市友谊西路 127 号　　邮编：710072
电　　话：(029)88493844　88491757
网　　址：http://www.nwpup.com
印 刷 者：陕西群艺印务有限责任公司
开　　本：787 mm×1 092 mm　1/16
印　　张：12.625
字　　数：296 千字
版　　次：2014 年 9 月第 1 版　　2014 年 9 月第 1 次印刷
定　　价：88.00 元

《MJ 螺纹强度理论与计算》编委会

主　编　谭申刚

副主编　王新波　曾玉铭

编　委　王亚芳　宁　宇　杨小斌　魏麟欢

主　审　刘马宝

前　　言

一架完整的飞机结构是由许多零、构件组成的。理想的结构最好采用单一材料经过简单工艺加工而成，但是从飞机结构设计理念、材料特点、工艺可实施性和维修性等方面来讲，都是不现实的。通常飞机结构零、构件之间主要采用螺栓或铆钉连接，结构的不连续性和复杂的传力形式，使结构连接处的强度性能急剧降低，这是影响飞机结构安全性的最主要因素之一。因此结构连接件强度特性是飞机结构设计人员关注的重要问题之一。

本书从螺纹的演变历史出发，比较系统地介绍了各种螺纹的发展过程，螺纹的强度分析方法演变情况，基于经验强度分析和有限元应力分析结果，并通过试验验证，总结出了MJ 螺纹强度分析方法。

第一章作为入门的一章，主要介绍了普通螺纹的概念和各部分的名称和符号表示，进而简要概括了螺纹按照用途的分类，使读者对螺纹概念有一个基本的认识。螺纹作为各种机械，尤其是飞机、航天器的主要零部件之一，起到连接、固定等作用，对于机械的寿命和稳定性有着重要的影响。但是，要求各种机械使用螺纹就需要统一螺纹的设计、加工和使用，这就需要一个统一的螺纹标准来规范。

第二章介绍了螺纹标准。2.1 节叙述了三角形螺纹的发展历史，它的起源和变革，详细介绍了三角形螺纹中的威氏螺纹、美国国家螺纹、统一螺纹和公制螺纹的发展历史。2.2节系统地介绍了 ISO 公制螺纹的基本概念，以及 ISO 公制螺纹标准的基本牙型和体系，包括等级与标注、旋合长度、质量和沟底圆弧的概念。在公制螺纹标准体系下，2.3 节介绍了机螺钉类、螺栓和螺母用 ISO 公制螺纹及其标准，列出了商用机螺钉类、螺栓和螺母用 ISO 公制螺纹标准。2.4 节介绍了公制螺纹标准中粗牙螺纹和细牙螺纹使用的区别。2.5 节介绍了 ISO 公制系列六角螺栓和六角螺母的主要尺寸。2.6 节介绍了 ISO 公制螺纹公称直径在 39mm 以下的碳素钢或合金钢制螺栓、机螺钉、双头螺柱和螺母的机械性能。

第三章详细论述了 MJ 螺纹构型特点。3.1 节介绍了 MJ 螺纹的概念、基本牙型和MJ 螺纹的特点。3.2 节介绍了 MJ 螺纹标准，包括 MJ 螺纹的发展历史，国际 MJ 螺纹标准，以及重点介绍了我国国家军用 MJ 螺纹标准的发展和 MJ 螺纹标准的内容。为了让读者了解普通螺纹和 MJ 螺纹的基础知识，能够区别使用，3.3 节介绍了普通螺纹与 MJ 螺纹的区别，即主要有基本牙型不同、尺寸不同和加工方法不同等。虽然 MJ 螺纹的强度很高，但是目前大多数机械结构上用的都是普通螺纹，所以就需要推行 MJ 螺纹和普通螺纹相互配合使用。3.4 节介绍了普通螺纹和 MJ 螺纹配合的可能性，分析了 MJ 内螺纹与 M 外螺纹和 MJ 外螺纹与 M 内螺纹配合的可行性，并且列出了配合时的计算公式及结论。3.5 节介绍了 MJ 螺纹在航空航天上的应用。在飞机结构制造方面，大量使用了 MJ 螺纹。MJ 螺纹作为 MJ 螺纹紧固件应用于航天行业，主要介绍了 MJ 螺纹紧固件的发展历史、结构特点、性能特点、标记、标志以及 MJ 紧固件在航天产品上的应用。

第四章主要介绍了螺纹力学的基本理论。4.1 节通过对矩形螺纹和三角形螺纹的分析，得出了螺纹副的扭矩和轴向力的关系式。4.2 节至 4.4 节介绍了螺纹的破坏规律并分别分析了由于螺纹牙弯曲、剪切力、牙根倾斜、牙根剪切变形和径向扩展与收缩而产生的弹性变形，总结出考虑全部影响因素的变形公式。然后，4.5 节分析了螺纹牙的轴向力分布以及作用在螺纹连接体的外力与内力的关系。

第五章基于弹性变形理论，论述了 MJ 螺纹连接强度计算的公式和方法。5.2 节至 5.5节详细介绍了 SOPWITH 法、YAMATOTO 法、弹性有限元法和螺纹剪切工程方法，以及各种方法的公式推导。5.6 节至 5.8 节应用 SOPWITH 法、YAMATOTO 法进行计算，得到了螺纹轴向力的分布规律，确定了相关参数。5.9 节通过对前几节研究所得到数据的总结分析，得到了 MJ 螺纹连接结构失效分析的规律。

第六章介绍了螺纹的预紧。6.1 节归纳出预紧应力的最大值、最小值和平均值。6.2 节至 6.4 节介绍了用扭矩扳手拧紧和用扳手拧紧。6.5 节至 6.6 节说明了控制螺栓中产生的预紧力的两种方法，即测量螺栓伸长法和螺母转角法，并且得出了一般公式。

第七章基于塑性变形理论，进行了 MJ 螺纹连接的静强度计算，给出了算例并且进行了分析和总结，得出了载荷对螺纹承载影响的一般性规律。此外，还基于塑性变形，着重进行了螺纹牙受力的计算并且得出 MJ 螺纹牙承载规律。7.3 节简要介绍了高强度 MJ 螺栓的滞后破坏现象，总结了一般情况下发生 MJ 螺栓滞后破坏的特性。

第八章介绍了 MJ 螺纹连接强度试验，介绍了试验设计过程、试验设计方案、强度校核和试验结果分析和处理，最后给出了试验结果。

本书由谭申刚担任主编，由王新波、曾玉铭担任副主编。第一章由谭申刚和王新波编写，第二章和第三章由曾玉铭、王新波和王亚芳编写，第四章和第五章由王新波、杨小斌、魏麟欢和谭申刚编写，第六章由曾玉铭和宁宇编写，第七章由曾玉铭、杨小斌和宁宇编写，第八章由王新波、王亚芳和魏麟欢编写。西安交通大学刘马宝教授审阅了全书并提出了许多宝贵意见和建议，在此表示衷心的感谢。

由于水平有限，书中难免有不妥之处，恳请各方专家及广大读者批评指正。

编　者

2014 年 1 月

主要符号表

A_b	螺栓横截面面积
A_{ef}	夹具有效承载面积
A_{min}	夹具最小承载面积
A_n	螺母横截面面积
a_b	外螺纹牙根宽度
a_n	内螺纹牙根宽度
b_b	外螺纹牙中径线上螺纹牙宽度
b_n	内螺纹牙中径线上螺纹牙宽度
c_b	外螺纹牙节线高度
c_n	内螺纹牙节线高度
D	内螺纹大径
D_j	夹具夹持端直径
D_m	与六角螺母截面积相等的圆的直径
D_o	螺栓本体螺纹端内径
D_1	内螺纹小径
D_{1max}	内螺纹小径最大值
D_2	内螺纹中径
D_{2max}	内螺纹中径最大值
d	外螺纹大径
d_{max}	外螺纹大径最大值
d_1	外螺纹小径
d_{1max}	外螺纹小径最大值
d_2	外螺纹中径
d_{2max}	外螺纹中径最大值
d_3	外螺纹底径
d_{3max}	外螺纹底径最大值
E_b	外螺纹（螺栓）材料的弹性模量
E_n	内螺纹（螺母）材料的弹性模量
F	外加载荷
f	螺纹牙倾斜系数
H	螺纹原始三角形高度

h	螺纹牙挠度系数
K	构成螺纹连接对于螺纹牙轴向变形弹性系数
k_b	外螺纹变形系数综合
k_n	内螺纹变形系数综合
L	螺纹旋合长度
L_i	夹具槽宽
L_o	夹具宽度
m	螺纹连接的特性系数
n	螺纹连接的相对变形系数
P	螺纹螺距
p_i	内压压强
p_o	外压压强
p_x	螺栓轴向力
R_{max}	最大圆弧半径
R_{min}	最小圆弧半径
r_i	内半径
r_o	外半径
T_D	内螺纹大径公差
T_{D_1}	内螺纹小径公差
T_{D_2}	内螺纹中径公差
T_d	外螺纹大径公差
T_{d_1}	外螺纹小径公差
T_{d_2}	外螺纹中径公差
W	外力
w	螺纹牙线形上每单位长度的载荷
x	距螺母自由端面长度
x'	距螺母自由端面长度比例系数
z	螺纹啮合扣数
ΔP	螺距误差
$\Delta\alpha$	螺纹半角误差
α	螺纹半角
β	螺纹升角
δ	螺纹牙的弹性变形
θ_1	SOPWITH 法轴力分布特征参数
λ	YAMATOTO 法轴力分布特征参数
ν_b	外螺纹材料泊松比

ν_n	内螺纹材料泊松比
σ	螺纹牙根部的拉伸应力
σ_b	外螺纹材料的抗拉强度
σ_{bs}	外螺纹材料的屈服强度
σ_n	内螺纹材料的抗拉强度
σ_{ns}	内螺纹材料的屈服强度
σ_s	材料的屈服强度
τ	螺纹牙根部的剪切应力
τ_b	外螺纹材料的剪切屈服强度
τ_n	内螺纹材料的剪切屈服强度

目　　录

第一章 绪 论

1.1 螺纹的定义

圆柱体或者近似圆柱体的外表面(或者内表面)形成截面相同的线圈状突起部分称为螺纹牙,具有螺纹牙的柱体整体称为螺纹,如图 1.1 所示。当螺纹牙在柱体外表面时,称为外螺纹;当螺纹牙在柱体内表面时,称为内螺纹[1]。

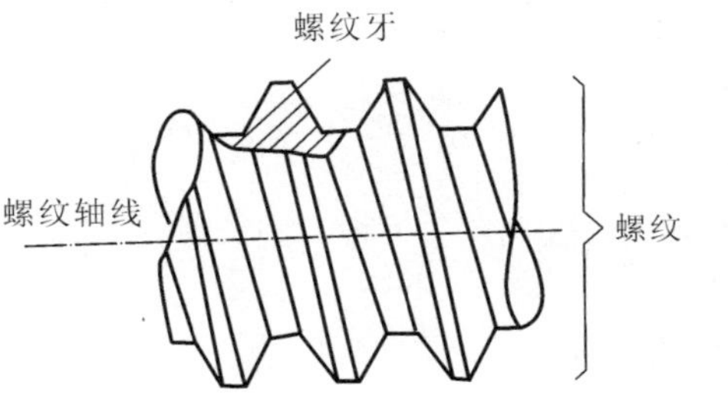

图 1.1 螺纹牙和螺纹

具有螺纹牙的零件也被称为螺纹,即螺纹不仅仅指单个零件上加工出的螺纹牙部分,也包括其余的部分。在这种情况下,为了与上述定义的螺纹互相区别,最好称后者为螺纹件。对螺纹件起辅助作用的垫圈、开口销等称为螺纹件的附件。螺纹件,包括像铆钉这样的没有螺纹牙的连接零件,总称为紧固件。带有螺纹牙的紧固件称为螺纹紧固件(也称为紧固用螺纹件)。螺纹紧固件有木螺钉、机螺钉、六角螺栓、六角螺母等多种类型。一般情况下,在外螺纹紧固件中,主要通过转动与其组合的螺母而拧紧或松开的称为螺栓;在外螺纹紧固件本身头部施加扭矩而拧紧或松开的称为螺钉;心部或其附近有内螺纹的螺纹件称为螺母。

1.2 螺纹各部分的名称和符号

螺纹牙型是指包含螺纹轴线的截面内螺纹牙的形状。根据牙型形状的不同可分为三角形螺纹、梯形螺纹、锯齿形螺纹、矩形螺纹等。与等边三角形近似的螺纹牙型称为三角形螺纹,螺纹紧固件通常用三角形螺纹。三角形螺纹的螺纹牙的各部分名称和符号如图 1.2 所示。

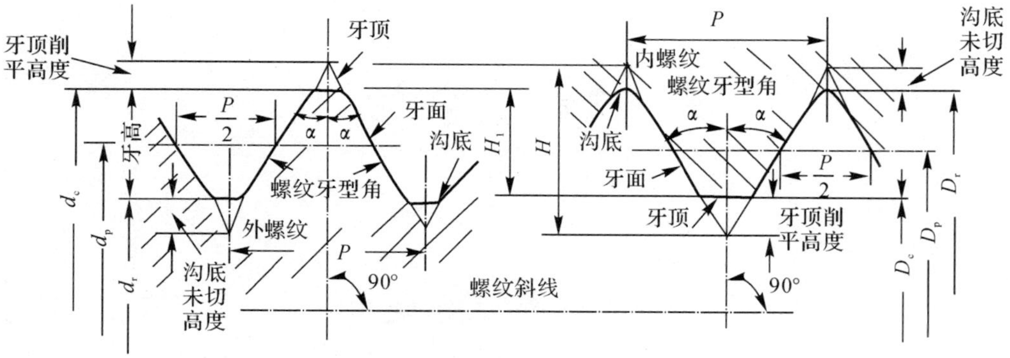

图 1.2　螺纹牙各部分的名称和符合

图中符号表示的含义：

P—— 螺距；

α—— 牙型半角；

H—— 原始三角形的高度；

H_1—— 螺纹结合高度；

d_c—— 外螺纹内径；

D_c—— 内螺纹内径；

d_p—— 外螺纹有效直径；

D_p—— 内螺纹有效直径；

d_r—— 外螺纹沟底直径；

D_r—— 内螺纹沟底直径。

将连接螺纹要素的代号和含义列于表 1.1 中。

表 1.1　连接螺纹要素的代号和含义

螺纹要素代号	含义
D	内螺纹的基本大径(公称直径)
d	外螺纹的基本大径(公称直径)
D_2	内螺纹的基本中径
d_2	外螺纹的基本中径
D_1	内螺纹的基本小径
d_1	外螺纹的基本小径
d_3	设计牙型上的外螺纹小径
H	原始三角形高度
P	螺距

下面以六角螺栓和六角螺母为例，将螺纹零件各部分名称和符号表示出来，如图 1.3 所示。

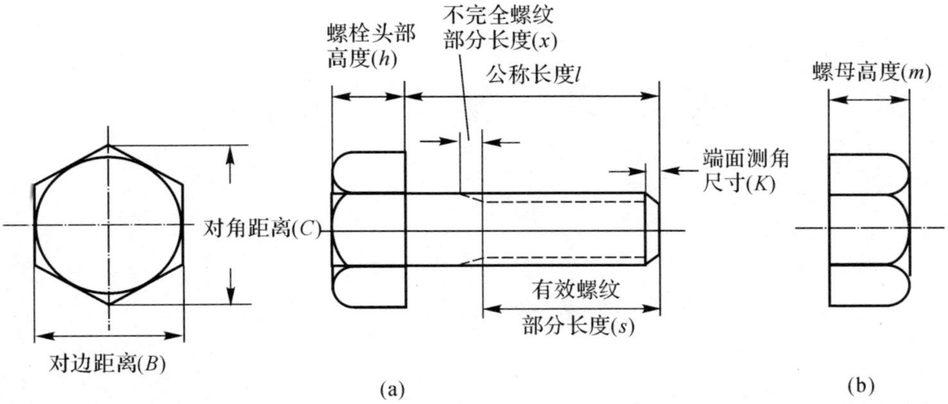

图 1.3 螺栓和螺母各部分的名称和符号

(a)螺栓； (b)螺母

1.3 螺纹的分类

螺纹的用途非常广泛，一般按其用途主要有以下四类：

(1)紧固螺纹：使机械或结构的各个部分结合在一起，用于防止或限制它们的相互运动的螺纹，起到连接的作用，例如机螺钉、六角螺栓、六角螺母、紧定螺钉。

(2)传动螺纹：使机械或结构的一部分作直线相对运动的螺纹，例如进给螺旋、导螺旋等；用于位置的微调，例如使分规、圆规两脚开合的调节螺纹；用于微小尺寸的放大指示，例如千分尺用螺纹；用于产生很大的力，例如螺旋压力机和虎钳用螺纹；既能产生很大的力又能调节位置的螺纹，例如千斤顶、阀门开关用螺纹。

(3)管螺纹：管件连接螺纹，例如直管螺纹、锥管螺纹。

(4)专用螺纹：专门用途的螺纹。

第二章 螺纹标准

2.1 基本三角形螺纹的发展

螺纹牙的形状、直径、螺距以及对直径和螺距组合的规定称为螺纹的体制。在螺纹的发展历史上，三角形螺纹的螺纹体制出现过威氏螺纹、伦茨螺纹、BA 螺纹等[1]。但是有的螺纹系列在短时间内就被废止，有的螺纹体制则在长期使用后才被废止。随着国际标准化的发展和科学技术的进步，研究学者希望把现有的两种体制整理为一种理想的体制。下面介绍几种主要体制的起源、发展和变革。

2.1.1 威氏螺纹

英国是工业革命的发源地，是最早的工业发达国家。螺纹的加工和检测技术及螺纹标准体系都是由英国人首先提出的。螺纹丝杠车床及丝锥和板牙工具的发明为螺纹的加工奠定了技术基础，泰勒量规体系《泰勒远程》为保证螺纹加工质量提供了理论体系。

1841 年，英国人威特伍兹提出了一种螺纹体制，即威氏螺纹的起源。这是历史上最先制定的螺纹标准，在 1882 年和 1895 年被称为 BSW(British Standard Whitworth)的英国标准；在 1907 年增加了细牙系列 BSF。

威氏螺纹是在英国产业革命基础上诞生的，后来随着英国机械的发展而在世界各国传播开来。但是到了 1948 年统一螺纹产生后，威氏螺纹开始走向被废除的道路。

1962 年，由于 ISO(International Organization for Standardization)英制螺纹的产生，ISO 逐步取代威氏螺纹的地位成为国际螺纹标准。

1965 年，英国主管部门宣布优先采用 ISO 公制螺纹，同时 BA 螺纹和威氏螺纹作废。

2.1.2 美国国家螺纹

1864 年，美国人赛勒在富兰克林物理学会上发表了改进威氏螺纹后的螺纹体制，此系列被称为赛勒氏螺纹，到 1868 年正式被采用为美国标准，改称为 US 螺纹。

1905 年和 1907 年，美国机械工程师学会发表了机螺钉用螺纹体制，称为 ASME (American Society of Mechanical Engineers)螺纹，分为粗牙和细牙两个系列，直径用 NO. 来命名；这就是现在的统一螺纹(ISO 英制螺纹)的一部分 NO. 尺寸螺纹的起源。1918 年，美国汽车工程师学会发表了 SAE(Society of Automotive Engineers)螺纹的体制。ASME 和 SAE 这两个系列的螺纹体制与 US 螺纹牙型相同，但是螺距较小。

1933 年，美国标准协会将以上螺纹整理后，发表了 NO 螺纹(继承了 US 螺纹中 ASME 螺纹的粗牙系列)，NF 螺纹(继承了 SAE 螺纹大螺距系列中的 ASME 螺纹的细牙系列)，NEF 螺纹(SAE 螺纹小螺距系列),8N、12N 和 16N 螺纹(螺距为 1 英寸,螺纹有 8 牙、12 牙和 16 牙的螺纹),并从 1938 年开始,代替以前的 US 螺纹、ASME 螺纹和 SAE 螺纹。

1948 年,出现了统一螺纹,并且美国螺纹与统一螺纹具有互换性,因此美国螺纹逐渐向统一螺纹过渡。

2.1.3 统一螺纹

为了考虑军工产品的螺纹具有互换性,美国、英国和加拿大三国共同协商有关螺纹的协定,最后于 1945 年得出一致性结论,并于 1948 年签字,制定了统一螺纹,标志着统一螺纹标准的产生。

此后,统一螺纹不仅仅适用于军工产品,而且还适用于一般机械,即民用产品。在 1962 年,几乎在美国标准采用统一螺纹的同时,与统一螺纹实质内容几乎相同的 ISO 英制螺纹也国际标准化了。

2.1.4 公制螺纹

公制螺纹的原型是 1894 年法国制定的 SF 螺纹(System French screw threads),该螺纹于 1898 年经法国、瑞士和德国代表在苏黎世开会改订为 SI 螺纹(System International screw threads),具有国际性。

1940 年,ISA(International federation of the national Standardizing Associations)得到捷克斯洛伐克、丹麦、德国、法国、意大利、乌干达、挪威、瑞士、苏联、芬兰和瑞典等国的同意,发表了 ISA 公制螺纹(又称 ISA Bulletin 26 螺纹)全系列,包括了粗牙螺纹和细牙螺纹两种螺纹牙型。为了推进国际标准化而成立的 ISO(International Organization for Standardization),之后对 ISA 公制螺纹再度研究,于 1962 年发表了 ISO 公制螺纹(ISO metric screw threads)。

总结以上所叙述的主要的三角形螺纹的发展和变革的历史如表 2.1 所示。威氏螺纹牙型在保存了 120 年的长久历史之后就消失了,和威氏螺纹牙型形状相似的赛勒氏螺纹牙型和 SI(公制)螺纹牙型直到不久前才作为 ISO 螺纹牙型而统一,并且保留下来。

表 2.1 主要三角形螺纹的发展

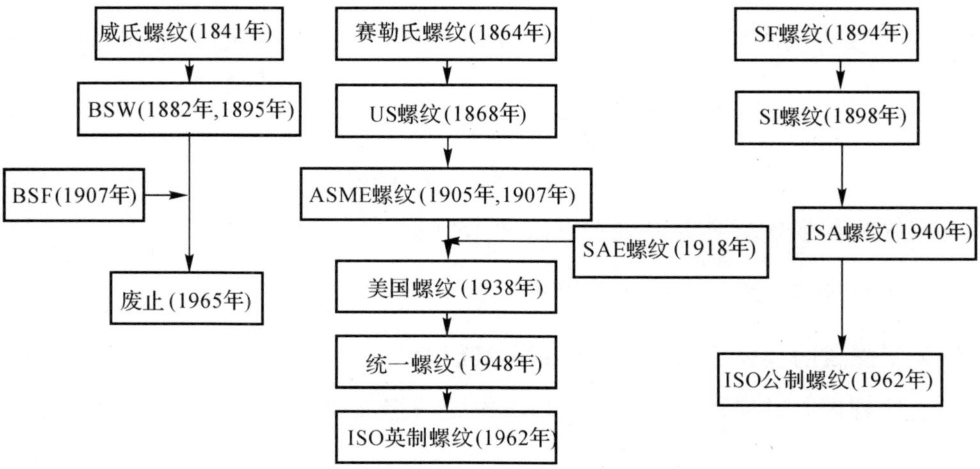

2.2 ISO 公制螺纹及其公差制[1-2]

ISO 三角形螺纹包括 ISO 公制螺纹和 ISO 英制螺纹，但 ISO 英制螺纹与统一螺纹实质上相同，所以本书就以 ISO 公制螺纹为基础，进一步论述 MJ 螺纹的特点和标准以及强度计算和应用。

2.2.1 ISO 螺纹的基本牙型

基本牙型是为了确定螺纹牙的实际形状而规定的基准。具有基本牙型的外螺纹外径 d、有效直径 d_2、内径 d_1 和具有基本牙型的内螺纹外径 D、有效直径 D_2、内径 D_1 是牙型的基本尺寸，并适用于各个尺寸允差。

ISO 螺纹的基本牙型如图 2.1 中的粗实线所示。基本牙型表明了外螺纹与内螺纹的境界线和绝对尺寸的许用极限。但是在一般情况下，在外螺纹与内螺纹之间只有螺纹牙侧面接触，而在外螺纹和内螺纹的沟底处有间隙，被称为普通螺纹。

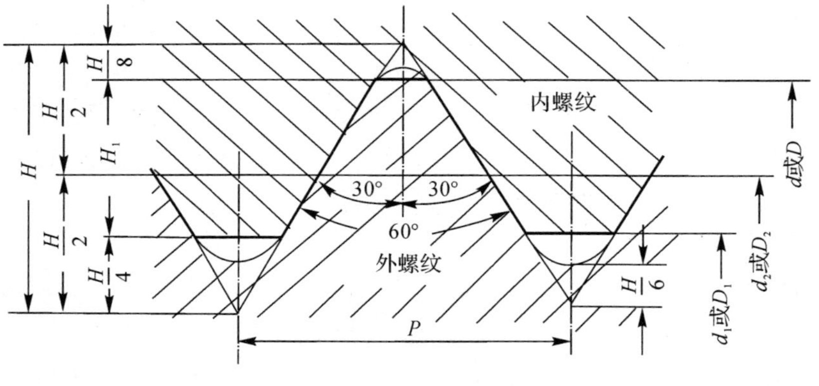

图 2.1　ISO 螺纹的基本牙型

以 ISO 螺纹为基本牙型的螺纹基本尺寸，用公称直径 d 和螺距 P 表示，可得

$$\left.\begin{aligned} D &= d \\ D_2 &= d_2 = d - 0.649\,519P \\ D_1 &= d_1 = d - 1.082\,532P \end{aligned}\right\} \tag{2.1}$$

ISO 螺纹的基本牙型对 ISO 公制螺纹和 ISO 英制螺纹都适用。

2.2.2 ISO 公制螺纹的体系

ISO 公制螺纹的全体系，即直径、螺距及其组合的全部见表 2.2。在 ISO 公制螺纹，表示粗牙时省略螺距，如“M8”；表示细牙时，在螺距数字前加记号“×”，如“M8 × 1”。

表 2.2　ISO 公制螺纹的全体系(ISO261)　　单位:mm

螺纹公称直径			螺距									
1	2	3	粗牙螺纹	细牙螺纹								
				2	1.5	1.25	1	0.75	0.5	0.35	0.25	0.2
1			0.25									0.2
	1.1		0.25									0.2
1.2			0.25									0.2
	1.4		0.3									0.2
1.6			0.35									0.2
	1.8		0.35									0.2
2			0.4								0.25	
	2.2		0.45								0.25	
2.5			0.45							0.35		
3			0.5							0.35		
	3.5		0.6							0.35		
4			0.7						0.5			
	4.5		0.75						0.5			
5			0.8						0.5			
		5.5							0.5			
6			1					0.75				
		7	1					0.75				
8			1.25				1	0.75				
		9	1.25				1	0.75				
10			1.5			1.25*	1	0.75				
		11	1.5				1	0.75				
12			1.75		1.5	1.25*	1					
	14		2		1.5	1.25*	1					
		15			1.5		1					
16			2		1.5		1					
		17			1.5		1					
	18		2.5	2	1.5		1					
20			2.5	2	1.5		1					
	22		2.5	2	1.5		1					
24			3	2	1.5		1					
		25		2	1.5		1					
		26			1.5							
	27		3	2	1.5		1					
		28		2	1.5		1					

续 表

螺纹公称直径			螺距						
1	2	3	粗牙螺纹	细牙螺纹					
				6	4	3	2	1.5	1
30			3.5			(3)	2	1.5	1
		32					2	1.5	
	33		3.5			(3)	2	1.5	
		35**						1.5	
36			4			3	2	1.5	
		38						1.5	
	39		4			3	2	1.5	
		40				3	2	1.5	
42			4.5		4	3	2	1.5	
	45		4.5		4	3	2	1.5	
48			5		4	3	2	1.5	
		50				3	2	1.5	
	52		5		4	3	2	1.5	
		55			4	3	2	1.5	
56			5.5		4	3	2	1.5	
		58			4	3	2	1.5	
	60		5.5		4	3	2	1.5	
		62			4	3	2	1.5	
64			6		4	3	2	1.5	
		66			4	3	2	1.5	
	68		6		4	3	2	1.5	
		70		6	4	3	2	1.5	
72				6	4	3	2	1.5	
		75			4	3	2	1.5	
	76			6	4	3	2	1.5	
		78					2		
80				6	4	3	2	1.5	
		82					2		
	85			6	4	3	2		
90				6	4	3	2		
	95			6	4	3	2		
100				6	4	3	2		
	105			6	4	3	2		
110				6	4	3	2		
	115			6	4	3	2		
	120			6	4	3	2		

续表

螺纹公称直径			螺距				螺纹公称直径			螺距			
			细牙螺纹							细牙螺纹			
1	2	3	6	4	3	2	1	2	3	6	4	3	2
125			6	4	3	2			215	6	4	3	
	130		6	4	3	2	220			6	4	3	
		135	6	4	3	2			225	6	4	3	
140			6	4	3	2			230	6	4	3	
		145	6	4	3	2			235	6	4	3	
	150		6	4	3	2		240		6	4	3	
		155	6	4	3				245	6	4	3	
160			6	4	3		250			6	4	3	
		165	6	4	3				255	6	4		
	170		6	4	3			260		6	4		
		175	6	4	3				265	6	4		
180			6	4	3				270	6	4		
		185	6	4	3				275	6	4		
	190		6	4	3		280			6	4		
		195	6	4	3				285	6	4		
200			6	4	3				290	6	4		
		205	6	4	3				295	6	4		
	210		6	4	3		300			6	4		

注：(1) 优先选用 1 栏的公称直径，必要时选用 2 栏，再次选用 3 栏的公称直径。
(2) 公称直径 14、螺距 1.25* 只用于内燃机火花塞。
(3) 公称直径 35** 只用于固定轴承的螺母。
(4) 带括号的螺距尽可能不用。

2.2.3 等级及其标注

ISO 公制螺纹的等级由表示精度的数字和公差带位置的代号组合来表示，例如“4H”“6g”。表示精度的数字 4，6 等是以 6 为中心精度分级的，见表 2.3；外径、中径等的公差是由精度 6 级的公差乘以一个系数而得到的，其分配见表 2.3。

表 2.3　ISO 公制螺纹的精度等级和公差分配（ISO965/Ⅰ）

适用的直径	精度等级						
	3	4	5	6	7	8	9
外螺纹外径 D_1	—	0.63 $T_{d_1}(6)$	—	$T_{d_1}(6)$	—	1.6 $T_{d_1}(6)$	—
内螺纹内径 D_1	—	0.63 $T_{D_1}(6)$	0.8 $T_{D_1}(6)$	$T_{D_1}(6)$	1.25 $T_{D_1}(6)$	1.6 $T_{D_1}(6)$	—
外螺纹有效直径 d_2	0.5 $T_{d_2}(6)$	0.63 $T_{d_2}(6)$	0.8 $T_{d_2}(6)$	$T_{d_2}(6)$	1.25 $T_{d_2}(6)$	1.6 $T_{d_2}(6)$	2 $T_{d_2}(6)$
内螺纹有效直径 D_2	—	0.85 $T_{d_2}(6)$	1.06 $T_{d_2}(6)$	$T_{d_2}(6)$	1.7 $T_{d_2}(6)$	2.12 $T_{d_2}(6)$	—

公差带位置如图 2.2 所示，代号 H 和 G 表示内螺纹，h，g 和 e 表示外螺纹。在许用区与基本尺寸之间无间隙时用 H 和 h，在许用区与基本尺寸之间有小间隙 A(G) 或 a(g) 时，用 G 和 g，有大间隙 a(e) 时用 e。

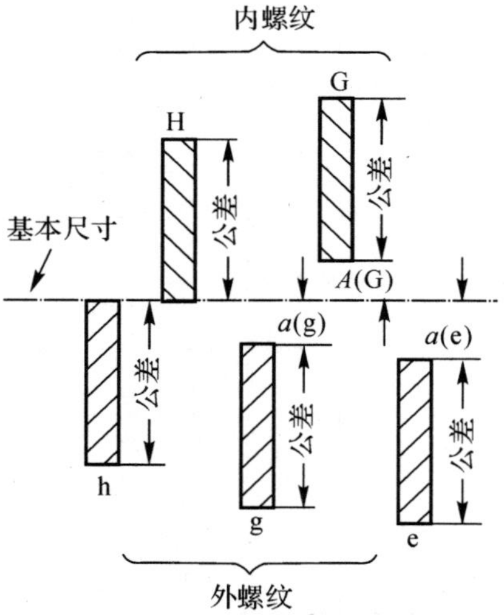

图 2.2　ISO 公制螺纹的公差带位置

许用区与基本尺寸之间的间隙的允差，除装配时要求快速拧入外，也可以作为电镀层的余量。g 和 H 用于厚度为 5 μm 的较薄的电镀层，e 和 G 用于厚度为 10 μm 的较厚的电镀层。由于内螺纹的螺纹表面电镀很难，所以间隙小于外螺纹的螺纹也适用于这一情况。表 2.3 中的 $T_d(6)$，$T_{D_1}(6)$，$T_{d_2}(6)$ 和图 2.3 中的 A(G)，a(g)，a(e) 之值分别用以下各式计算，计算所得值和乘以系数得到的各精度级公差值要圆整到 $R40$ 系列中最接近的标准数。

$$T_d(6)=180\sqrt[3]{P^2}-\frac{3.15}{\sqrt{P}} \tag{2.2}$$

$$\left.\begin{aligned} T_{D_1}(6)&=433P-190P^{1.22}\cdots \quad \text{螺距 } 0.2\sim0.8\ \text{mm}\\ &=230P^{0.7}\cdots \quad \text{螺距 } 1\ \text{mm 以上}\end{aligned}\right\} \tag{2.3}$$

$$T_{d_2}(6)=90P^{0.4}d^{0.1} \tag{2.4}$$

$$\left.\begin{aligned}A(G)=a(g)=15+1.1P\\a(e)=50+1.1P\end{aligned}\right\} \tag{2.5}$$

式中，P 为螺距，单位为 mm，计算所得数值的单位为 μm。式(2.4)计算用的 d 值是表 2.4 中直径分段极限值的几何平均数。

表 2.4 计算 T_{d_2}，L_{Nmin} 和 L_{Nmax} 用的直径分段(ISO 965/Ⅰ) 单位：mm

超过	小于	超过	小于
0.99	1.4	22.4	45
1.4	2.8	45	90
2.8	5.6	90	180
5.6	11.2	180	355
11.2	22.4		

表 2.4 中的 L_{Nmin} 和 L_{Nmax} 的计算公式如下：

$$\left.\begin{aligned}L_{Nmin}=2.24Pd^{0.2}\\L_{Nmax}=6.7Pd^{0.2}\end{aligned}\right\} \tag{2.6}$$

式中，L_N，P 和 d 的单位为毫米(mm)。计算结果应圆整到 $R40$ 系列中最接近的标准数。计算时用到的 d 是表 2.4 中直径分段内相同螺距的最小公称直径值。

在螺纹的尺寸标注后面，表示螺纹等级时，用“-”来连接，标注如下：

M6-5g6g：公称直径为 6mm 的公制粗牙螺纹，有效直径等级为 5g，外径等级为 6g。

M20×2-6H：公称直径为 20mm、螺距为 2mm 的公制细牙螺纹，有效直径和内径的等级都为 6H。

M6-6H/6g：公称直径为 6mm 的公制粗牙螺纹，有效直径和内径等级为 6H 的内螺纹与有效直径和外径等级为 6g 的外螺纹组合。

2.2.4 旋合长度

螺纹旋合长度是指两个相配合的螺纹沿螺纹轴线方向相互旋合部分的长度。

旋合长度分 N(中)、S(短)、L(长)三种。N 是在式(2.6)计算出 L_{Nmin} 和 L_{Nmax} 值的范围之内，S 是比 L_{Nmin} 和 L_{Nmax} 的范围短，L 是比 L_{Nmin} 和 L_{Nmax} 的范围长。

2.2.5 质量

ISO 公制螺纹的质量按以下一般原则分为精级、中级和粗级共三个级别。

精级：几乎不需要配合性有变化的精密螺纹；

中级：一般用途；

粗级：制造有困难时，例如热轧棒材或长盲螺纹加工。

对各质量可按表 2.5 推荐的等级 1，2 和 3 的顺序选择。

外螺纹与内螺纹的等级组合是任意的，但 M1.4 以下的螺纹则例外，应该选择 5H/6g

或者更精密的等级组合。为了保证具有充分的结合高度，对精加工零件要优先选择 H/g，H/h 或 G/h 的组合。

表 2.5　ISO 公制螺纹的优先等级(ISO 965/Ⅰ)

优先顺序	质量	螺纹														
		内螺纹						外螺纹								
		G			H			e			g			h		
		公差带位置														
		S	N	O	S	N	O	S	N	O	S	N	L	S	N	L
		旋合长度														
1	中级				5H	[6H]	7H		6e			[3g]				
2	精级				4H	5H	6H								4h	
	中级														6h	
	粗级					7H	8H					8g				
3	精级													3h4h		5h4h
	中级	5G	6G	7G						7e6e	5g6g		7g6g	5h6h		7h6h
	粗级		7G	8G									9g8g			

注：带方框的等级适用于商用螺栓螺母。

2.2.6　沟底圆弧

就一般用途而言，对内螺纹和外螺纹的沟底圆弧都不规定限制，但在设计螺纹加工工具时，推荐按照图 2.3 所示的螺纹牙型，上限牙型与近似于 $3H/16$（H 为螺纹原始三角形高度）的剪切高度相对应，下限牙型与近似于 $H/8$ 的剪切高度相对应，推荐圆弧不得小于 $0.1P$（P 为螺距）。

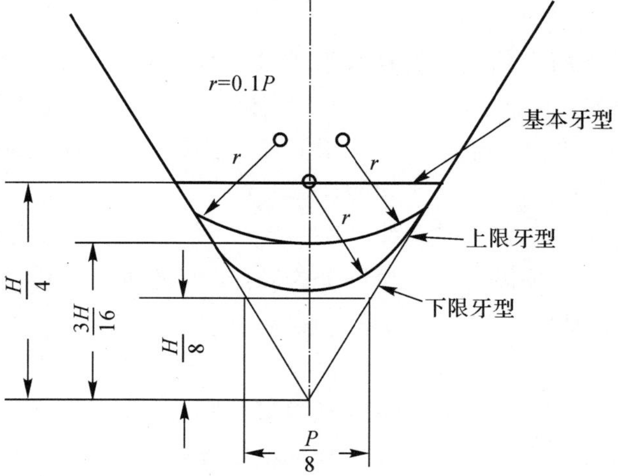

图 2.3　外螺纹沟底圆弧

2.3 机螺钉类、螺栓和螺母用公制螺纹

在表 2.2 中列出的 ISO 公制螺纹全体系中，机螺钉类、螺栓和螺母用 ISO 公制螺纹的公称直径与螺距的组合的规定见表 2.6。

表 2.6 机螺钉类、螺栓和螺母用 ISO 公制螺纹 单位：mm

公称直径		螺距	公称直径		螺距	
1	2	粗牙螺纹	1	2	粗牙螺纹	细牙螺纹
1		0.25		7	1	—
	1.1	0.25	8		1.25	1
1.2		0.25	10		1.5	1.25
	1.4	0.8	12		1.75	1.25
1.6		0.35		14	2	1.5
	1.8	0.35	16		2	1.5
2		0.4		18	2.5	1.5
	2.2	0.45	20		2.5	1.5
2.5		0.45		22	2.5	1.5
3		0.5			3	2
	3.5	0.6		27	3	2
4		0.7			3.5	2
	4.5	0.75		33	3.5	2
5		0.8	36		4	3
6		1		39	4	3

注：优先选用 1 栏的公称直径，必要时才选用 2 栏的公称直径。

用式(2.1)计算出螺纹的基本尺寸见表 2.7。

表 2.7　机螺钉类、螺栓和螺母用 ISO 公制螺纹的基本尺寸(ISO R 724)

单位:mm

螺纹公称直径	粗牙螺纹			螺纹公称直径	细牙螺纹			粗牙螺纹		
	D,d	D_2,d_2	D_1,d_1		D,d	D_2,d_2	D_1,d_1	D,d	D_2,d_2	D_1,d_1
1	1.000	0.836	0.729	7	7.000	6.350	5.917	7.000	—	—
1.1	1.100	0.938	0.829	8	8.000	7.188	6.647	8.000	7.350	6.917
1.2	1.200	1.038	0.929	10	10.000	9.026	8.376	10.000	9.188	8.617
1.4	1.400	1.205	1.075	12	12.000	10.863	10.106	12.000	11.188	10.647
1.6	1.600	1.373	1.221	14	14.000	12.701	11.885	11.000	13.026	12.376
1.8	1.800	1.573	1.421	16	16.000	14.701	13.835	16.000	15.026	14.376
2	2.000	1.740	1.567	18	18.000	16.376	15.294	18.000	17.026	16.376
2.2	2.200	1.908	1.713	20	20.000	18.376	17.294	20.000	19.026	18.376
2.5	2.500	2.208	2.013	22	22.000	20.376	19.294	22.000	21.026	20.376
3	3.000	2.675	2.450	24	24.000	22.051	20.752	24.000	22.701	21.835
3.5	3.500	3.110	3.850	27	27.000	25.051	23.752	27.000	25.701	24.835
4	4.000	3.545	3.242	30	30.000	27.727	26.211	30.000	28.701	27.835
4.5	4.500	4.013	3.688	33	33.000	30.727	29.211	33.000	31.701	30.835
5	5.000	4.480	4.134	36	36.000	33.402	31.670	36.000	34.051	32.752
6	6.000	5.350	4.917	39	39.000	36.402	34.670	39.000	37.051	35.752

对于贸易对象商品,一般用的机螺钉类、螺栓和螺母应选中等质量、旋合长度 N,等级 6H 和 6g(M1.4 以下的除外)。在这种情况下,其用 ISO 公制螺纹的许用极限尺寸按下式计算(结果见表 2.8 和表 2.9),而机螺钉类、螺栓和螺母用 ISO 公制螺纹的基本尺寸及公差关系如图 2.4 所示。

$$\left.\begin{aligned}
&\text{内螺纹有效直径的最大尺寸:}D_{2\max}=D_2+T_{D_1}=D_2+1.32T_{D_2}(6)\\
&\text{内螺纹有效直径的最小尺寸:}D_{2\min}=D_2\\
&\text{内螺纹内径的最大尺寸:}D_{1\max}=D_1+T_{D_2}(6)\\
&\text{内螺纹内径的最小尺寸:}D_{1\min}=D_1\\
&\text{外螺纹外径的最大尺寸:}d_{\max}=d_1-a(\text{g})\\
&\text{外螺纹外径的最小尺寸:}d_{\min}=d_1-a-T_d(6)\\
&\text{外螺纹有效直径的最大尺寸:}d_{2\max}=d_2-a(\text{g})\\
&\text{外螺纹有效直径的最小尺寸:}d_{2\min}=d_2-a(\text{g})-T_{d_2}(6)\\
&\text{外螺纹沟底直径的最大尺寸:}d_{1\max}=d_1-a(\text{g})-2\left(\frac{H}{4}-\frac{H}{6}\right)\\
&\text{外螺纹沟底直径的最小尺寸:}d_{1\min}=d_1-a(\text{g})-T_{d_2}(6)-2\left(\frac{H}{4}-\frac{H}{8}\right)
\end{aligned}\right\}\qquad(2.7)$$

表 2.8 和表 2.9 中所列旋合长度的范围用式(2.6) 计算。

表 2.8 商用机螺钉类、螺栓和螺母用 ISO 公制粗牙螺纹的许用极限尺寸(ISO 965/Ⅱ)

单位:mm

螺纹公称尺寸	旋合长度(N)		内螺纹(6H)				外螺纹(6g)					
			有效直径		内径		外径		有效直径		沟底直径[1]	
	超过	以下	D_{2max}	D_{2min}	D_{1max}	D_{1min}	d_{max}	d_{min}	d_{2max}	d_{2min}	d_{1max}	d_{1min}
M1	0.6	1.7	0.894	0.838	0.785	0.729	1.000	0.933	0.838	0.785		
M1.1	0.6	1.7	0.994	0.938	0.285	0.829	1.100	1.033	0.938	0.885		
M1.2	0.6	1.7	1.094	1.038	0.985	0.929	1.200	1.133	1.038	0.985		
M1.4	0.7	2	1.265	1.205	1.142	1.075	1.400	1.325	1.205	1.149		
M1.6	0.8	2.6	1.458	1.373	1.321	1.221	1.581	1.496	1.354	1.291		
M1.8	0.8	2.6	1.658	1.573	1.521	1.421	1.781	1.696	1.554	1.491		
M2	1	3	1.830	1.740	1.679	1.567	1.981	1.886	1.721	1.654		
M2.2	1.3	3.8	2.003	1.908	1.838	1.713	2.180	2.080	1.838	1.817		
M2.5	1.3	3.8	2.303	2.208	2.138	2.013	2.480	2.380	2.183	2.117		
M3	1.5	4.5	2.775	2.675	2.599	2.459	2.980	2.874	2.655	2.580	2.367	2.256
M3.5	1.7	5	3.222	3.110	3.010	2.850	3.479	3.354	3.089	3.004	2.742	2.614
M4	2	6	3.663	3.545	3.422	3.242	3.978	3.838	3.523	3.433	3.119	2.679
M4.5	2.2	6.7	4.131	4.013	3.878	3.699	4.478	4.338	3.991	3.901	3.558	3.414
M5	2.5	7.5	4.605	4.480	4.334	4.134	4.976	4.826	4.456	4.361	3.994	3.841
M6	3	9	5.500	5.350	5.153	4.917	5.974	5.794	5.324	5.212	4.747	4.563
M7	3	9	6.500	6.350	6.153	5.917	6.974	6.794	6.324	6.212	5.747	5.963
M8	4	12	7.384	7.188	6.912	6.647	7.792	7.760	7.160	7.042	6.439	6.231
M10	5	15	9.206	9.026	8.676	8.376	9.968	9.732	8.994	8.862	8.127	7.887
M12	6	18	11.063	10.863	10.441	10.106	11.966	11.701	10.829	10.679	9.819	9.543
M14	8	24	12.913	12.701	12.210	11.835	13.962	13.682	12.662	12.503	11.508	11.204
M16	8	30	14.913	14.701	14.210	13.835	15.962	15.682	14.663	14.503	13.508	13.204
M18	10	30	16.600	16.376	15.744	15.294	17.958	17.623	16.334	16.164	14.891	14.541
M20	10	30	18.600	18.376	17.744	17.294	19.958	19.623	18.334	18.164	16.891	16.541
M22	10	30	20.600	20.376	19.744	19.294	21.958	21.623	20.334	20.164	18.891	18.541
M24	12	36	22.316	22.051	21.252	20.752	23.952	23.577	22.003	21.803	20.271	19.855
M27	12	36	25.316	25.051	24.252	23.752	26.952	26.577	25.003	24.803	23.271	22.855
M30	15	45	28.007	27.727	26.771	26.211	29.947	29.522	27.674	27.462	25.653	25.189
M33	15	45	31.007	30.727	29.771	29.211	32.947	32.522	30.674	30.462	28.653	28.189
M36	18	53	33.702	33.402	32.270	31.670	35.940	35.465	33.342	33.118	31.033	30.521
M39	18	53	36.702	33.402	35.270	34.670	38.940	38.465	36.342	36.118	34.033	33.521

注:(1)ISO 未规定。

表 2.9　商用机螺钉类、螺栓和螺母公制细牙螺纹的许用极限尺寸(ISO 965/Ⅱ)

单位：mm

螺纹公称尺寸	旋合长度(N)		内螺纹(6H)				外螺纹(6g)					
			有效直径		内径		外径		有效直径		沟底直径[(1)]	
	超过	以下	D_{2max}	D_{2min}	D_{1max}	D_{1min}	d_{max}	d_{min}	d_{2max}	d_{2min}	d_{1max}	d_{1min}
M8×1	3	9	7.500	7.350	7.154	6.918	7.974	7.794	7.324	7.212	6.747	6.563
M10×1.25	4	12	9.348	9.188	8.911	8.646	9.972	9.760	9.160	9.042	8.439	8.231
M12×1.25	4.5	13	11.368	11.188	10.911	10.646	11.972	11.760	11.169	11.028	10.439	10.217
M14×1.5	5.6	16	13.216	13.026	12.676	12.376	13.968	13.732	12.994	12.854	12.127	11.879
M16×1.5	5.6	16	15.216	15.026	14.676	14.376	15.968	15.732	14.994	14.854	14.127	13.879
M18×1.5	5.6	16	17.216	17.026	16.676	16.376	17.968	17.732	16.994	16.854	16.127	15.879
M20×1.5	5.6	16	19.216	19.026	18.676	18.376	19.968	19.732	18.994	18.854	18.127	17.879
M22×1.5	5.6	16	21.216	21.026	20.676	20.376	21.968	21.732	20.994	20.854	20.127	19.879
M24×2	8.5	25	22.925	22.701	22.210	21.835	23.962	23.682	22.663	22.493	21.508	21.194
M27×2	8.5	25	25.925	25.701	25.210	24.835	26.962	26.682	35.663	25.493	24.508	24.194
M30×2	8.5	25	28.925	28.701	28.210	27.835	29.962	29.682	28.663	28.493	27.508	27.194
M33×2	8.5	25	31.925	31.701	31.210	30.835	32.962	32.682	31.663	31.493	30.508	30.194
M36×3	18	53	34.316	34.051	33.252	32.752	35.952	35.577	34.003	33.803	32.271	31.855
M39×3	18	53	37.316	37.051	36.252	36.752	38.952	38.577	37.003	36.803	35.271	34.855

注：(1)ISO 未规定。

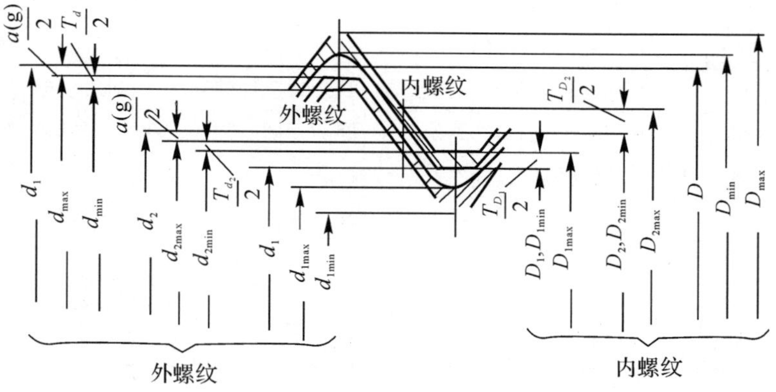

图 2.4　商用机螺钉类、螺栓和螺母用 ISO 公制螺纹的基本尺寸及公差关系

外螺纹沟底直径的最大尺寸 $d_{1\max}$ 和最小尺寸 $d_{1\min}$ 的计算依据如图 2.5 所示。具有 $H/6(0.144P)$ 圆弧时最大有效直径的外螺纹内径为 $d_{1\max}$，具有 $H/8(0.108P)$ 圆弧时最小有效直径的外螺纹内径为 $d_{1\min}$。$d_{1\max}$ 和 $d_{1\min}$ 的数值在 ISO 公制螺纹公差制审议的最后阶段被删去了，改为用图 2.3 所示的考虑方法，但由于该数值是强度计算时所必需的数据，所以将其列于表 2.8 和表 2.9 中可供计算时使用。

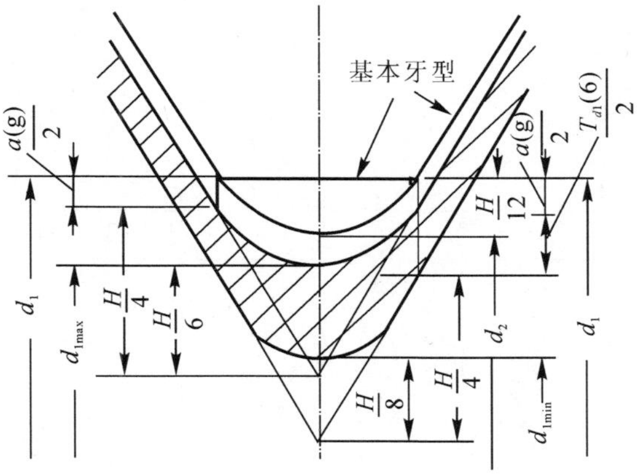

图 2.5　d_1，d_3，$d_{1\max}$ 和 $d_{1\min}$ 值的依据

2.4　粗牙螺纹与细牙螺纹的应用区别

在机螺钉类、螺栓和螺母用 ISO 公制螺纹中有两种系列，它们分别是粗牙螺纹系列和细牙螺纹系列，见表 2.6。二者按照表 2.10 所表述的区别使用。

此外，在表 2.2 所列的 ISO 公制螺纹全体系中，粗牙螺纹除外，对细牙螺纹的同一直径规定了几个螺距，这些螺距应按设计要求适当地区别使用；但固定滚动轴承的螺纹，由于表 2.2 中的螺纹并不是只用于滚动轴承的，所以在用轴承螺母标准件时，应选用表 2.11 中的螺纹。

表 2.10　机螺钉类、螺栓和螺母用公制 ISO 螺纹中的粗牙螺纹和细牙螺纹的区别使用

粗牙螺纹	细牙螺纹
1. 考虑大量生产的通用螺纹零件的经济性的场合 2. 重现装配后出现松动而需快速拧紧的场合 3. 预计到时常拧进拧出，由于磨损而产生螺纹牙过早变形的场合 4. 铸铁、胶木、轻合金和塑料等的内螺纹孔配用黄铜、钢外螺纹的场合 5. 装配时弄脏螺纹，考虑螺纹部分混入沙子等异物的场合 6. 暴露在潮湿风雨中或由于药物等侵入而有腐蚀危险的场合	1. 与经济性相比，不如优先防止装配后由于松动而产生的危险场合 2. 就同一外螺纹外径而言，需要高预紧力和高强度的场合

表 2.11　滚动轴承用螺母的螺纹(JIS B 1554)　　单位:mm

公称直径			螺距	公称直径			螺距
1	2	3		1	2	3	
		15	1	100			2
		17	1		105		2
20			1	110			2
		25	1.5		115		2
30			1.5		120		2
		35	1.5	125			2
		40	1.5		130		2
	45		1.5			135	2
		50	1.5	140			2
		55	2			145	2
	60		2		150		2
		65	2			155	3
		70	2	160			3
		75	2			165	3
80			2		170		3
	85		2	180			3
90			2		190		3
	95		3	200			3

2.5　ISO 公制系列六角螺栓、六角螺母及其主要尺寸

ISO 公制系列六角螺栓和六角螺母的形状如图 2.6 所示，螺母公称直径为 1.6 ～ 39 mm的螺栓、螺母的各部分尺寸见表 2.12。表 2.12 中还有一般螺栓的有效螺纹部分长度，螺栓、机螺钉和双头螺栓的公称长度以及螺栓孔的直径。

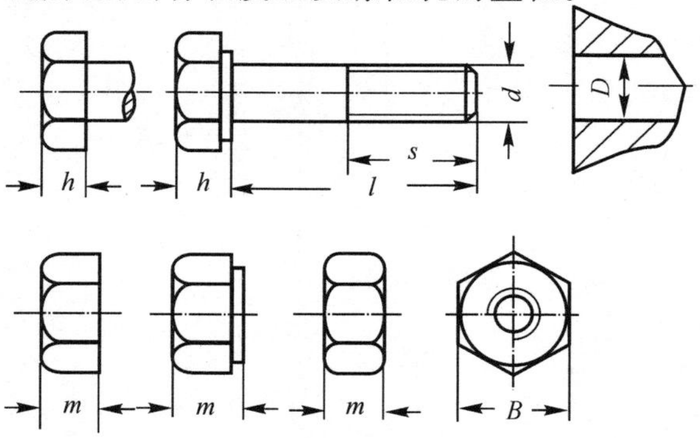

图 2.6　ISO 公制系列六角螺栓、螺母和螺栓孔

表 2.12 ISO 公制螺纹六角螺纹、六角螺母和螺栓孔，有效螺纹部分长度以及螺栓公称长度(ISO R 272，ISO R 273，ISO R 888)

单位：mm

公称直径 d	对边距离 B		头部高度 h	螺母高度 m	螺栓孔直径 D_i			有效螺纹部分长度			螺纹公称长度 l
	普通型	小型			精级	中级	粗级	$l=125$ mm 以下	$l=125$ mm 以上 200 m 以下	$l=200$ mm 以上	
1.6	3.2		1.1	1.3	1.7	1.8	2	9			2,2.5,3,4,5,6,(7),8,(9),10,(11),12,14,16,(18),20,(22),25,(28),30,(32),35,(38),40,45,50,55,60,65,70,75,80,85,90,(95),100,(105),110,(115),120,(125),130,140,150,160,170,180,190,200,220,240,260,280,300 从中选择
2	4		1.4	1.6	2.2	2.4	2.6	10			
2.5	5		1.7	2	2.7	2.9	3.1	11			
3	5.5		2	2.4	3.2	3.4	3.6	12			
4	7		2.8	3.2	4.3	4.5	4.8	14			
5	8		3.5	4	5.3	5.5	5.8	16			
6	10		4	5	6.4	6.6	7	18			
7	11		5	5.5	7.4	7.6	8	20			
8	13	12	5.5	6.5	8.4	9	10	22	28		
10	17	14	7	8	10.5	11	12	26	32		
12	19	17	8	10	13	14	15	30	36		
14	22	19	9	11	15	16	17	34	40		
16	24	22	10	13	17	18	19	38	44	57	
18	27	24	12	15	19	20	21	42	48	61	
20	30	27	13	16	21	22	24	46	52	65	
22	32	30	14	18	23	24	26	50	56	69	
24	36	32	15	19	25	26	28	54	60	73	
27	41	36	17	22	28	30	32	60	66	79	
30	46	41	19	24	31	33	35	66	72	85	
33	50	46	21	26	34	36	38	72	78	91	
36	55	50	23	29	37	39	42	78	84	97	
39	60	55	25	31	40	42	45	84	90	100	

2.6 ISO 螺纹零件的机械性能及其表示

螺纹公称直径在 39 mm 以下的碳素钢或合金钢制螺栓、机螺钉、双头螺柱和螺母的机械性能见表 2.13 和表 2.14。这些机械性能对要求焊接性、耐蚀性、耐热性(300℃ 以上)及耐寒性(－50℃ 以下)的螺栓不适用。此外，易切钢制品不得在 250℃ 以上温度的环境下使用。

螺母与螺纹部分淬火回火的心轴试件组合，当沿轴向施加保证载荷时螺母不能破坏，用手拧下卸除载荷的螺母，用这种方法证实螺母机械性能符合要求；但拧下螺母的最初半圈允许使用扳手。保证载荷的大小，用表 2.14 的保证载荷应力乘以螺纹的有效截面积 A_s(见附表 1)求得。

表 2.13　ISO 螺栓、机螺钉和双头螺柱的机械性能(ISO R 898/Ⅰ)

强度级别	3.6	4.6	4.8	5.6	5.8	6.6	6.8*	6.9	8.8**	10.9**	12.9**	14.9**
最小抗拉强度 σ_{smin}/(10^7 Pa)	34	40		50		60			80	100	120	140
最小屈服极限 σ_{smin}/(10^7 Pa)	20	24	32	30	40	36	48					
最小条件屈服极限 $\sigma_{0.2min}$/(10^7 Pa)								54	64	90	108	126
最小延伸率 /(%)	25	25	14	20	10	16	8	12	12	9	8	7

*:可用易切钢的范围;

**:进行淬火回火的范围。

表 2.14　ISO 螺母的机械性能(ISO R 899/Ⅱ)

强度级别	4	5	6	8	10	12	14
保证载荷应力 /(10^7 Pa)	40	50	60	80	100	120	140

ISO 螺栓、机螺钉和双头螺柱的强度标记见表 2.13 的强度级别栏。该数字的意义是,点前的数字的 10 倍表示最小抗拉强度,点前的数字乘以点后的数字表示最小屈服极限或条件屈服极限。例如标记为 3.6 的螺栓,$3\times10=30\times10^7$ Pa 为最小抗拉强度,$3\times6=18\times10^7$ Pa 为最小屈服极限。

对于 ISO 螺母,取其保证载荷应力的 1/10 的数字来表示强度级别,见表 2.14 的强度级别栏。例如保证载荷应力为 40×10^7 Pa 时,ISO 螺母的强度级别是 4。ISO 螺栓、机螺钉、双头螺柱和螺母的标记刻印的例子如图 2.7 和图 2.8 所示。强度标记在 8.8 以上的螺栓类,一定要有标记刻印。螺栓类的标记可省略点记号,刻印在螺栓头部顶面时,可以凸出。但图 2.8 右边所示螺母为时针式刻印法。该图面的点记号表示 12(点)时的位置,放射状的分时线表示 8(点)时的位置,这就表明强度标记为“8”。

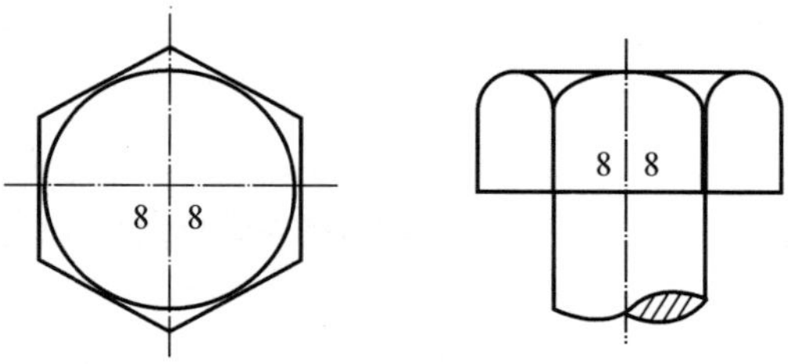

图 2.7　ISO 螺栓类强度标记刻印之例

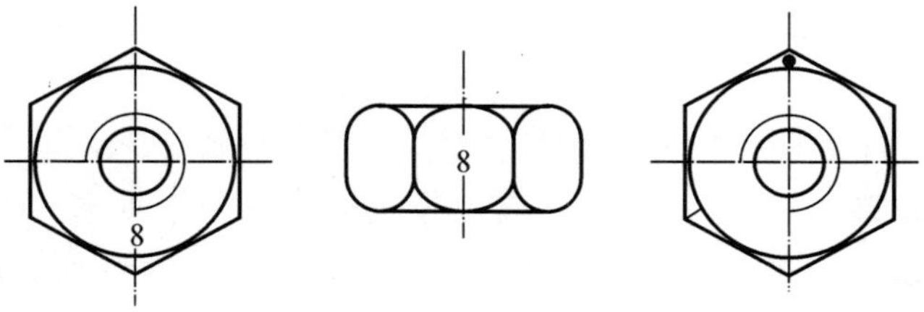

图 2.8　ISO 螺母强度标记刻印之例

第三章 MJ 螺纹概述

3.1 MJ 螺纹简介

MJ 螺纹是指宇航结构专用、牙型角为 60°，以及外螺纹牙底形状为大圆弧状的米制对称螺纹。MJ 螺纹是一种螺纹牙底圆弧半径加大并受控的米制螺纹，“MJ 螺纹”标记中“M”表示米制，“J”表示外螺纹牙底形状为大圆弧状，以字母“J”的形状表示螺纹牙底的特征[3-4]。MJ 螺纹是在普通螺纹牙型的基础上发展起来的一种新型螺纹，在国外有美制和米制两种。美制航空航天螺纹称为 UNJ 螺纹；米制航空航天螺纹称为 MJ 螺纹[5-6]，而 MJ 螺纹来源于 UNJ 螺纹。

为了减少螺纹承受载荷时的应力集中，提高抗疲劳强度，提高抗疲劳寿命，MJ 螺纹外螺纹牙底采用了较大半径的牙底圆弧。因为这种螺纹的抗疲劳寿命远比普通螺纹高，所以 MJ 螺纹又被称为抗疲劳螺纹或加强螺纹。

MJ 螺纹的基本牙型不同于米制普通螺纹（M 螺纹）的基本牙型。MJ 螺纹是在普通螺纹基础上发展起来的，具有高尺寸精度，外螺纹牙底为圆弧状，并且采用热处理后进行滚压螺纹的制造工艺，从而使零件表面质量提高，螺纹连接疲劳强度大大增强。试验研究表明，螺纹零件的疲劳强度对牙底圆弧半径的影响非常敏感，即牙底圆弧半径较大的螺纹连接的抗疲劳能力明显高于牙底圆弧半径较小的，MJ 螺纹正是为了适应这种使用需要而设计的。

MJ 螺纹加大螺纹牙底圆弧半径可以减少螺纹承载的应力集中，提高螺纹的疲劳寿命。MJ 螺纹的基本牙型与普通螺纹相似，区别是 MJ 螺纹小径的削平高度由 $\frac{H}{4}$ 增大到 $\frac{5H}{16}$（见图 3.1），这是由于相应外螺纹的牙底圆弧半径加大的结果。

MJ 螺纹的特点：外螺纹具有大圆弧底，螺纹的牙底与牙侧由光滑圆弧连接，螺纹的牙底圆弧半径处在 $0.150\ 11P \sim 0.180\ 42P$ 的范围内；内螺纹牙型削平高度为 $(5/16)H$；精度高，中径公差为 4H，是一种高强度螺纹，适合在常温或者高温下疲劳强度要求高的部位使用。

MJ 外螺纹的最大实体牙型和最小实体牙型如图 3.2 所示。外螺纹的实际牙型是一条连续光滑的凹形曲线，曲线上的任何一处连接圆弧的半径都不小于 $0.151\ 1P$。而在 M 螺纹中，8.8 级以上的螺栓，螺纹牙底圆弧半径不小于 $0.125P$，显然要比 MJ 螺纹小得多。这就是 MJ 螺纹的疲劳寿命高于 M 螺纹的最主要的原因。

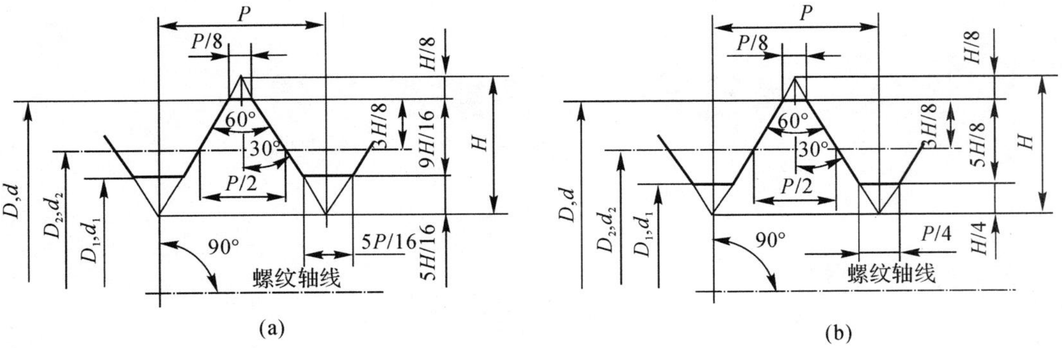

图 3.1　MJ 螺纹和 M 螺纹基本牙型比较

(a)MJ 螺纹；（b)M 螺纹

D— 内螺纹大径； D_2— 内螺纹中径； D_1— 内螺纹小径； d— 外螺纹大径； d_2— 外螺纹中径；

d_1— 外螺纹小径； P— 螺距； H— 原始三角形高度

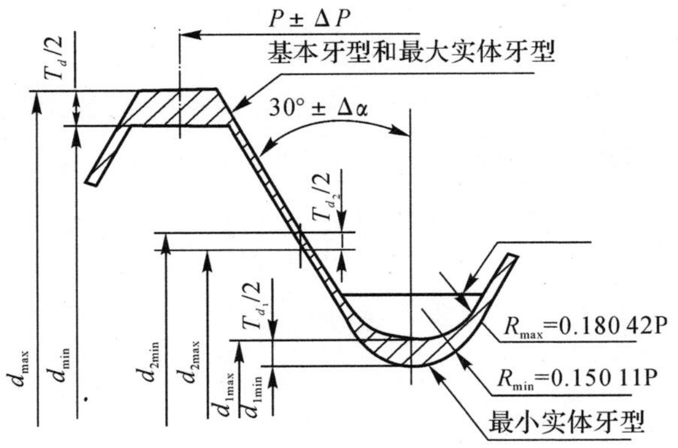

图 3.2　间隙为零的外螺纹实体牙型

图中：

d—— 螺纹大径；

d_1—— 螺纹小径；

d_2—— 螺纹中径；

P—— 螺距；

T_d—— 大径公差；

T_{d_1}—— 小径公差；

T_{d_2}—— 中径公差；

$\Delta\alpha$—— 螺纹半角误差；

R_{max}—— 最大牙底圆弧半径；

R_{min}—— 最小牙底圆弧半径。

MJ 螺纹的实体牙型在图 3.3 所示的最大实体牙型与最小实体牙型范围之内，实际螺纹牙底与侧面的连接方式不予规定，牙底通常在公称直径外呈圆弧状，半径也不予规定。

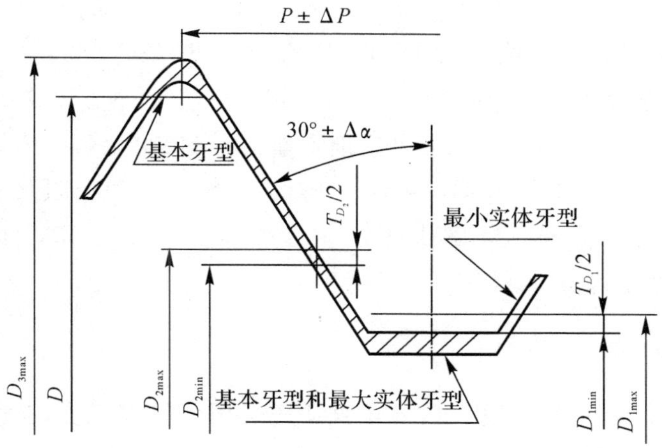

图 3.3　间隙为零的内螺纹实体模型

基于以上特点，MJ 螺纹在飞机上获得了广泛的应用。在飞机重要部位的对接螺栓使用 MJ 螺纹延长了螺栓的使用寿命，而且简化了飞机的维修，使维修工作量减小；由于热处理滚压后的 MJ 螺纹在承受相同载荷时需要的直径较小，因此使用 MJ 螺纹连接件可以减轻飞机的质量、提高飞机的性能。

3.2　MJ 螺纹标准

3.2.1　MJ 螺纹标准的发展概括

MJ 螺纹相对于 M 螺纹出现得较晚。1975 年 ISO 首次提出 MJ 螺纹技术的方案，其核心部分采用了美制航空航天螺纹(UNJ 螺纹)的牙型和技术体系，以及 M 螺纹的公差体系和部分系列规格，由此形成了与 UNJ 螺纹相对应的 MJ 螺纹[4]。UNJ 螺纹已经使用了 20 多年，积累了丰富的使用经验，所以具备建立 MJ 螺纹标准的技术基础。

我国在 MJ 螺纹的研究和应用方面也取得了丰硕的成果，并且制定了一系列相关的 MJ 螺纹标准，满足了国产飞机研制的需要。在 1982—1985 年间，我国制定了 MJ 螺纹国家军用标准，此标准分为五个部分[4]，即 GJB 3.1～GJB 3.5，它们分别等效于国际标准草案 ISO 5855－1(1981)～5855－2(1981)以及国际标准草案 ISO/DIS 5855－3～5855－5 的相应部分。2003 年，我国采用 1999 版的 ISO 标准修订了 MJ 螺纹国家军用标准，对其进行了补充、删改和合并。新修改的 MJ 螺纹标准分为三个部分，即 GJB 3.1A～GJB 3.3A[9-11]，分别是 GJB 3.1A《MJ 螺纹 第 1 部分 通用要求》、GJB 3.2A《MJ 螺纹 第 2 部分 螺栓和螺母螺纹的极限尺寸》和 GJB 3.3A《MJ 螺纹 第 3 部分 管路件螺纹的极限尺寸》。

现行的国家 MJ 螺纹标准有四个，国际 MJ 螺纹标准有六个[7-8]。国家 MJ 螺纹标准：GJB 3.1A—2003《MJ 螺纹 第 1 部分 通用要求》；GJB 3.2A—2003《MJ 螺纹 第 2 部分 螺栓和螺母螺纹的极限尺寸》;GJB 3.3A—2003《MJ 螺纹 第 3 部分 管路件螺纹的极限尺寸》;GJB 52—1985《MJ 螺纹 首尾》。国际 MJ 螺纹标准:ISO 5855－1:1999《航空航天- MJ 螺纹 第 1 部分 通用要求》;ISO 5855－1:1999《航空航天- MJ 螺纹 第 2 部分 螺栓和螺母用螺纹的极限尺寸》;ISO 5855－3:1999《航空航天- MJ 螺纹 第 3 部分 管路件用螺纹的极限尺寸》;ISO 3161:1999《航空航天- UNJ 螺纹 一般要求和极限尺寸》;ISO 3353－1:2000《航空航天-螺纹 引导和收尾 第 1 部分 滚压外螺纹》;ISO 3353－2:2002《航空航天-螺纹 引导和收尾 第 2 部分 内螺纹》。

3.2.2 国际 MJ 螺纹标准[2]

为了提高 MJ 螺纹的抗疲劳强度,外螺纹牙底采用了较大半径的牙底圆弧。因此,它的基本牙型不同于 M 螺纹的基本牙型。此外,为了提高航空航天螺纹的精度,MJ 螺纹对单项要素提出了精度要求(单项要素误差之和的中径当量应不大于中径公差的一半),并采用了热处理后滚压螺纹的制造工艺。

ISO、工业发达国家及我国的 MJ 螺纹标准见表 3.1。

表 3.1 MJ 螺纹标准

内容	国际 ISO	中国 GJB 和 HB,QJ	德国 DIN	美国 ASME,SAE	英国 BS
通用要求	ISO 5855－1:1999	GJB 3.1A—2003	DIN ISO 5855－1:1989	ASME B2.21M:1997 SAE MA 1370:1990	BS A358－1:2000
螺纹和 螺母螺纹	ISO 5855－2:1999	GJB 3.2A—2003	DIN ISO 5855－2:1989		BS A358－2:2000
管路件螺纹	ISO 5855－3:1999	GJB 3.3A—2003	DIN ISO 5855－3:1996		BS A358－3:2000
检验	ISO 10959:2000	HB 4224～4235—1989 HB 4540～4547—1992 HB 6817～6825—1993 HB 6827—1993 QJ 2759～2762—1995 QJ 2918～2919—1997		ASME B1,22M:1985 SAEMA 1566A:1992	BS ISO 10959:2000

1. 牙型

基本牙型:MJ 螺纹的基本牙型如图 3.4 所示。

设计牙型:外螺纹的设计牙型如图 3.5 所示。其牙底为连续、光滑的曲线,曲线上任何地方的圆弧半径不得小于 0.150 11P。牙底圆弧半径数值的变化范围见表 3.2。内螺纹的设计牙型与其基本牙型相同。

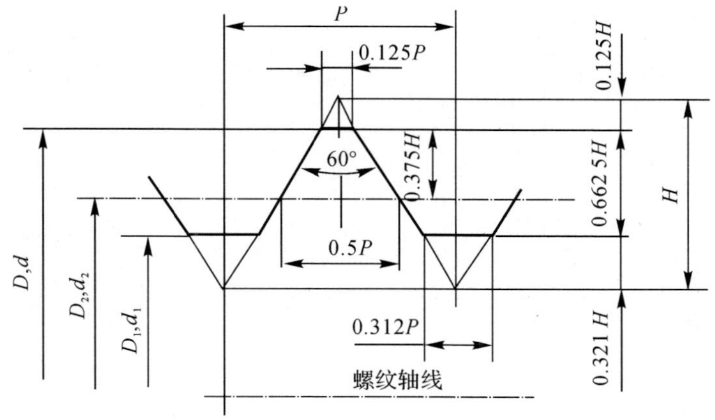

图 3.4　MJ 螺纹的基本牙型

图中：

$H=0.866\ 025\ 403\ 8P$；

$0.312H=0.270\ 63P$；

$0.562\ 5H=0.481\ 4P$；

$0.125H=0.108\ 25P$；

$0.375H=0.324\ 75P$。

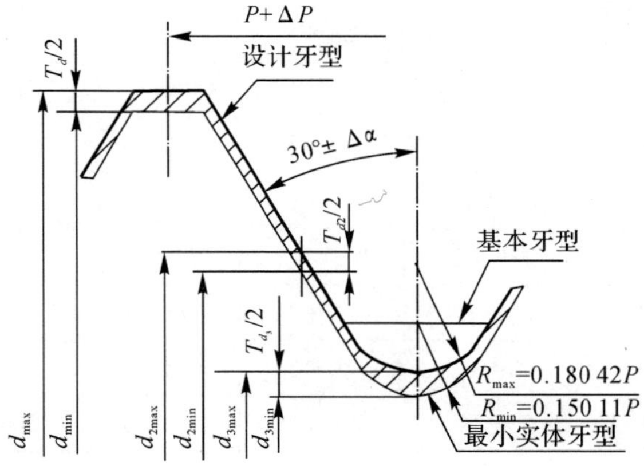

图 3.5　外螺纹的设计牙型

表 3.2　外螺纹牙底圆弧半径　单位：mm

螺距 P	牙底半径 R		螺距 P	牙底半径 R		螺距 P	牙底半径 R	
	max	min		max	min		max	min
0.35	0.063	0.053	0.8	0.144	0.120	3	0.541	0.450
0.4	0.072	0.060	1	0.180	0.150	3.5	0.631	0.525
0.45	0.081	0.068	1.25	0.226	0.188	4	0.722	0.600
0.5	0.090	0.075	1.5	0.271	0.225	4.5	0.812	0.675

续 表

螺距 P	牙底半径 R		螺距 P	牙底半径 R		螺距 P	牙底半径 R	
	max	min		max	min		max	min
0.6	0.108	0.090	1.75	0.316	0.263	5	0.902	0.751
0.7	0.126	0.105	2	0.361	0.300	5.5	0.992	0.826
0.75	0.135	0.113	2.5	0.451	0.375	6	1.083	0.901

注：$R_{max}=0.180\ 42P$；$R_{min}=0.150\ 11P$。

2. 直径与螺距系列

标准系列：MJ 螺纹的标准系列见表 3.3；

紧固件系列：MJ 螺纹的紧固件系列见表 3.4；

管路系列：MJ 螺纹的管路系列见表 3.5。

表 3.3 MJ 螺纹标准系列 单位：mm

公称直径 D(d)×螺距 P						
1.6×0.35	9×0.75	17×1	27×2	39×2	52×1.5	62×2
1.8×0.35	9×1	17×1.5	27×3	39×3	52×2	62×3
2×0.4	9×1.25	18×1	28×1	39×4	52×3	62×4
2.2×0.45	10×0.75	18×1.5	28×1.5	40×1.5	52×4	64×1.5
2.5×0.35	10×1	18×2	28×2	40×2	52×5	64×2
2.5×0.45	10×1.25	18×2.5	30×1	40×3	55×1.5	64×3
3×0.35	10×1.5	20×1	30×1.5	42×1.5	55×2	64×4
3×0.5	11×0.75	20×1.5	30×2	42×2	55×3	64×6
3.5×0.35	11×1	20×2	30×3	42×3	55×4	65×1.5
3.5×0.6	11×1.25	20×2.5	30×3.5	42×4	56×1.5	65×2
4×0.5	11×1.5	22×1	32×1.5	42×4.5	56×2	65×3
4×0.7	12×1	22×1.5	32×2	45×1.5	56×3	65×4
4.5×0.5	12×1.25	22×2	33×1.5	45×2	56×4	68×1.5
4.5×0.75	12×1.5	22×2.5	33×2	45×3	56×5.5	68×2
5×0.5	12×1.75	24×1	33×3	45×4	58×1.5	68×3
5×0.8	14×1	24×1.5	33×3.5	45×4.5	58×2	68×4
5.5×0.5	14×1.25	24×2	35×1.5	48×1.5	58×3	68×6
6×0.75	14×1.5	24×3	35×2	48×2	58×4	70×1.5
6×1	14×2	25×1	36×1.5	48×3	60×1.5	70×2
7×0.75	15×1	25×1.5	36×2	48×4	60×2	70×3

续 表

公称直径 $D(d)\times$螺距 P						
7×1	15×1.5	25×2	36×3	48×5	60×3	70×4
8×0.75	16×1	26×1.5	36×4	50×1.5	60×4	70×6
8×1	16×1.5	27×1	38×1.5	50×2	60×5.5	72×1.5
8×1.25	16×2	27×1.5	39×1.5	50×3	62×1.5	72×2
72×3	85×6	110×1.5	130×6	160×6	205×4	250×3
72×4	88×1.5	110×2	135×1.5	165×3	205×6	250×4
72×6	90×1.5	110×3	135×2	165×4	210×3	250×6
75×1.5	90×2	110×4	135×3	165×6	210×4	255×4
75×2	90×3	110×6	135×4	170×3	210×6	255×6
75×3	90×4	112×1.5	135×6	170×4	215×3	260×4
75×4	90×6	115×1.5	140×1.5	170×6	215×4	260×6
76×1.5	92×1.5	115×2	140×2	175×3	215×6	265×4
76×3	95×1.5	115×3	140×3	175×4	220×3	265×6
76×4	95×2	115×4	140×4	175×6	220×4	270×4
76×6	95×3	115×6	140×6	180×3	220×6	270×6
78×1.5	95×4	118×1.5	145×1.5	180×4	225×3	275×4
78×2	95×6	120×1.5	145×2	180×6	225×4	275×6
78×3	98×1.5	120×2	145×3	185×3	225×6	280×4
80×1.5	100×1.5	120×3	145×4	185×4	230×3	280×6
80×2	100×2	120×4	145×6	185×6	230×4	285×4
80×3	100×3	120×6	150×1.5	190×3	230×6	285×6
80×4	100×4	125×1.5	150×2	190×4	235×3	290×4
80×6	100×6	125×2	150×3	190×6	235×4	290×6
82×1.5	102×1.5	125×3	150×4	195×3	235×6	295×4
82×2	105×1.5	125×4	150×6	195×4	240×3	295×6
82×3	105×2	125×6	155×3	195×6	240×4	300×4
85×1.5	105×3	130×1.5	155×4	200×3	240×6	300×6
85×2	105×4	130×2	155×6	200×4	245×3	
85×3	105×6	130×3	160×3	200×6	245×4	
85×4	108×1.5	130×4	160×4	205×3	245×6	

表 3.4　MJ 螺纹的紧固件系列　　单位:mm

<table>
<tr><th>公称直径 d 或 D</th><th>螺距 P</th><th>公称直径 d 或 D</th><th>螺距 P</th></tr>
<tr><td>1.6</td><td>0.35</td><td>10</td><td rowspan="7">1.5</td></tr>
<tr><td>2</td><td>0.4</td><td>12</td></tr>
<tr><td>2.5</td><td>0.45</td><td>14</td></tr>
<tr><td>3</td><td>0.5</td><td>16</td></tr>
<tr><td>3.5</td><td>0.6</td><td>18</td></tr>
<tr><td>4</td><td>0.7</td><td>20</td></tr>
<tr><td>5</td><td>0.8</td><td>22</td></tr>
<tr><td>6</td><td rowspan="3">1</td><td>24</td><td rowspan="6">2</td></tr>
<tr><td>7</td><td>27</td></tr>
<tr><td>8</td><td>30</td></tr>
<tr><td>8</td><td rowspan="3">1.25</td><td>33</td></tr>
<tr><td>10</td><td>36</td></tr>
<tr><td>12</td><td>39</td></tr>
</table>

表 3.5　MJ 螺纹的管路系列　　单位:mm

<table>
<tr><th>公称直径 d 或 D</th><th>螺距 P</th><th>公称直径 d 或 D</th><th>螺距 P</th></tr>
<tr><td>8</td><td rowspan="2">1</td><td>27</td><td rowspan="5">1.5</td></tr>
<tr><td>10</td><td>30</td></tr>
<tr><td>2</td><td>1.25</td><td>33</td></tr>
<tr><td>14</td><td rowspan="6">1.5</td><td>36</td></tr>
<tr><td>16</td><td>39</td></tr>
<tr><td>18</td><td>42</td><td rowspan="4">2</td></tr>
<tr><td>20</td><td>48</td></tr>
<tr><td>22</td><td>50</td></tr>
<tr><td>24</td><td></td></tr>
</table>

3. 基本尺寸

MJ 螺纹的基本尺寸按下列公式计算:

$$\left.\begin{aligned} D_2 &= d_2 = D - 0.649\,519P \\ D_1 &= D - 0.974P \\ d_3 &= d_2 - 0.505\,18P \end{aligned}\right\} \tag{3.1}$$

4. 公差

直径公差:MJ 螺纹的基本偏差值、公差等级、顶径公差值与 M 螺纹的相同。

其他单项参数的公差：在所选定的螺纹旋合长度内，实际螺纹的螺距、牙侧角、螺旋线、锥度和圆度误差以及影响螺纹形状的其他误差的中径当量总和，应不大于中径公差的一半。其中，螺距误差为螺纹旋合长度内的累积螺距误差。

如果实际螺纹的螺距误差或牙侧角误差较大，超出附表 2 所限定的螺距或牙侧角的极限值，则可以直接判定此螺纹的单项参数超差。

5. 标记

标准螺纹的标记，即 MJ 螺纹的标记由螺纹特征代号、尺寸代号、公差带代号和旋向代号组成。

螺纹特征代号为字母“MJ”。

螺纹尺寸代号为“公称直径×螺距”。公称直径和螺距数值的单位为毫米(mm)。

螺纹公差带代号包括中径和顶径公差带代号。中径公差带代号在前，顶径公差带代号在后。内螺纹用大写字母，外螺纹用小写字母。如果中径公差带代号与顶径公差带代号相同，则只标注一个公差带代号。螺纹尺寸代号与公差带间用“-”号分开。

左旋螺纹应在公差带代号之后标注“LH”代号。公差带代号与旋合长度代号间用“-”号分开。右旋螺纹不标注旋向代号。

特殊系列螺纹的标记，即标准系列以外的螺纹为特殊系列螺纹。如果特殊系列螺纹的公差遵守 M 螺纹公差制，则此特殊系列螺纹的特征代号为“MJS”。标记时，应在其标记内补充各尺寸的极限尺寸值。

6. 极限尺寸

4h6h 外螺纹的极限尺寸见附表 3。

4g6g 外螺纹的极限尺寸见附表 4。

4H5H 内螺纹(对称直径小于 6 mm 的螺纹，其公差带为 4H6H)的极限尺寸见附表 5。

3.2.3　国家军用 MJ 螺纹标准

国家军用标准《MJ 螺纹》总共有五个部分，分别制定成五项军用标准。其中第一、二部分《MJ 螺纹 基本牙型》(GJB 3.1—82)和《MJ 螺纹 螺栓和螺母螺纹的尺寸公差》(GJB 3.2—82)于 1982 年发布实施；第三、四、五部分《MJ 螺纹 管路件螺纹的尺寸与公差》(GJB 3.3—85)、《MJ 螺纹 结构件螺纹的尺寸与公差》(GJB 3.4—85)和《MJ 螺纹 计算公式》(GJB 3.5—85)以及与之配套的设计标准《MJ 螺纹首尾》(GJB 52—85)于 1984 年 10 月由航空工业部和航天工业部联合审定通过，并于 1985 年 5 月发布实施[8]。国家军用标准《MJ 螺纹》第一、二部分发布后，《航空标准化》曾于 1984 年第 1 期对这两项标准中的主要技术问题以及“MJ 螺纹的由来”“MJ 螺纹的组成及特点”“MJ 螺纹的发展趋势”等，均作了较为详细的介绍[7]。2003 年，我国修订了 MJ 螺纹国家军用标准[13-15]，新标准分为三个部分，即 GJB 3.1A～GJB 3.3A，分别是 GJB 3.1A《MJ 螺纹 第 1 部分 通用要求》，GJB 3.2A《MJ 螺纹 第 2 部分 螺栓和螺母螺纹的极限尺寸》，GJB 3.3A《MJ 螺纹 第 3 部分 管路件螺纹的极限尺寸》。

1. MJ 螺纹的适用范围

在国际上，MJ 螺纹作为一种区别于普通用途(ISO)的螺纹，是航空航天业的专用螺纹。

国家军用标准 MJ 螺纹作为航空航天产品结构的专用螺纹，尤其适用于高温或常温下承受高疲劳载荷处的螺纹连接。

环境温度对螺纹连接的疲劳强度有明显的影响，这种影响还与材质有关，因此标准在适用范围中尚无法明确提出温度的界限。各类金属材料的拉伸强度是随温度上升而降低的，超过一定的温度，其拉伸强度急剧下降，对于不同的金属材料，这个温度值也不相同。铝合金为 70～100℃、碳素钢为 300～350℃，合金钢或不锈钢的高温拉伸强度的变化基本与碳素钢相同，但在拉伸强度急剧下降时的温度远比碳素钢高得多，最高温度可达 600℃。此外，高温下螺纹的疲劳强度值也比常温下螺纹的疲劳强度低，但是不会出现急剧下降的趋势。

MJ 螺纹可以作为高低温状态下工作的螺纹件，热膨胀系数是一个必不可少的特性值。螺纹构件的热膨胀系数近似等于选用材料自身的热膨胀系数。螺纹件温度升高、尺寸变大，就会改变内外螺纹配合的最小保证间隙，因此在不同温度下工作的螺纹副应有相适应的最小保证间隙，以此来保证螺纹副连接的抗疲劳性能。

GJB 3.2《MJ 螺纹 螺栓和螺母螺纹的尺寸与公差》中螺栓螺纹的基本偏差为 h，螺母螺纹的基本偏差为 H，内外螺纹 h/H 配合的最小保证间隙为零，因此一般适合在常温下选用。

GJB 3.4《MJ 螺纹 结构螺纹尺寸与公差》中外螺纹的基本偏差为 h，g 两种，内螺纹的基本偏差为 H，当外螺纹 h 与内螺纹 H 配合时，最小保证间隙为零；当外螺纹 g 与内螺纹 H 配合时，具有一定的最小保证间隙。因此基本偏差为 h 的外螺纹适用于常温下工作的螺纹连接件，而基本偏差为 g 的外螺纹，则适用于以下三种情况：①高温下工作的螺纹件；②作为薄镀层的镀后公差带为 4h6h 的镀前螺纹；③用于调节螺钉或易于拆卸的部位。

对于特殊环境温度下工作的螺纹件允许按 GJB 3.4 中 9.2 条的规定，选用与环境温度相适应的基本偏差。

GJB 3.3《MJ 螺纹 管路件螺纹尺寸与公差》中内、外螺纹所采用的基本偏差与 GJB 3.4结构螺纹相同，但是由于航空液压系统的温度分级另有规定，因此有必要加以单独说明。国际标准化组织颁布的 ISO 6771—1981(E)《航空液压系统温度压力分级》，其中的温度分级见表 3.6。

表 3.6　航空液压系统温度分级

Ⅰ型	−55～70℃
Ⅱ型	−55～135℃
Ⅲ型	−55～200℃
Ⅳ型	−55～320℃
Ⅴ型	−55～400℃
Ⅵ型	−55～650℃

管路件基本偏差为 h 的外螺纹仅适用于拧入件，而基本偏差为 g 的外螺纹则用于管路连接件及Ⅲ型环境温度下使用。

螺纹连接副的最小保证间隙不仅对弥补材料热膨胀变化是必要的，而且对提高螺纹连接的疲劳强度亦有好处。

MJ 螺纹牙型的结构特征使螺纹具备相对 M 螺纹较强的抗疲劳性能，这种特性在小螺纹上表现得尤为明显。目前在航空航天螺纹体系中，MJ 螺纹主要是取代原加强螺纹（苏标 153 MT54），随着航空航天产品发展的实际需要和螺纹加工工艺水平的相应提高，将会逐步扩大 MJ 螺纹在航空航天体系中的应用范围。

MJ 螺纹除适用于航空航天体系之外，也适用于各类车辆和舰船，例如装甲车、汽车、摩托车等。这些产品经常受到交变载荷作用，使用 MJ 螺纹可以使产品的抗疲劳性能获得显著的改善和提高。

2. 直径与螺距系列

螺栓和螺母螺纹、管路件螺纹、结构件螺纹中按各自的应用领域分别列出了直径与螺距系列，下面分别介绍。

（1）螺栓和螺母螺纹的直径与螺距系列：标准按航空航天产品上紧固件螺纹的应用现状，列出了公称直径自 1.6～39 mm、螺距自 0.35～2 mm 的 26 种直径与螺距规格。表中未加括号的 23 种规格与 ISO 5855/2 是完全一致的。而加括号的三种规格，即 M8×1.25，M10×1.5，M12×1.5 是根据我国实际情况而定的，并且考虑到普通螺纹向 MJ 螺纹过渡的需要以及产品修理行业的强烈要求而加以补充，所以用加括号的方式予以限制，仅供特殊需要时采用。这样既考虑了紧固件发展的趋势，又兼顾了目前生产维修的需要。当然，这三种规格的增加并非是盲目的，根据 ISO/TC20/SC4 第 169 号决议的规定，允许将上述三种规格纳入各自的国家标准中去。

（2）管路件螺纹的直径与螺距系列：管路件螺纹在航空航天产品上应用非常广泛，因为以前没有管路件螺纹标准，致使现行产品上选用的螺纹规格很不统一。标准规定的直径与螺距系列有 17 种规格，而且每种公称直径只对应一种螺距，其目的在于控制航空航天产品上管路系统 MJ 螺纹的规格数量。标准所规定的管路件螺纹公称直径及螺距系列与 ISO/TC20/SC4/WG7，46E(1980)的推荐意见是一致的。该推荐意见已被 ISO/TC20/SC10/WG6 于 1984 年发出的 113E、1223E“管路件”标准草案（DP）中正式采用。标准作出这一选择，将有利于国际间技术交流，在国内达到压缩管路件螺纹规格，提高标准化经济效益。管路件螺纹公称直径规定为 8～50 mm，它能够满足冷气、液压和氧气系统等管路件连接的需要。对于空调、燃油等大管路系统，一般采用柔性结构连接，疲劳问题不突出，国外机型中已采用卡箍连接代替螺纹连接。标准为了与 ISO 保持一致，不再扩大直径系列。螺距采用细牙而不采用粗牙，主要是考虑细牙能够与管路件的薄壁结构相适应，而且具有较高的疲劳强度和足够的锁紧力矩。

（3）结构件螺纹的直径与螺距系列：标准对结构件用 MJ 螺纹规定了 351 种规格，直径为 1.6～300 mm，螺距为 0.2～6 mm。这些公称直径与螺距系列是根据 1984 年 ISO/DP 5855《宇航结构用 MJ 螺纹》标准草案给出的。为了能够达到压缩螺纹选用规格和方便选用的目的，标准将公称直径划分成两个系列。设计者应优先选用第一系列。标准中第一系列确定的依据是:①ISO 261—73 标准中第一系列的直径;②GB 193—81 标准中第一系列的直径;③GJB 3.2—82,GJB 3.3—85 标准中采用的直径。

第一系列的公称直径与螺距组合,已经能够满足我国航空航天产品的基本要求,这样规定将有助于压缩螺纹工量具的规格,提高标准化经济效益。为了考虑某些结构中的特殊情况,需要超越标准所规定的直径与螺距系列,特制定了 9.2 条,对选用特殊螺纹作出具体规定。

3. 公差带选择

国家军用标准中规定的公差带均选自 GB 197—81《普通螺纹 公差与配合》,与相应国际标准 ISO 5855 是完全一致的。

国家军用标准中对全部内螺纹只采用 4H6H($D\leqslant 5$ mm)或 4H5H($D>5$ mm)公差带,而对外螺纹则有 4h6h 和 4g6g 两种公差带。其中 4h6h 公差带适用于螺栓和螺母螺纹、管路件螺纹和结构件螺纹,这是军工产品中最经常使用的螺纹;而 4g6g 公差带则仅用于管路件螺纹和结构件螺纹。g 的基本偏差对管路件螺纹而言,用以作为管路件连接时同轴度误差的补偿,来确保管路连接的密封性;g 的基本偏差对结构件螺纹而言,主要用来补偿高温部位螺纹连接处的热变形,用来形成需经常拆卸螺纹连接所需间隙或用以作为具有较薄镀层螺纹的镀前螺纹。

对于航空航天产品来说,历来使用旧螺纹标准的 2 级和 2a 级,而 MJ 螺纹的 4 级精度,对外螺纹而言,相当于把旧螺纹标准提高了 1～2 个等级。

4. 中径公差

显然在螺纹公差带各参数中,中径公差无疑具有决定性作用,现对 MJ 螺纹有关中径公差的要求进行分析。

国家军用标准中在中径公差一章中共规定了三条,其中第一条即中径尺寸控制:实际螺纹的作用中径,不能超过最大实体牙型中径,而实际螺纹上任何部位的单一中径不能超出最小实体牙型中径。这即为普通螺纹中的“中径合格性判断原则”,它是从保证螺纹连接的旋合性和连接强度出发而规定的。中径公差是综合性公差,它将同时控制单一中径误差、螺距误差、半角误差及其他各种形状误差之总和,在中径公差范围内,上述各项误差可以相互进行补偿。该条要求如以数学方程式表示(仅以外螺纹为例)则为

$$\delta_{d_2\text{单}} + f_P + f_{\alpha/2} + f_{\text{其他}} \leqslant T_{d_2}$$

式中 $\delta_{d_2\text{单}}$—— 单一中径误差;

f_P—— 螺距误差中径当量;

$f_{\alpha/2}$—— 半角误差中径当量;

$f_{\text{其他}}$—— 其他形状误差中径当量;

T_{d_2}—— 中径公差。

关于中径合格性判断原则,在普通螺纹中早有详细论述,在此仅强调一点就是,国家军用标准 MJ 螺纹作为 60°牙型角对称米制螺纹,应与普通螺纹一样,在确保旋合性和连接强度前提下均应当遵守泰勒原则,这正是 MJ 螺纹与普通螺纹的共性。

国家军用标准 MJ 螺纹关于中径公差的另外两条要求,则充分体现了它相对普通螺纹的特殊性,同时也阐释了中径公差的分配原则。

国家军用标准中对于螺距和半角极限偏差的规定是颇耐人寻味的，正确理解和认识这两项极限偏差的核心在于认识它们的两重性。

国家军用标准中计算公式部分规定，螺距极限偏差是按中径公差的 40% 来计算确定的，半角极限偏差是按中径公差的 30% 来计算确定的，这是综合考虑螺纹工具制造与螺纹加工的精确性和经济性及螺纹连接质量而确定的最佳值。

首先，螺距极限偏差和半角极限偏差，作为设计要求的给定数值，那么在加工和检验过程中就必须遵守，即实际螺距误差与半角误差都不允许超过我国国家军用标准中给定的数值。这是螺距极限偏差与半角极限偏差作为加工和验收时的公差属性，它具有独立性。

但是考虑到中径公差中第三条要求："在中径公差范围内，螺距（导程）误差、半角误差、圆度误差、锥度误差以及其他任何影响螺纹形状误差所对应的中径当量总和，不得超出中径误差之半"，则标准中规定的螺距与半角极限偏差值又不能作为判断螺纹合格与否的依据。因为尚存在着这种可能性，即螺距误差和半角误差虽均未超过标准给定极限偏差值，但是它们相应的中径当量之和却可能超出中径公差之半。例如，当 $f_P=0.3T_{d_2}$，$f_{\alpha/2}=0.3T_{d_2}$ 时，此时虽然满足了中径公差第二条规定，但是违背了第三条规定，所以对于 MJ 螺纹而言则是不合格的。此时，标准中规定的螺距与半角极限偏差则具备了参考属性。总之，标准中螺距与半角极限偏差，作为公差而言具有独立属性，但是作为验收依据而言则又受第三条约束而具有从属性。

中径公差的第二条要求也可以用数学方程式表示为

$$f_P=0.4T_{d_2},\quad f_{\alpha/2}=0.4T_{d_2}$$

这些公称直径与螺距系列是根据 1984 年 ISO/DP 5855《宇航结构用 MJ 螺纹》标准草案给出的。

国家军用标准中大于中径公差的第三条要求，是表示了除单一中径误差外，所有误差的中径当量之和不得超过中径公差的一半，这条要求不但提高了螺纹牙型的形状质量，而且确保了螺纹加工的经济性，让生产工人在加工中至少可以获得中径公差的一半作为调整加工用。该条可以用数学方程式表达为

$$f_p+f_{\alpha/2}+f_{其他}\leqslant 0.5T_{d_2}$$

中径公差上述三条要求是缺一不可的，只有同时满足上述三条要求的 MJ 螺纹才能视其为合格。

综合中径公差三条要求，总结上述数学方程式，可以联立描述为

$$\delta_{d_2}+f_P+f_{\alpha/2}+f_{其他}\leqslant T_{d_2} \tag{3.2}$$

$$f_P\leqslant 0.4T_{d_2} \tag{3.3}$$

$$f_{\alpha/2}\leqslant 0.3T_{d_2} \tag{3.4}$$

$$f_P+f_{\alpha/2}+f_{其他}\leqslant 0.5T_{d_2} \tag{3.5}$$

上面四个联立方程式中，式(3.3)～式(3.5)是国家军用标准 MJ 螺纹中径公差技术要求的核心所在，这三个方程式联立综合限制了螺距误差与半角误差，并明确了在满足式(3.3)和式(3.4)的要求条件下，螺距误差、半角误差及各种形状误差可以在限定范围内相互予以补偿。而联立式(3.2)与式(3.5)则确保单一中径误差不小于中径公差之半。而四个方程联立则保证了 MJ 螺纹的旋合性、连接强度、连接质量和加工经济性。

国家军用标准的第三部分《MJ 螺纹 管路件螺纹的尺寸与公差》和第四部分《MJ 螺纹结构件螺纹的尺寸与公差》中关于中径公差一章中各条的叙述顺序与第二部分《MJ 螺纹螺栓和螺母螺纹的尺寸与公差》是略有区别的，在第三、四部分中将原第二部分中径公差“积累误差”和“螺距和半角公差”的位置对调，同时将“螺距和半角公差”改为“螺距和半角极限偏差”。

对于国家军用标准中公差带的选择（特别是公差等级的确定），这样一个直接涉及标准质量水平公差的关于“积累误差”“螺距和半角公差”的叙述与国际标准是完全一致的。但是由于国际标准计划编制的第三、四、五部分停止，而用一本标准合订本取代，在该国际标准合订本 1984 年草案中发生了上述变化，这种叙述方式的变化使得标准更趋于合理且更加符合实际，所以国家军用标准的第三、四部分及时进行了相应的修改。

作为合格的 MJ 螺纹，中径公差一章的三条要求必须同时满足、缺一不可，从这个意义上讲，叙述条文顺序的变化，对于中径公差要求而言没有变化，对其合格性判断而言也不会产生任何影响，正如前面所列的四个数学联立方程式，方程式之间的位置变化对这组方程的解是没有任何影响的。

但是修改后的叙述形式，从中径公差分配上逐步深入、层层加严，充分体现了 MJ 螺纹的特性，而且更合理、更加符合中径公差中各项误差分布的特性。显然，作为“螺距和半角极限偏差”要求相对于“积累误差”不超过中径公差一半而言是更容易达到的。满足“螺距和半角极限偏差”的要求时，不一定同时能满足“积累误差”的要求，但反之，如能满足“积累误差”的要求，一般均能同时满足“螺距和半角极限偏差”的要求，国标普通螺纹工作组关于螺距和半角误差中径补偿值的统计分析规律也证明了这一点。所以修改后的叙述形式将中径公差层层分解，从螺纹一般要求开始到充分体现 MJ 螺纹的特殊要求为止而逐步深化。

当然，在极端情况下尚不能排斥这种可能性，即实际螺纹虽已满足“积累误差”要求，但却不满足“螺距和半角极限偏差”的要求。例如，当半角误差中径补偿值为中径公差的35%，螺距和其他形状误差中径当量为中径公差的 15%时，此时显然满足了“积累误差”的要求，但却破坏了半角极限偏差要求。所以说这种更改仅仅是叙述方式的更改，在一般情况下是更趋于合理化的，但在特殊情况下也并不影响使用。至于半角误差中径补偿值（规定值）的变化原因，详见“计算公式”有关部分。

5. 镀层螺纹

标准给出的螺纹极限尺寸，对无镀层螺纹系指最终尺寸；对有镀层螺纹则是指包括镀层厚度在内的最终尺寸。标准提出控制螺纹的最终尺寸，其目的是防止螺纹加工尺寸超差或镀层厚度超差而影响产品螺纹间的互换和配合质量。

采用镀后控制的办法是对产品质量提出的一个很高要求。要保证镀后的质量，必然要严格地控制镀前尺寸和镀层厚度，否则就会影响螺纹的强度、配合和旋合性，因此，螺纹的镀前尺寸和镀层厚度的选择及控制就成为镀层螺纹的关键。但由于各工业部门间的镀层厚度标准尚不统一，螺纹使用环境不同，镀层厚度的要求也不同，又由于涂镀工艺的复杂性，要在标准中对镀前螺纹公差带作出明确的统一规定是十分困难的，故只能按国际标准的写法，提出原则性建议，即镀前尺寸应尽量选择标准公差带，以减少刀、量具的数量。

为使大家掌握镀前螺纹选用标准公差带的方法，下面提出一些观点。

(1)镀前螺纹公差的选择。MJ 螺纹的公差与 GB 197—81《普通螺纹公差与配合》的公差是一致的。为此，标准没有再单独给出新的螺纹公差带。在标准的镀层螺纹的规定中明确地指出："应尽量在 GB 197—81 中选择标准的公差带"。而在 GB 197—81 中规定了多种具有保证间隙的公差带，这就给容纳多种镀层厚度提供了条件，从而使各种镀前螺纹的生产完全纳入了标准化的轨道。因此，镀前螺纹所选用的标准公差带就可以采用标准的工量具进行生产和检验，从而可以达到减少工量具品种、缩短生产准备周期的效果。

作为 MJ 螺纹的镀前尺寸公差的选择，可参照 GB 197—81 的公差数值。

对外螺纹的基本偏差可供镀前螺纹选用的有 g，f，e 三种。

g 位置：可容纳较薄(厚度为 5 μm)的镀层，适用于良好工作条件下的螺纹件；

f 位置：可容纳较厚的镀层，适用于一般工作条件下的螺纹件；

e 位置：可容纳厚的镀层，适用于恶劣工作条件下的螺纹件。

对内螺纹的基本偏差可供镀前螺纹选用的有 H 和 G 两种。

H 位置：可容纳较薄(厚度为 5 μm)的镀层；

G 位置：可容纳较厚的镀层。

若螺纹副中能采用减小外螺纹尺寸的办法来容纳镀层的话，就不要采用增大内螺纹尺寸来容纳镀层的办法。

在确定镀前螺纹尺寸时，对于外螺纹中径的减小量或对内螺纹中径的增大量，都要恰到好处，既要考虑镀后螺纹不超越设计要求的最大实体尺寸，又要保证镀前尺寸不能过多削弱基体材料，还要最大限度地减少螺纹工量具的数量。镀前螺纹的基本偏差值应选择等于或稍大于(对内螺纹则应稍小于)镀层平均厚度的 4 倍数值。

由于小螺纹镀前尺寸对基体会有较大的削弱，所以对公称直径小于或等于 3.5 mm 的螺纹，最好不采用电镀，设计上应尽量选用不锈钢材料。

(2)镀层厚度的确定。镀层厚度与零件的工作条件和使用要求有关。一般零件上的镀层厚度是工作环境的函数，随工作条件的优、劣，镀层的薄厚要求也就不一样。对于螺纹件镀层厚度的确定，除了考虑上述一般原则之外，还应考虑螺纹连接强度。例如，小规格螺纹的螺距小，公差也小，若在中径上留出与大规格螺纹相同镀层厚度的留量时，那么镀前螺纹的尺寸对基本牙型的偏离量较大，会较多地削弱螺牙基体材料，内、外螺纹配合时，螺牙实际接合高度与理论接合高度相比要小很多，必然会对小规格螺纹的强度削弱很大；相反，对于大规格螺纹来说，螺距大，公差也大，若在中径上留出与小规格螺纹相同镀层厚度的留量，镀前螺纹的尺寸对基本牙型的偏离量较小，螺牙实际接合高度与理论接合高度相比变化不大，当镀层厚度不大而且与螺纹公差相比很小时，似乎可以不留镀层留量，所以从保证螺纹连接强度出发，镀层厚度随螺纹直径或螺距的减小而减薄才是合理的。但镀层厚度系列不易太多，否则将会给电镀工艺带来麻烦。

鉴于 MJ 螺纹对镀层厚度没有予以明确规定，下面介绍一些国内外有关螺纹镀层厚度的资料，推荐给读者仅供参考。

(1)镀层厚度随螺纹直径的大小变化，例如英国标准 BS 3382 对镀锡、镀锌层厚度的规定，见表 3.7。

表 3.7　英国标准 BS 3382 对镀锡、镀锌层厚度的规定　　单位：mm

d 或 *D*		批平均厚度	
>	≤	min	max
1.52	3.20	0.003 8	0.005 1
3.20	6.35	0.005 1	0.006 4
6.35	12.70	0.006 4	0.007 6
12.70	19.05	0.007 6	0.008 9

(2)镀层厚度随螺距的增大而增加，例如英国标准 HB 5033—77 对螺纹件镀层厚度的规定，见表 3.8。

表 3.8　英国标准 HB 5033—77 对螺纹件镀层厚度的规定

镀层种类	螺距/mm	镀层厚度/μm
镀锌	$P<0.8$	3～5
镀铬	$1.5>P\geqslant 0.8$	5～8
镀镍	$P\geqslant 1.5$	8～12
镀铜	$P<1.5$	3～5
镀银	$P\geqslant 1.5$	5～8

(3)普通螺纹标准规定的 e,f,g 和 G 四种公差带位置，推荐镀层厚度系列，见 ISO/DIS 4042—1980，见表 3.9。

表 3.9　普通螺纹标准规定四种公差带位置(ISO/DIS 4042—1980)

<table>
<tr><th rowspan="2">螺距 P/mm</th><th>g</th><th>f</th><th>e</th><th>G</th></tr>
<tr><th colspan="4">最大镀层厚度/μm</th></tr>
<tr><td>0.35</td><td rowspan="3">3</td><td rowspan="3">—</td><td rowspan="3">—</td><td rowspan="3">—</td></tr>
<tr><td>0.4</td></tr>
<tr><td>0.45</td></tr>
<tr><td>0.5</td><td rowspan="6">5</td><td rowspan="4">8</td><td rowspan="5">12</td><td rowspan="5">5</td></tr>
<tr><td>0.6</td></tr>
<tr><td>0.7</td></tr>
<tr><td>0.8</td></tr>
<tr><td>1</td><td rowspan="4">10</td></tr>
<tr><td>1.25</td><td rowspan="4">15</td><td>8</td></tr>
<tr><td>1.5</td><td rowspan="3">8</td><td rowspan="3">10</td></tr>
<tr><td>1.75</td></tr>
<tr><td>2</td><td>12</td></tr>
<tr><td>2.5</td><td>10</td><td></td><td rowspan="2">20</td><td></td></tr>
<tr><td>3</td><td>12</td><td>15</td><td>12</td></tr>
</table>

续 表

<table>
<tr><th rowspan="2">螺距 P/mm</th><th>g</th><th>f</th><th>e</th><th>G</th></tr>
<tr><th colspan="4">最大镀层厚度/μm</th></tr>
<tr><td>3.5</td><td>12</td><td rowspan="2">15</td><td rowspan="2">20</td><td>12</td></tr>
<tr><td>4</td><td rowspan="5">15</td><td rowspan="2">15</td></tr>
<tr><td>4.5</td><td rowspan="4">20</td><td rowspan="4">25</td></tr>
<tr><td>5</td><td rowspan="3">20</td></tr>
<tr><td>5.5</td></tr>
<tr><td>6</td></tr>
</table>

此外，国家军用标准对镀层螺纹的标记未做统一的规定。

6. 旋合长度

螺纹旋合长度是指两个相配合的螺纹沿螺纹轴线方向相互旋合部分的长度。

采用一般工艺方法加工的螺纹件，当螺纹旋合长度较长时，虽然用通端螺纹量规（高度约为 0.8d）检验合格，但在装配中仍出现内、外螺纹不能旋合的现象。产生这种现象的主要原因有两种情况。一是实际螺纹旋合长度大于通端螺纹量规的长度，在旋合长度范围内螺距累积误差大，使作用中径随补偿量的变大而增大（对内螺纹则减小）；二是螺纹件轴线直线度误差较大，利用通端螺纹量规不能控制其旋合长度范围内的实际直线度误差。

为解决上述矛盾，国家标准《普通螺纹》中规定：在确定长旋合长度螺纹公差等级时，要比中等旋合长度的公差等级降低一级，并注出长旋合长度组的组别代号“L”或旋合长度具体数值。在国家军用标准《MJ 螺纹》中，虽然没有直接规定螺纹的旋合长度，但标准却明确规定了 MJ 螺纹用通端量规的螺纹长度。这一规定从另一个方面体现了常用的旋合螺纹的要求。

在航空航天产品上，作为调整用的螺纹件，多数是采用小直径、小螺距（细牙）的螺纹，其实际旋合长度一般相当于普通螺纹标准中的长旋合组。因此，国家军用标准中明确规定，对于公称直径等于或小于 10 mm 的螺纹，其通端量规螺纹长度为螺纹的公称直径。用这种量规检验螺纹件，其旋合长度多数已在普通螺纹标准规定的长旋合范围内了，见表 3.10。

表 3.10　普通螺纹标准规定的旋合长度的范围　　单位：mm

<table>
<tr><th rowspan="3">$D(d)\times P$</th><th colspan="3">GB 旋合长度</th><th rowspan="3">MJ 通规螺纹长度</th></tr>
<tr><th colspan="2">N</th><th>L</th></tr>
<tr><th>></th><th>≤</th><th><</th></tr>
<tr><td>1.6×0.2</td><td>0.5</td><td>1.5</td><td>1.5</td><td>1.6</td></tr>
<tr><td>1.6×0.35</td><td>0.8</td><td>2.6</td><td>2.6</td><td>1.6</td></tr>
<tr><td>1.8×0.2</td><td>0.5</td><td>1.5</td><td>1.5</td><td>1.8</td></tr>
<tr><td>1.8×0.35</td><td>0.8</td><td>2.6</td><td>2.6</td><td>1.8</td></tr>
<tr><td>2×0.25</td><td>0.6</td><td>1.9</td><td>1.9</td><td>2</td></tr>
</table>

续 表

$D(d)\times P$	GB 旋合长度			MJ 通规螺纹长度
	N		L	
	>	≤	<	
2×0.4	1	3	3	2
2.2×0.25	0.6	1.9	1.9	2.2
2.2×0.45	1.3	3.8	3.8	2.2
2.5×0.35	0.8	2.6	2.6	2.5
2.5×0.45	1.3	3.8	3.8	2.2
3×0.35	1	3	3	3
3×0.5	1.5	4.5	4.5	3
4×0.5	1.5	4.5	4.5	4
4×0.7	2	6	6	4
4.5×0.5	1.5	4.5	4.5	4.5
4.5×0.75	2.2	6.7	6.7	4.5
5×0.5	1.5	4.5	4.5	5
5×0.8	2.5	7.5	7.5	5
5.5×0.5	1.5	4.5	4.5	5.5
6×0.75	2.4	7.1	7.1	6
6×1	3	9	9	6
7×0.75	2.4	7.1	7.1	7
7×1	3	9	9	7
8×0.75	2.4	7.1	7.1	8
8×1	3	9	9	8
8×1.25	4	12	12	8
9×0.75	2.4	7.1	7.1	9
9×1	3	9	9	9
9×1.245	4	12	12	9
10×0.75	2.4	7.1	7.1	10
10×1	3	9	9	10
10×1.25	4	12	12	10
10×1.5	5	15	15	10

必须指出，螺纹旋合长度是根据产品结构、性能和使用要求等决定的。长旋合长度的螺纹势必给加工带来一定困难，因而要求设计者在结构设计中应采取适当的措施，尽可能地缩短螺纹的长度。

7. 表面粗糙度

国家军用标准对 MJ 螺纹的表面粗糙度未作具体规定。国标普通螺纹、ISO 普通螺纹、ISO 5855/2 及 MIL－5－8879A 等各类螺纹对表面粗糙度均未作具体规定。这是由于表面粗糙度要求与载荷状态、工作条件、工艺条件等都直接相关，这些因素是千变万化的，很难给出一个统一的表面粗糙度数值。一般情况下，螺纹标准仅对螺纹的几何参数进行标准化，粗糙度应在采用螺纹的零件或标准中予以规定，即由设计予以规定，因为只有设计员才对自己所设计零件的使用要求、工作环境最清楚，因而提出的要求才能科学合理。

要想比较合理地确定螺纹表面粗糙度，则必须清楚表面粗糙度与疲劳强度和制造工艺之间的关系。

螺纹表面粗糙度与疲劳强度的关系，在国外曾做过大量的试验研究，发现螺纹表面微观不平度是产生疲劳裂纹的主要根源。螺纹的疲劳裂纹通常出现在最大应力集中处——牙底。螺纹表面微观不平度越大，螺纹的疲劳强度越低。为了提高螺纹副的疲劳强度，必须使螺纹表面特别是螺纹牙底的表面具有最小的微观不平度。

表面粗糙度对强度的影响还与材料本身对应力集中的敏感程度有关。对强度较高和晶粒较细的钢，表面粗糙度对强度的影响更明显。

表面粗糙度主要取决于螺纹制造工艺方法，用滚压、滚辗或化学处理加工，可强化其表面层，从而降低疲劳强度对表面粗糙度的敏感性。当用切削法加工螺纹时，其刀具的微观几何尺寸，磨钝程度、切削用量、零件-夹具-机床系统的刚度及冷却液等都将影响螺纹表面粗糙度。一般切削加工的螺纹表面粗糙度可达 R_z2.5～0.63；磨削螺纹的表面粗糙度可达 R_z0.63～0.08；滚压螺纹的表面粗糙度可达 R_z0.63～0.08；磨螺纹后对牙沟再补充滚压，其表面粗糙度可比磨螺纹提高 1～2 个等级；滚压螺纹后对牙沟再补充滚压，其表面粗糙度可比滚压螺纹提高 1～2 个等级。

8. 螺纹的标记

国家军用标准 MJ 螺纹的标记采用了与 ISO 的 MJ 螺纹标准完全一致的标记方法：由螺纹规格代号和螺纹公差带代号两部分组成。螺纹规格代号用表示螺纹牙型特征的“MJ”符号及直径×螺距表示（粗、细牙螺纹均要标示螺距）；螺纹公差带代号与国标普通螺纹的规定完全一致，即包括中径公差带代号和顶径公差带代号。

此外，凡是公称直径、螺距和公差不符合 MJ 螺纹标准规定的，称为特殊 MJ 螺纹。规定特殊 MJ 螺纹的标记，是为了解决设计对特殊需要的表示方法，并以此引起加工和检验部门的注意，以及使用时方便和统一。

特殊 MJ 螺纹的标记方法：

MJS 公称直径×螺距—公差带代号

S(Special)表示特殊螺纹。

注：由于特殊 MJ 螺纹在标准中没有规定，为确保螺纹的加工和验收质量，在其标记下方标出螺纹直径的极限尺寸，对外螺纹还应标出牙底 R 的极值。

9.计算公式

国家军用标准《MJ 螺纹 计算公式》是确定 MJ 螺纹尺寸、公差带和螺纹基本参数(螺距和牙型半角极限偏差)数据的唯一依据。

利用标准的计算公式所求得的螺纹直径尺寸、公差带数值和基本参数数值,经过数字修约(按 GB 1.1—81 附录 C)就可以得到国家军用标准 MJ 螺纹第二、第三和第四部分中所规定的数据。对于需要采用非标准或特殊螺纹的产品,也可以提供可靠和准确的数据。

计算公式推导如下:

(1) 外螺纹各直径尺寸计算公式的推导。

最大大径

$$d_{\max} = d + es \tag{3.6}$$

最小大径

$$d_{\min} = d_{\max} - T_d \tag{3.7}$$

式中 d—— 基本大径;

es—— 基本偏差;

T_d—— 公差带。

最大中径

$$d_{2\max} = d_{\max} - 0.649\ 52P \tag{3.8}$$

由图 3.6 及图 3.7 可得

$$d_{2\max} = d_{\max} - 2AB \tag{3.9}$$

因为 $AB = 0.5H - 0.125H = 0.375H = 0.324\ 76P$

所以 $$d_{2\max} = d_{\max} - 2 \times 0.324\ 76P = d_{\max} - 0.649\ 52P \tag{3.10}$$

式中,P 为螺距,$H = 0.866\ 025\ 4P$。

最小中径

$$d_{2\min} = d_{2\max} - T_{d_2} \tag{3.11}$$

式中,T_{d_2} 为中径公差。

最大底径

$$d_{3\max} = d_{2\max} - 0.505\ 18P \tag{3.12}$$

由图 3.6 及图 3.7 可得

$$d_{3\max} = d_{2\max} - 2BN + 2GN$$

因为 $BN = 0.5H = 0.433\ 012\ 7P$, $GN = 0.180\ 42P$

在 $\triangle OND$ 中

$$\left.\begin{aligned} & OD = OG = OF = 0.180\ 42P \\ & \angle OND = 30^\circ \\ \text{所以}\quad & GN = OD \times 1/\sin 30^\circ - OG = 0.180\ 42P \times 2 - 0.180\ 42P = 0.180\ 42P \\ & d_{3\max} = d_{2\max} - 2 \times (0.433\ 012\ 7P) + 2 \times (0.180\ 42P) = \\ & \qquad d_{2\max} - 0.866\ 025P + 0.360\ 84P = d_{2\max} - 0.505\ 18P \end{aligned}\right\} \tag{3.13}$$

最小底径

$$d_{3\min} = d_{2\min} - 0.565\ 80P \tag{3.14}$$

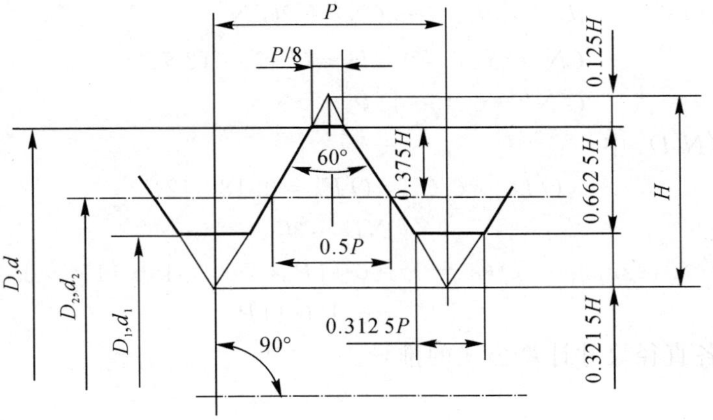

图 3.6　基本牙型

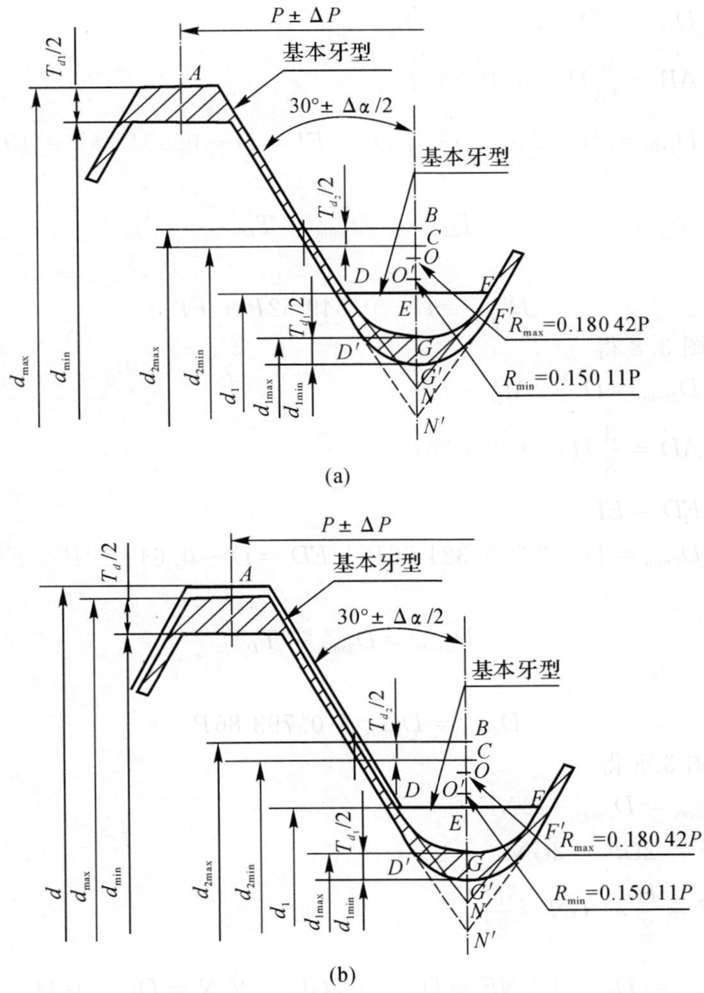

图 3.7　外螺纹的设计牙型

(a) 无间隙的外螺纹设计牙型($es = 0$)；(b) 有间隙的外螺纹设计牙型

由图(3.7)可得

$$\left.\begin{aligned} &d_{3\min}=d_{2\min}-2CN'+2G'N' \\ &CN'=BN=0.5H=0.433\ 012\ 7P \\ &G'N'=0.150\ 11P \end{aligned}\right\} \tag{3.15}$$

因为在 $\triangle O'N'D'$ 中

$$O'D'=O'G'=O'F'=0.180\ 42P$$

$$\angle OND=30^\circ$$

$$G'N'=O'D'\times 1/\sin 30^\circ-O'G'=0.150\ 11P\times 2-0.150\ 11P=0.150\ 11P$$

所以

$$G'N'=0.150\ 11P$$

(2) 内螺纹各直径尺寸计算公式的推导。

最小小径

$$D_{1\min}=D-0.974\ 28P+EI \tag{3.16}$$

由图 3.6 及图 3.8 得

$$\left.\begin{aligned} &D_{1\min}=D-2\times AB+EI \\ \text{因为}\quad &AB=\frac{9}{16}H=0.487\ 14P \\ \text{所以}\quad &D_{1\min}=D-2\times 0.487\ 14P+EI=D-0.974\ 28P+EI \end{aligned}\right\} \tag{3.17}$$

最大小径

$$D_{1\max}=D_{1\min}+T_{D_1} \tag{3.18}$$

最小中径

$$D_{2\min}=D-0.649\ 52P+EI \tag{3.19}$$

由图 3.6 及图 3.8 得

$$\left.\begin{aligned} &D_{2\min}=D-2AD+ED \\ \text{因为}\quad &AD=\frac{3}{8}H=0.324\ 76P \\ &ED=EI \\ \text{所以}\quad &D_{2\min}=D-2\times 0.324\ 76P+ED=D-0.649\ 52P+EI \end{aligned}\right\} \tag{3.20}$$

最大中径

$$D_{2\max}=D_{2\min}+T_{D_2} \tag{3.21}$$

最大大径

$$D_{3\max}=D_{2\max}+0.793\ 86P \tag{3.22}$$

由图 3.6 及图 3.8 得

$$\left.\begin{aligned} &D_{3\max}=D_{2\max}+2NF \\ &NF=2GF-2GN \\ \text{因为}\quad &GF=\frac{H}{2},\quad GN=\frac{H}{24} \\ \text{所以}\quad &D_{3\max}=D_{2\max}+2NF=D_{2\max}+2GF-2GN=D_{2\max}+H-\frac{H}{12}= \\ &D_{2\max}+\frac{11}{12}H=D_{2\max}+0.793\ 86H \end{aligned}\right\} \tag{3.23}$$

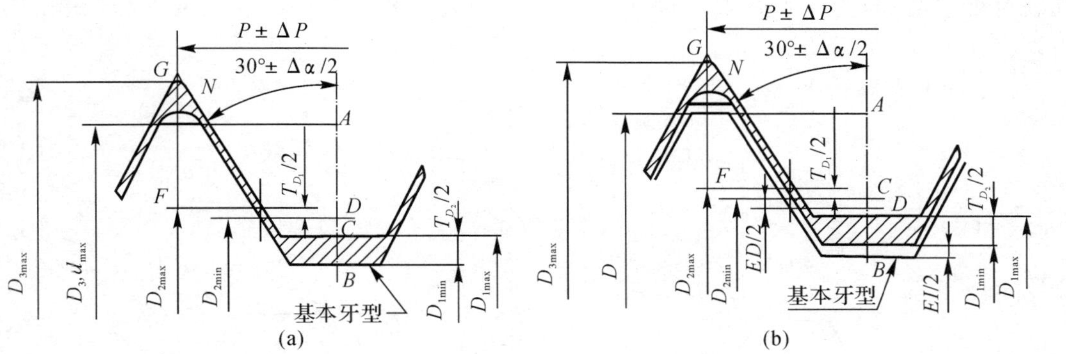

图 3.8　内螺纹设计牙型

(a) 无间隙的内螺纹设计牙型($EI=0$)；(b) 有间隙的内螺纹设计牙型

(3) 螺距偏差计算公式。

$$\Delta P=0.4T_{d_2}/1.732\ 1 \quad \text{外螺纹} \tag{3.24}$$

$$\Delta P=0.4T_{D_2}/1.732\ 1 \quad \text{内螺纹} \tag{3.25}$$

式中，ΔP 为螺距偏差。

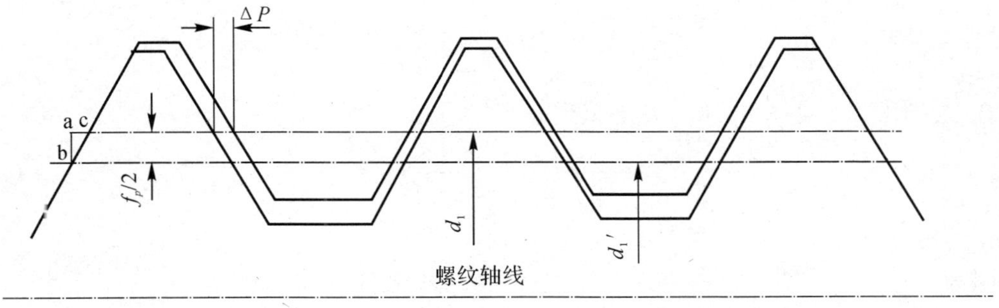

图 3.9　螺距偏差与中径补偿值的关系

图 3.9 中螺距偏差的直径当量为 f_P，螺纹牙型半角 $\alpha/2=30°$，利用几何关系得

$$\frac{f_P/2}{\Delta P/2}=\cot\frac{\alpha}{2}$$

$$\Delta P=\frac{f_P}{\cot\frac{\alpha}{2}}=\frac{f_P}{1.732\ 1}$$

取 f_P 值为 0.4 倍的中径公差，则上式可写为

$$\Delta P=0.4T_{d_2}/1.732\ 1$$

$$\Delta P=0.4T_{D_2}/1.732\ 1$$

螺距偏差的中径当量值之所以取 0.4 倍的中径公差，这是综合了螺纹加工和螺纹工具制造的经济性而确定的。因为螺距误差大小主要取决于螺纹加工工具和机床的精度。而对于公差等级为 4 级的螺纹，在目前工艺条件下，对螺距极限偏差中径当量取 0.4 倍的中径公差，无论是对螺纹工具制造或是零件加工都是最佳的。若减小此值，则使螺纹加工工

具制造难度增加，若增大此值，则减小了可利用的公差和半角误差及其他形状误差的中径当量。

(4) 牙型半角偏差计算公式。

$$\Delta \frac{\alpha}{2} = \arctan (0.3T_{d_2}/1.125P) \quad 外螺纹 \tag{3.26}$$

$$\Delta \frac{\alpha}{2} = \arctan (0.3T_{D_2}/1.125P) \quad 内螺纹 \tag{3.27}$$

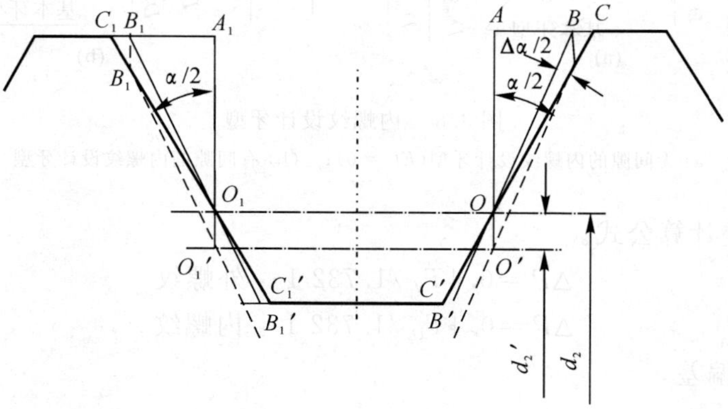

图 3.10　牙型半角偏差与中径补偿值的关系

在 $\triangle OBC$ 中(见图 3.10)，由正弦定理得

$$\frac{BC}{\sin \Delta \frac{\alpha}{2}} = \frac{OC}{\sin \angle OBC} \tag{3.28}$$

因为
$$\frac{\alpha}{2} = 30°, \quad \angle ACO = \angle BCO = 60°$$

所以
$$\angle OBC = 90° + \left(30° - \Delta \frac{\alpha}{2}\right) = 60° - \Delta \frac{\alpha}{2}$$

$$\frac{BC}{\sin \Delta \frac{\alpha}{2}} = \frac{OC}{\sin 60° \cos \Delta \frac{\alpha}{2} - \cos 60° \sin \Delta \frac{\alpha}{2}}$$

一般 $\Delta \frac{\alpha}{2}$ 很小，故 $\sin \Delta \frac{\alpha}{2} \approx 0$，$\cos 60° \sin \Delta \frac{\alpha}{2}$ 可忽略不计。

则得

$$BC = \frac{2}{\sqrt{3}} OC \tan \Delta \frac{\alpha}{2} \tag{3.29}$$

$\triangle OAC$ 中

$$OC = \frac{2}{\sqrt{3}} OA \tag{3.30}$$

所以
$$BC = \frac{4}{3} OA \tan \Delta \frac{\alpha}{2}$$

设牙型半角偏差中径当量为 $f_{\alpha/2}$，则有 $f_{\alpha/2} = 2OO' = 2BB'$，而在 $\triangle BB'C$ 中

$$BB' = BC\cot 30° = \sqrt{3}\,BC$$

所以
$$f_{\alpha/2} = 2\sqrt{3}\,BC = \frac{8}{\sqrt{3}}OA\tan\Delta\frac{\alpha}{2} \tag{3.31}$$

当螺纹 $\Delta\frac{\alpha}{2}<0$ 或内螺纹 $\Delta\frac{\alpha}{2}>0$ 时，干涉产生在外螺纹牙顶处，则

$$OA = \frac{3}{8}H = \frac{3\sqrt{3}}{16}P$$

所以
$$f_{\alpha/2} = 1.5P\tan\Delta\frac{\alpha}{2} \tag{3.32}$$

当外螺纹 $\Delta\frac{\alpha}{2}>0$ 或内螺纹 $\Delta\frac{\alpha}{2}<0$ 时，干涉发生在内螺纹牙底，则

$$OA = \frac{3}{16}H$$

所以
$$f_{\alpha/2} = 0.75P\tan\Delta\frac{\alpha}{2} \tag{3.33}$$

因干涉可能一边发生在牙顶，而另外一边发生在牙底，故一般按平均值计算

所以
$$f_{\alpha/2} = \left(1.5P\tan\Delta\frac{\alpha}{2} + 0.75P\tan\Delta\frac{\alpha}{2}\right)/2 = 1.125P\tan\Delta\frac{\alpha}{2} \tag{3.34}$$

取 $f_{\alpha/2}=0.3$ 倍中径公差，则螺纹牙型半角极限偏差计算式见式(3.26)和式(3.27)。

这一组公式是 ISO/TC20/SC4/WG7 在 1984 年第二十六届工作会议上给出的，它与各国多年应用的 MIL-S-8879A 标准、ISO3161 标准、1983 年以前颁布的 MJ 螺纹标准以及 MJ 螺纹标准草案所规定的计算公式

$$\Delta\frac{\alpha}{2} = \arctan(0.4T_{d_2}/1.5P) \quad \text{外螺纹} \tag{3.35}$$

$$\Delta\frac{\alpha}{2} = \arctan(0.4T_{D_2}/1.5P) \quad \text{内螺纹} \tag{3.36}$$

是不同的，但应特别指出二者的计算结果是相同的。从以上公式的推导中可以看出，国家军用标准 MJ 螺纹计算公式是采用"平均值法"推导的，而 MIL-S-8879A 等标准是采用"极大值法"推导的，实际上任何螺纹零件，半角的中径当量出现最大值的现象是极少的，但从工业生产实际情况讲，以普遍现象定此公式，我们认为是更贴切和实际的。

10. 螺纹的计量

国家军用标准既然是 MJ 螺纹的尺寸与公差标准，因而标准中涉及计量与检验处甚少，仅对检验量规(通规)的长度进行了限制(而该规定的实质在于限定确保中径公差的旋合长度)。因为螺纹的计量与检验完全属于另外的专业范畴。

目前，作为国家军用标准 MJ 螺纹的配套工艺与检验标准尚未着手制定，国际标准螺纹亦未制定相应配套标准，这需要一定时间和过程。但是作为螺纹的检验标准在国外早已不乏先例，如美国在 1979 年制定出 ANSI BI.3《螺纹尺寸合格性测量》标准，在联邦螺纹标准中已制定出相应 MJ 螺纹的量规标准和检验方法标准。

为便于理解和使用国家军用标准，对螺纹的计量与检验也稍加提及，仅供参考。

MJ 螺纹是在普通螺纹基础上发展起来的高疲劳强度螺纹，它仅在中径公差、外螺纹

牙底形状、外螺纹底径公差、内螺纹小径削平量等方面较普通螺纹有些特殊要求而已，所以检验普通螺纹的器具及方法均可以用来检验 MJ 螺纹。

螺纹的检验只有中径误差的检验、外螺纹牙底形状检查以及其他参数的检验。

国家军用标准中关于对中径公差的要求共有三条。

作为第一条要求，即中径合格性判断原则，利用最大实体牙型中径去控制作用中径、利用最小实体牙型中径去控制任何部位单一中径。很显然，要控制实际螺纹的作用中径，则必须使用具有标准中规定长度的通规去检查作用中径，而且对内螺纹而言，通规也控制了大径的实际尺寸不小于规定最小值。而单一中径则可视情况采用止规或单项测量来控制。目前，联邦螺纹标准中已制定出 FED－STD－H28/22“米制螺纹量规”(含 MJ 螺纹)，国家军用标准今后也必然要编制出相应量规标准，但在量规标准未制定之前，急需采用 MJ 螺纹的单位，可参照联邦量规标准或普通螺纹量规标准按专用量规设计。

对于中径公差的第二条要求，即螺距与半角误差的控制，则势必要求采用单项测量方法，测出其实际螺距与半角误差，测量方法与普通螺纹相同。但实测误差值必须在标准中给定的极限偏差之内，至于螺距与半角是否符合 MJ 螺纹的要求，则要看是否满足第三条要求才能最终判定。

对于中径公差的第三条要求，即螺距误差、半角误差和其他形状误差中径当量之和不超过中径公差的一半。其中，螺距与半角误差中径补偿值可按单项测量结果并根据国家军用标准给定的计算公式进行折算，至于其中圆度、锥度误差及螺旋线误差等当然需单项测量才能确定，而尤以螺旋线误差测量尚需专门设备。此外，在测量结果上还存在一个如何折算成中径当量的问题，这些问题还有待于进一步摸索和研究。当然在某些情况下也可能有简便方法，如利用通规检验合格并实测出螺距和半角误差后可测出单一中径误差，如单一中径误差值大于或等于中径公差之半时，其余各种形状误差无需分别单独测量即可视为合格。当然如果单一中径误差小于中径公差的一半，螺距、半角误差及各种形状误差中径当量之和也小于中径公差之半时，作为中径公差的第三条要求只能单独测量。

外螺纹牙底形状是体现 MJ 螺纹特殊要求所在，必须采用光学投影法进行检查。合格的 MJ 螺纹其牙底半径最小值以及牙底形状必须符合标准中要求。为了保证足够的测量精确程度，测量仪器必须有足够的放大倍数，一般螺距越小，相应要求仪器放大倍数越大。表 3.11 中数据是 FEU－STD－H28/20 联邦螺纹标准中规定的最小放大倍数。

表 3.11　联邦螺纹标准中规定的最小放大倍数(FEU－STD－H28/20)

螺距/mm	最小放大倍数
>1.75	20
1.75～0.6	50
≤0.6	100

内螺纹小径可用光面塞规来检查，内螺纹大径的最小值可由通端塞规控制，而大径的最大值由于测量上的困难以及该尺寸的重要程度，则可以通过螺纹加工工具(如丝锥等)

间接保证。

外螺纹的底径由于国家军用标准有极限尺寸要求，故必须进行检查，这是与普通螺纹不同之处。外螺纹底径可用底径指示量规测量。

最后顺便提及一点，即检验方法与检验要求应当与螺纹自身使用地位及经济性联系起来。

11. 不完整螺纹及计量

所谓不完整螺纹，即指 MJ 螺纹的首尾，包括收尾、肩距、退刀槽、引导、导角。之所以称为首尾纯系为简化图面标注。

正确理解 MJ 螺纹首尾的关键在于要正确理解完整和不完整螺纹、螺纹收尾、螺纹引导以及螺纹收尾与引导的检验等几个基本术语定义。

国家军用标准中完整螺纹的定义为"轴向距离为一个螺距(P)，螺纹牙型的牙顶和牙底处于规定公差带内的螺纹"，而螺纹两端的牙底和(或)牙顶超出规定公差带的则为不完整螺纹。国家军用标准中的定义与国际标准 ISO 3353 在本质上是一致的，只有在叙述方法上稍有区别而已。正确理解定义，必须把握住下述几点：

(1)区别完整和不完整螺纹是以一个单个螺牙来分别判断的；

(2)作为单个螺牙，即由一个牙顶和两个牙底所形成的轴向距离为一个螺距 P 的实体，而且实体上的三个点是按直径确定的；

(3)区分完整和不完整螺纹的依据是牙型牙顶和(或)牙底是否在其相应顶径和底径公差带之内，在其内为完整螺纹，在其外为不完整螺纹，且公差带的位置是固定的。

国家军用标准中定义的收尾为"完整螺纹的最后一个牙底到零件光滑圆柱面起点间部分"。这实质是一个长度概念，只需将收尾的起点和终点找出，其长度自然确定。而在收尾中光滑圆柱面起点是易于确定的，关键在于确定最后一个完整螺牙的位置。

在 ISO 3353 标准第一版(1976－10－15)中收尾的文字定义为"不完整螺纹处于杆的光滑端和第一扣完整螺纹底部间位置上，这里内径 d_3 不大于最大允许内径"。而且为了说明定义而绘制相应的示意图，在图中却将第一扣完整螺纹底径 d_3 尺寸画在 d_{3max} 位置上、将牙顶画在顶径公差带之内，且在括号内注明"在公差范围内"，如图 3.11 所示。

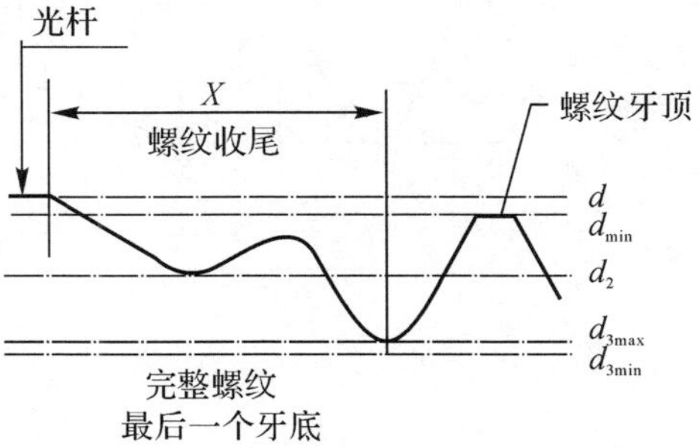

图 3.11　不完整螺纹示意图

显然，其定义与示意图存在着一定差异。

但在 1984 年 SC4 委员会第 N66 号修改提案中进行了下述修改：在文字定义中将内径 d_3 不大于最大允许内径改为等于最大允许内径，在示意图中将第一扣完整螺牙顶画在

d_{min}位置上。

由提案中的图形可以理解，最后一扣完整螺牙一定具有最小理论牙高，即该螺牙的顶径和底径要同时达到极值。但在实际螺牙上是很难达到这种状态的。那么国际标准为什么将这种并不具有普遍性的特例选作定义图形呢？国际标准编者是试图将收尾的定义与标准规定的检验方法协调起来，因在收尾检验比较绘制中的两条水平线，是按宽度等于最小理论牙高画出的。经修改后的图形使定义与检验方法确实是协调一致了，但是由于与文字定义有出入难免存在该定义迁就检测方法之嫌。所以国家军用标准中在收尾的文字定义仍然保持与国际标准修订意见一致，但在图形中仍按 ISO 3353 原版图形绘制，将最后一扣完整螺牙牙底画在 d_{3max} 位置上。该点是螺纹能否旋合的理论分界点，也是完整与非完整螺纹的分界点，这样的画法更符合实际情况。

国家军用标准中引导的定义为“滚压外螺纹旋入端端面到完整螺纹第一个牙顶间的部分”。

确定引导的关键在于完整螺纹第一个牙顶位置的确定。

在国际标准 ISO 3353 原版标准中引导的定义为螺栓末端和第一扣完整螺纹间的位置处，这里牙顶直径应不小于允许的最小牙顶直径，如图 3.12 所示。引导示意图中，牙顶画在顶径公差带之内，并也在括号内注明“在公差范围内”，而将牙底画在 d_{max} 尺寸处。

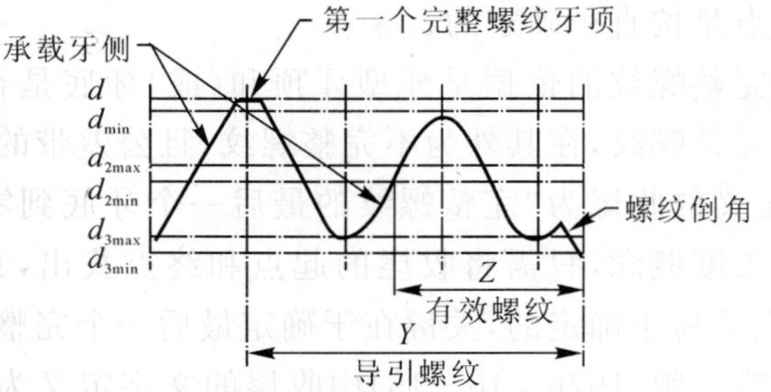

图 3.12　ISO 3353 标准中引导的定义

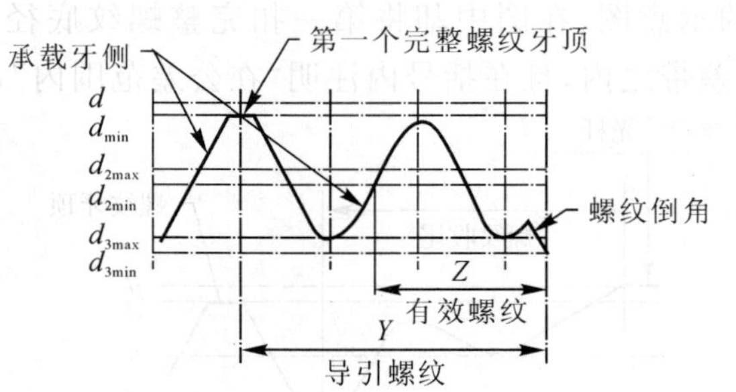

图 3.13　N66 号中对引导的修改

在 N66 号修订提案中将引导定义中“顶径不小于最小允许顶径”改为“等于最小允许顶径”，而在图形中相应将牙顶画在 d_{min}尺寸处，如图 3.13 所示。

这种修改的出发点显然与收尾是一致的。但在实际上滚压螺纹的牙底直径从端面至收尾前一段应当是一致的，影响引导尺寸变化的仅仅是牙顶直径逐渐由小变大。直至牙顶直径刚好等于 d_{min} 时为止，此时正好为第一扣完整螺纹开始。显然，将实际牙底画在

$d_{3\max}$尺寸处是没有普遍性的，而应画在牙底公差带之内。

综上所述，无论螺纹的收尾与引导，定义的关键在于确定最后和第一扣完整螺牙的位置，而该位置既然是以特定直径定义的，那么一般情况下不可能具有最小理论牙高。

国家军用标准中规定的收尾与引导的光学投影法检验是作为仲裁方法提出的，而在制造期间所采用的检验方法可以由制造厂在满足标准要求前提下自行确定。

在收尾与引导的检验图中，无论国际标准的原版或修改提案中，检验图的绘制均是以宽度为最小理论牙高的两条水平线为基础的，而在标准检验程序中，利用两条水平线所刚好套住的螺牙即认为是第一或最后一扣完整螺牙，这样收尾的定义与检验方法就统一起来了。但是通过上面对定义的分析可知，具有最小理论牙高的螺牙往往并不一定是第一或最后一扣完整螺牙。仅以引导为例来分析，由于实际牙底直径不可能正好等于$d_{3\max}$，所以用具有最小理论牙高的两条水平线所刚好限定的螺牙，其牙顶往往都要小于$d_{\min}$，其差值Δ为$d_{3\max}$与d_3实际直径之差，如图3.14所示。因此按ISO 3353标准所确定的引导数值要比符合严格定义的引导值小一点，即实测值将较理论值有一差值，该值

$$\Delta l = \Delta \cot \alpha$$

式中 Δl—— 实际引导与理论引导差值；

α—— 滚压毛坯锥角。

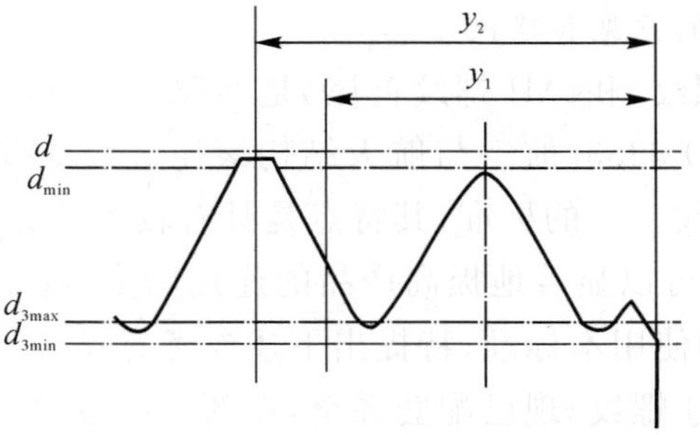

图3.14 最小理论牙高示意

应当说明，要想寻找符合定义要求的引导值是可能的，尽管检测稍烦琐一点。但考虑到计量手段只是反映客观情况的一种近似方法，正如在计量中允许用有限的点、线、面去代替无限的点、线、面一样，必须考虑计量方法的可行性和经济性，只要计量误差控制在一定范围内，应当提倡使用最简捷的测量方法。

针对要求并非十分严格的收尾与引导而言，利用国际标准规定的检验方法虽与理论值有些差异，但该差值与收尾及引导相比影响很小，而且检验方法简便易行，检测结论唯一，所以国家军用标准是采用了国际标准的严格文字定义，但在示意图形上稍加改变，并采用国际标准规定的检验方法。这样国家军用标准与国际标准相比，除在个别图形上稍有区别外，在定义与计量方法上全部与国际标准一致。这样就使国家军用标准与国际标准在实用上完全等价，标准中给定的收尾与引导长度及实测长度完全一致，从而确保了国际间技术交流和贸易往来的一致性。

其他一些说明叙述如下：

(1) 外螺纹。国家军用标准首尾标准中规定了螺距$P=0.2\sim6$ mm的收尾、肩距、退

刀槽、引导和倒角数值。其中收尾和引导的最大长度均规定为 $2P$，而收尾的最小长度，对大径杆型为 P，对中径杆型为 $0.6P$，这与 ISO 3353 是完全一致的。对于肩距而言，由于受产品结构设计的限制而无法给出具体数值，所以仅给出计算公式，其最大肩距 $W_{max}=2P+r_{max}$、最小肩距 $W_{min}=1.5P+r_{max}$，肩距的最大值与收尾的最大值是协调的，其中转接半径 r_{max} 系由设计按产品功能给定。

外螺纹的退刀槽在 ISO 3353 中未予规定，但考虑到大规格 MJ 螺纹机械加工的客观需要，所以国家军用标准参考经互会标准 CTCOB214－75 及西德标准 DIN65－532 给出数值。但对 $P=0.45$ mm 进行了修正，以确保退刀时不会伤及退刀槽的光滑圆柱段。

为保证螺纹零件处处具有足够疲劳强度，消除强度薄弱环节，所以对不完整螺纹沟槽牙底半径及螺纹光杆与毛坯处转接半径均规定不得小于完整螺纹最小牙底半径 $0.150\ 11P$。

倒角的标注方法参照国外有关标准，采用了直径标注法，从而明确了倒角的基准部位。倒角的直径与退刀槽的直径相同，只是公差带有所区别。

(2) 内螺纹。国际标准中对内螺纹未作任何规定，考虑到标准的实用配套，所以根据国家标准及有关专业标准对内螺纹的收尾、肩距、退刀槽和倒角进行了规定。内螺纹的收尾最大值 $X_{max}=2P$、倒角规定为 $120^{\circ}_{-10^{\circ}}$，倒角直径尺寸参照国外标准按 $D+0.3P$ 计算。

12. 对《MJ 螺纹》使用的意见和建议

国家军用标准《MJ 螺纹》和《MJ 螺纹首尾》是参照国际标准 ISO 5855《航空与航天结构 MJ 螺纹的尺寸》和 ISO 3353《航空与航天结构滚压螺纹的收尾与引导》制定的一种新型抗疲劳螺纹——MJ 螺纹——的标准，其特点是具有较大圆弧底、高精度和高疲劳强度。在新产品中采用 MJ 螺纹可以显著地提高产品的连接质量、可靠性和寿命。

对于如何正确贯彻和使用本标准，特提出下述参考意见：

(1)作为设计标准《MJ 螺纹》现已配套齐全，在新产品设计中应积极选用；老产品可根据产品的特点和实际需要进行选用；对于近期将淘汰的产品不宜选用。

(2)紧固件标准、管路件标准以及产品标准等应积极率先贯彻，以带动 MJ 螺纹的全面贯彻。

(3)鉴于目前的工艺和计量条件，如大量采用 MJ 螺纹还具有一定困难，但考虑到一些产品的实际需要，MJ 螺纹可以作为普通螺纹的补充，主要应用在对疲劳强度要求较高或重要的受力部位。通过技术更新和设备改造，不断提高螺纹通用加工和计量水平，逐步扩大 MJ 螺纹的应用范围。

3.3 MJ 螺纹与普通螺纹的区别

MJ 螺纹是在普通螺纹的基础上发展起来的，与普通螺纹相比具有以下三个主要的区别[4]：基本牙型不同、尺寸不同和加工方法不同。下面分别加以区别。

3.3.1 基本牙型不同

M 螺纹的基本牙型如图 3.15 所示，MJ 螺纹的基本牙型如图 3.16 所示。

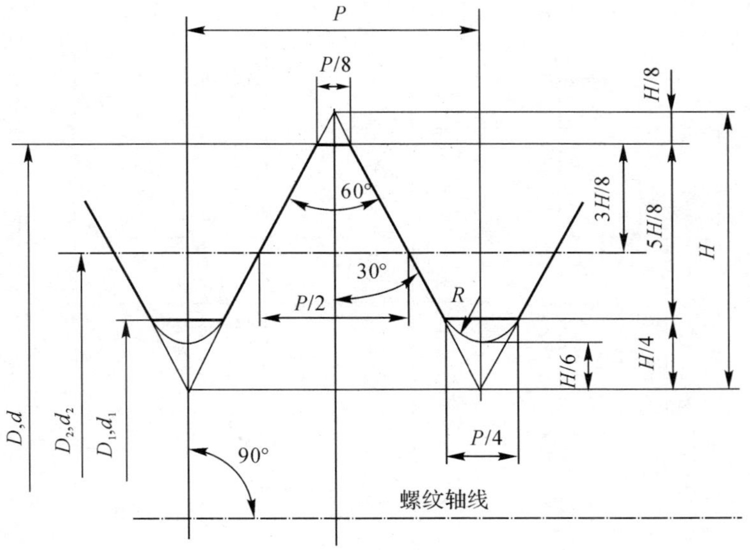

图 3.15　普通螺纹基本牙型

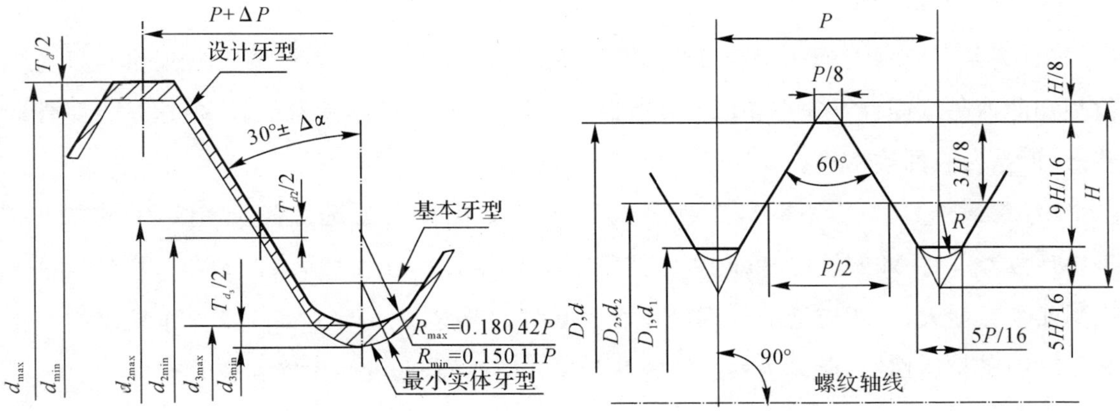

图 3.16　MJ 螺纹基本牙型

从图 3.17、图 3.18 和表 3.12 中可以看出 MJ 螺纹和 M 螺纹的基本中径到基本小径间的牙高不同。MJ 螺纹的基本中径到基本小径间的牙高为 $0.5625H-0.375H=0.1875H$；M 螺纹的基本中径到基本小径间的牙高为 $0.625H-0.375H=0.25H$。

MJ 内螺纹的设计牙型与其基本牙型相同。外螺纹的设计牙型（又被称为实际牙型）如图 3.17 所示。其牙底为连续光滑的曲线，曲线上任何地方的圆弧半径不得小于 $0.15011P$（即 $R_{min}=0.15011P$）。但是两种外螺纹设计牙型的牙底圆弧不同，即 MJ 外螺纹牙底圆弧半径要求控制在 $0.15011P \sim 0.18042P$ 的范围内；而 M 外螺纹（机械性能大于或等于 8.8 级时）牙底圆弧半径要求控制在不小于 $0.125P$ 之内。

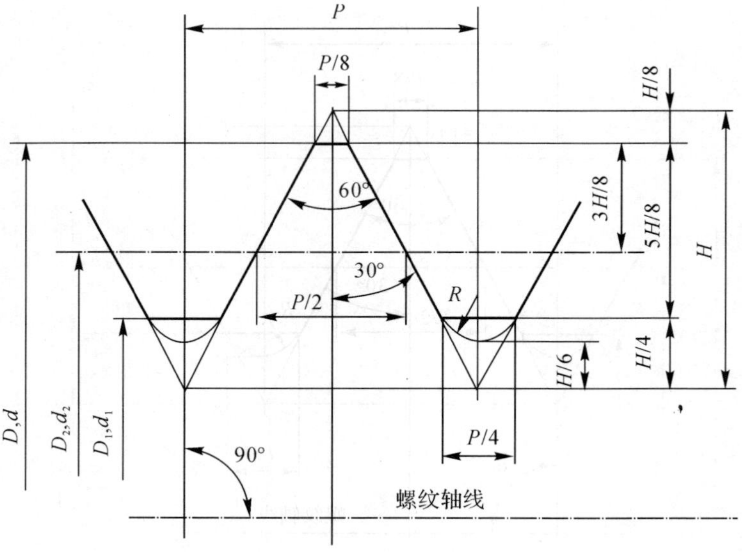

图 3.17　MJ 外螺纹的设计牙型

3.3.2　尺寸不同

MJ 螺纹的直径与螺距组合分别取自普通螺纹，其中螺栓、螺母的尺寸规格与普通螺纹规定的商品紧固件不完全相同。在管路件的尺寸规格中，细牙螺纹较多，这是管路件的特点，但是所有的规格均在 GB/T 193 规定的范围内。

MJ 螺纹的直径、螺距系列、牙型角与普通螺纹相同，公差选自普通螺纹，不同之处在于，MJ 螺纹是在 M 螺纹的基础上，使其牙底削平高度由 $H/4$ 增大到 $5H/16$，将外螺纹牙底圆弧半径加大，并相应增加内螺纹小径。具体差异详见表 3.12。由于 MJ 螺纹的基本牙型不同于普通螺纹，所以两种螺纹的基本尺寸不相同，两者间不能互换。

表 3.12　MJ 螺纹与 M 螺纹的差异

名称	M 螺纹	MJ 螺纹
中径	$d-0.649P$	$d-0.649\ 519P$
牙型高度	$0.625H$	$0.562H$
小径方向的削平高度	$0.25H$	$0.312\ 5H$
外螺纹牙底圆弧	$0.125P$	$0.150\ 11P$～$0.180\ 42P$

注：d—螺纹的大径；P—螺距；H—原始三角形的高度。

3.3.3　加工方法不同

MJ 螺纹螺栓与普通螺纹螺栓在加工上的差异见表 3.13。

表 3.13　MJ 螺纹螺栓与普通螺纹螺栓在加工上的差异

加工方法	螺纹螺栓类型	
	MJ 螺纹螺栓	普通螺栓
螺纹收尾	按 GIB52—1985	按 HB5829—1983
滚压状态	热处理后滚压螺纹	热处理前滚压螺纹
螺栓头 R 工艺	车后冷滚压加工按 GJB123—1986	车制不冷滚

3.4　MJ 螺纹与普通螺纹配合的可能性[4,16-17]

航空产品中最广泛使用的螺纹是普通螺纹，普通螺纹的应用量最大、使用面最广、使用的历史最长。目前虽然世界上主要的工业国家已开始采用 MJ 螺纹，但是均处于起步阶段，无论是美制国家还是米制国家，要在短时间内完成 MJ 螺纹的贯彻和过渡是不可能的。因此，在未来相当长的一段时间内，宇航工业中的 MJ 螺纹将与普通螺纹并行使用。

但是，由于 MJ 螺纹基本牙型和设计牙型与普通螺纹的基本牙型和设计牙型有区别，所以要在产品上大量使用 MJ 螺纹也就必须配备大量工具、量具甚至是模具，由此带来的是相应成本的提高。如果能够采用普通螺纹孔与外购的 MJ 螺纹标准螺纹配合，则生产企业可采用成熟的普通螺纹孔加工技术，不用大量增加工具和量具，就可以达到提高质量又减少成本的目的。

3.4.1　MJ 螺纹与普通螺纹牙型比较分析

基于上面分析的差异可以看出，二者能否配合取决于小径处是否发生干涉。从图 3.18可以看出，MJ 外螺纹小径的公差带与 M 外螺纹小径的公差带有重合部分，只要小径间不产生干涉，在理论上二者存在配合的可能性。

关于 MJ 螺纹与 M 螺纹配合分析，可以从两个方面进行探讨(见图 3.18)。

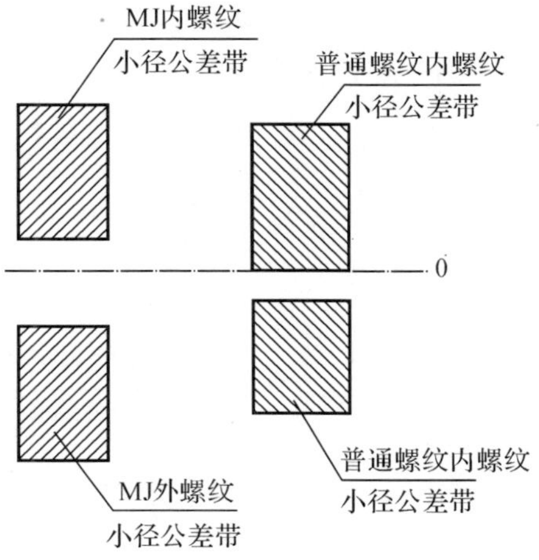

图 3.18　螺纹小径公差带示意图

MJ 螺纹与普通螺纹的基本牙型的基本中径到基本大径之间的牙型高度相同，区别在于其基本中径到基本小径间的牙高比普通螺纹的小，加之其外螺纹设计牙型的牙底有较大的圆弧(见图 3.19 及图 3.20)，所以不能配合原因应该产生在小径处，只要小径间不产生干涉，其配合就是可能的。虽然 MJ 螺纹与普通螺纹基本牙型的基本中径到基本小径间的牙高不同，但是设计牙型外螺纹小径的公差带与普通螺纹外螺纹小径的公差带有重合的部分，因此可以说在理论上二者存在配合的可能性。

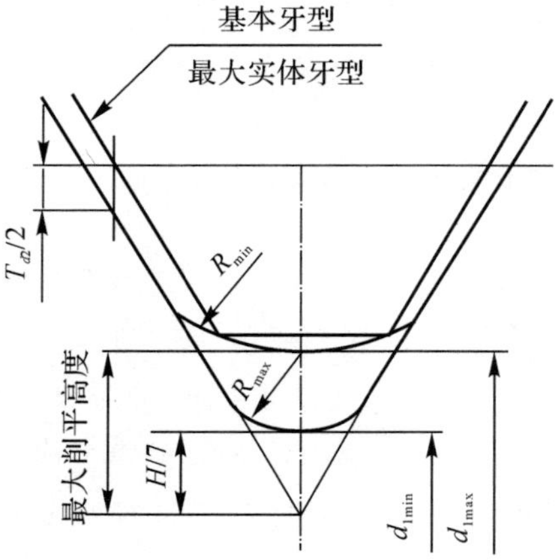

图 3.19　普通螺纹牙底形状

注：①$R_{min}=0.125P$；

②牙底可在最小削平高度为 $H/8$ 处削平或倒圆。

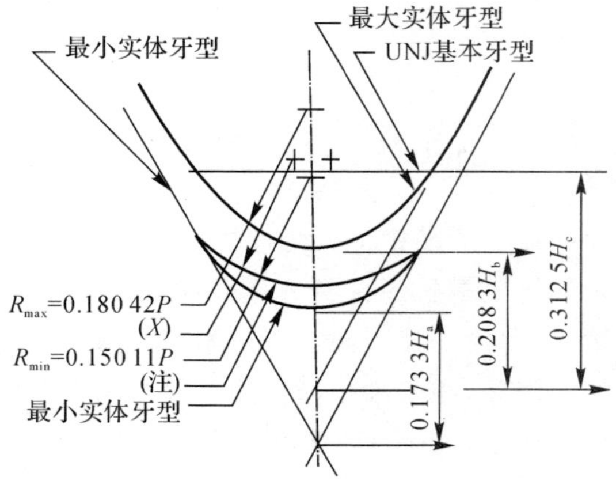

图 3.20　MJ 螺纹牙底形状

注：相切于牙侧和牙底削平处的 $X\geqslant0.150\,11P$；H_a 为最小削平高度；H_b 为最大削平高度；H_c 为牙侧切点处的高度。

图 3.21 所示为普通螺纹与 MJ 螺纹小径公差带示意图[18-20]。MJ 螺纹之间相配合时，最小配合间隙比与普通螺纹之间相配合的最小间隙大。

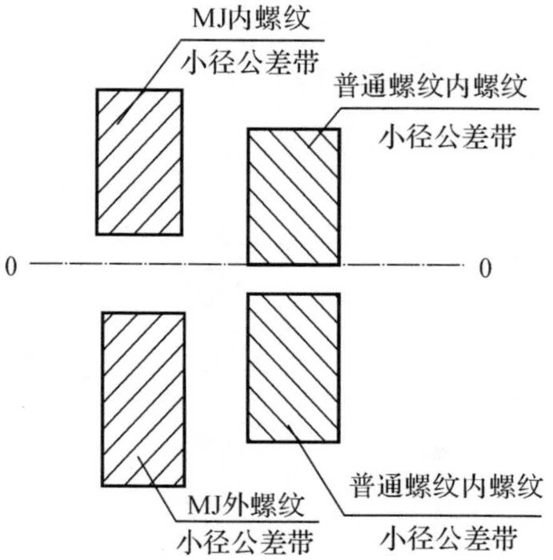

图 3.21　螺纹小径公差带示意图

图 3.22 所示为 MJ8×1.25－4g5g 外螺纹与 M8×1.25－6H 内螺纹牙型配合图。

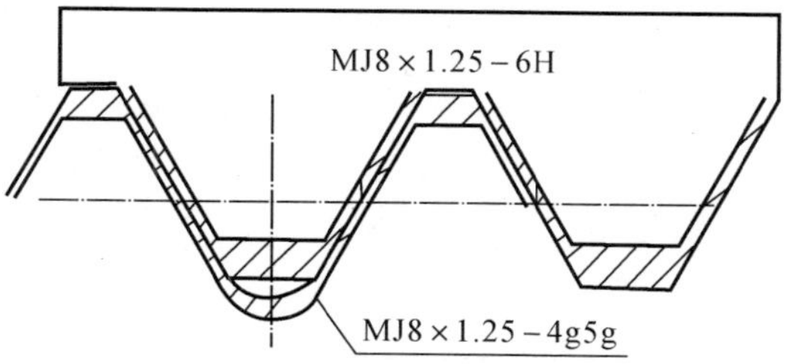

图 3.22　MJ8×1.25－4g5g 外螺纹与 M8×1.25－6H 内螺纹牙型配合图

3.4.2　MJ 内螺纹与 M 外螺纹配合的可行性

从图 3.15 和图 3.16 中的基本牙型可以看出，MJ 内螺纹的基本中径到基本大径之间的距离与 M 外螺纹的基本中径到基本大径间的牙高完全一样，都是 0.375H，区别在于 MJ 内螺纹的基本中径到基本小径间的牙高(0.187 5H)小于 M 外螺纹的基本中径到基本小径间的牙高(0.25H)，二者配合时，不发生干涉，在小径处会出现间隙配合，从这点看二者间的配合在结构上存在可能性。但从力学上分析，会发现二者间的配合是存在问题的。比较 MJ 内螺纹与 MJ 外螺纹之间的配合，由于 M 外螺纹的牙底圆弧半径(0.125P)比 MJ 外螺纹的牙底圆弧半径(0.150 11P～0.180 42P)小，因而配合的疲劳强度降低；比较 M 内螺纹与 M 外螺纹之间的配合，由于 MJ 内螺纹的牙高(0.562 5H)比 M 内螺纹的牙高(0.625H)小，因而配合的牙型接触高度变短，连接静强度性能下降。

基于上面两点分析，该种配合形式虽不会发生干涉，但在力学性能上会造成疲劳强度降低、静力学性能下降等不足，只能用于临时急需，不适合长期使用。

3.4.3　MJ 外螺纹与 M 内螺纹配合的可行性

1. 理论分析

MJ 外螺纹与 M 内螺纹只要二者配合时小径间不产生干涉，就存在配合的可能性。假设在配合可行的前提下进行分析。

MJ 螺纹和 M 螺纹配合的意义：①与 MJ 外螺纹和 MJ 内螺纹之间的配合进行比较分析，由于 M 内螺纹的牙高(0.625H)比 MJ 内螺纹的牙高(0.562 5H)大，因而配合的静强度性能有所提高；②与 M 内螺纹和 M 外螺纹之间的配合进行比较分析，由于 MJ 外螺纹的牙底圆弧半径(0.150 11P～0.180 42P)比 M 外螺纹的牙底圆弧半径(0.125P)大，因而配合的疲劳强度有所提高。

因此，在不发生干涉的情况下，MJ 外螺纹与 M 内螺纹的配合是具有实际应用价值的。于是，判定 MJ 外螺纹与 M 内螺纹的配合时是否会发生干涉，就成为探讨二者配合问题的关键。在仔细分析二者基本牙型、设计牙型以及配合图的基础上，参考借鉴国内已有的相关经验，找到了一种有效、准确的判定方法，推导得出一个经验判定公式，利用该公式就可以快速、准确地判断出所选择的 MJ 外螺纹与 M 内螺纹配合的可能性。

普通螺纹内螺纹中径至小径的尺寸分布图如图 3.23 所示，MJ 螺纹外螺纹中径至小径的尺寸分布图如图 3.24 所示，MJ 外螺纹与普通螺纹内螺纹牙型配合图如图 3.25 所示。配合图是按照二者在基本中径处配合位置来画的，推导是按照二者在最大实体状态下进行的，因为只有在最大实体状态下配合可行，则二者偏离此状态就一定可行。

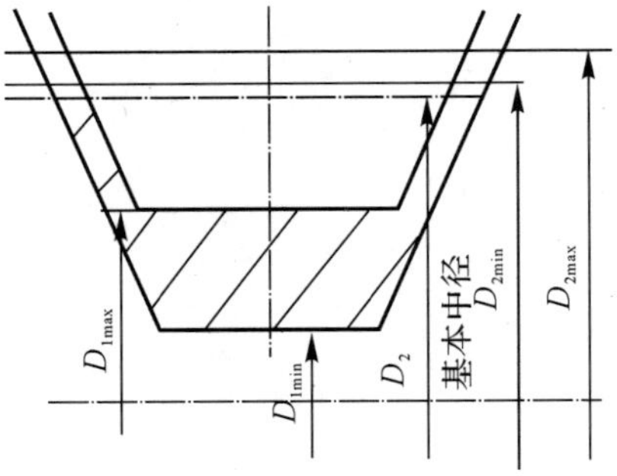

图 3.23　普通螺纹内螺纹中径至小径的尺寸分布图

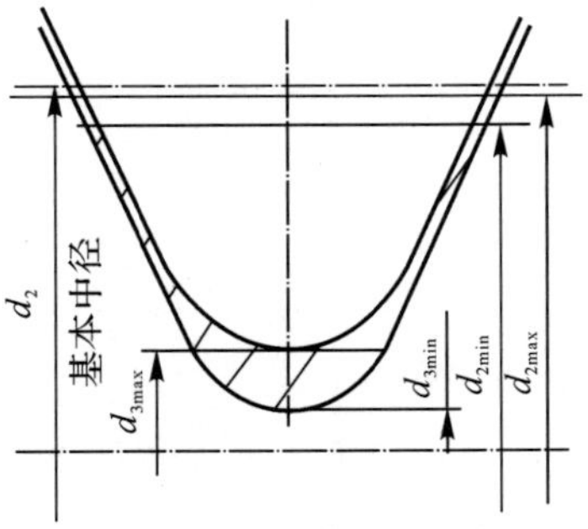

图 3.24　MJ 外螺纹中径至小径的尺寸分布图

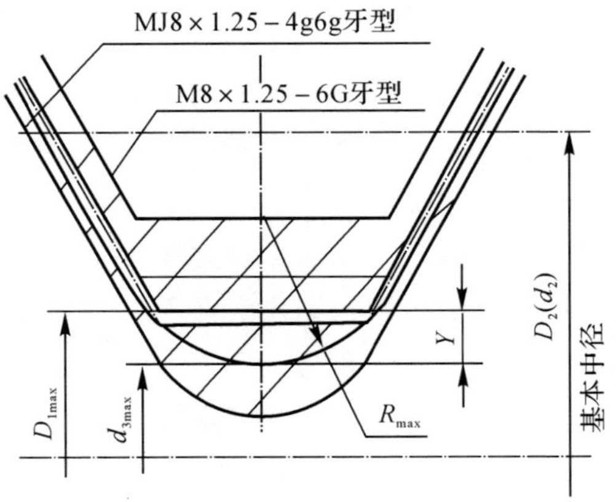

图 3.25　MJ 外螺纹与普通螺纹内螺纹牙型配合图

2. 公式推导

图 3.26 所示是一组规格为 8×1.25 的 MJ 外螺纹与普通螺纹内螺纹配合时牙底的情况。图中假定 MJ 外螺纹与普通螺纹内螺纹可以配合且在牙底有间隙，那么，只需要验证配合处的 MJ 外螺纹牙底处（与普通螺纹内螺纹牙顶配合处）的尺寸大于或等于普通螺纹牙底的理论值 $0.25P$ 即可。在此假设的基础上作出图 3.27。

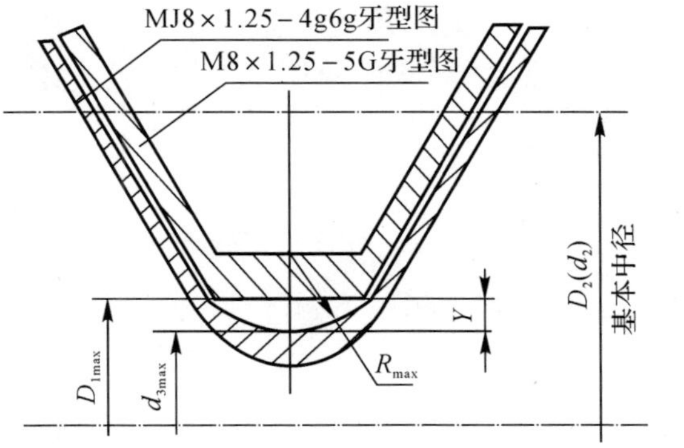

图 3.26　MJ 外螺纹与 M 内螺纹牙型配合图

推导过程是按照二者在最大实体状态下进行的，如图 3.26 所示，理论依据是只要在最大实体状态下配合可行，则二者偏离此状态时也一定可行；另外，假定 MJ 外螺纹与 M 内螺纹可以配合且在牙底有间隙，只需验证配合处的 MJ 外螺纹牙底处(与普通内螺纹牙顶配合处)的尺寸大于或等于 M 螺纹牙底的理论值 $0.25P$ 即可。

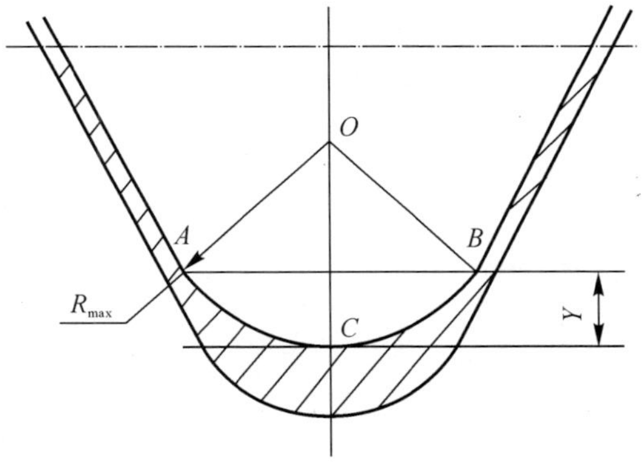

图 3.27　计算图

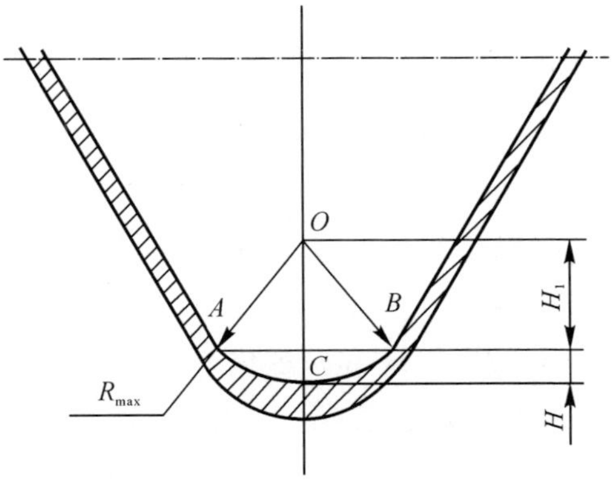

图 3.28　公式计算图

假设二者在 MJ 螺纹牙底圆弧部位配合，沿着普通螺纹牙顶作平行于轴线的直线 AB 与 MJ 螺纹牙底圆弧分别相交于 A，B 点，如图 3.28 所示，AB 长即为圆弧的弦长，设 O 为

R 的圆心，因为假设最大实体状态，所以 R 为 $R_{max}=0.180\ 42P$（R_{max} 为 MJ 外螺纹最大圆弧半径），$\triangle OAB$ 中的 AB 是以 R 为半径的圆弧的弦长，此弦长可通过勾股定理计算得出。

推导过程如下：

$$AC=\sqrt{OA^2-OC^2} \tag{3.37}$$

设定 C 点到 MJ 螺纹最大小径间的距离为 H，因为 $AC=R_{max}$，则 $OC=R_{max}-H$，代入式(3.37) 得出

$$AC=\sqrt{OA^2-OC^2}=\sqrt{R_{max}^2-(R_{max}-H)^2}=\sqrt{H(2R_{max}-H)} \tag{3.38}$$

由图 3.30 可知，$AB=2AC$，因为 R 已知，由式(3.38) 可知，只要确定 H 值就可以算出 AC，进而求得 AB。

H 是 MJ 螺纹与 M 内螺纹配合时的小径处的间隙：

$$H=\frac{\text{基本中径}-\text{MJ 外螺纹最大小径}}{2}-\frac{\text{基本中径}-\text{M 内螺纹最大小径}}{2}=$$

$$\frac{\text{M 内螺纹最大小径}-\text{MJ 外螺纹最大小径}}{2}=\frac{D_{1\min}-d_{3\max}}{2}$$

所以

$$H=\frac{D_{1\min}-d_{3\max}}{2} \tag{3.39}$$

式中 $D_{1\min}$——M 内螺纹最小小径；

$d_{3\max}$——MJ 外螺纹最大小径。

将式(3.39) 代入式(3.38) 得

$$\left.\begin{aligned} AC&=\sqrt{H(2R_{max}-H)}=\frac{1}{2}\sqrt{(D_{1\min}-d_{3\max})[4R_{max}-(D_{1\min}-d_{3\max})]}\\ AB&=2AC=\sqrt{(D_{1\min}-d_{3\max})[4R_{max}-(D_{1\min}-d_{3\max})]}\end{aligned}\right\} \tag{3.40}$$

式中，R_{max} 为 MJ 螺纹外螺纹最大圆弧半径（$R_{max}=0.180\ 42P$）。

当用式(3.40) 计算的结果 $AB\geqslant 0.25P$ 时，配合可行。反之不行。

计算结果如下：

当 $AB\geqslant 0.25P$ 时，配合可行；

当 $AB\leqslant 0.25P$ 时，配合不可行。

3. MJ 螺纹与 M 螺纹配合可行性的总结

通过式(3.40) 计算出的结果可以分为 3 种情况：①$AB>0.25P$；②$AB=0.25P$；③$AB<0.25P$。当结果是第一种时是能配合的；第三种时是不能配合的；第二种时则配合相当于普通螺纹公差带位置分别为 H 和 h 的内、外螺纹配合的情况。

由此，为了保证内、外螺纹间有足够的螺纹接触高度，应该优先选用计算结果为第二种，即相当于普通螺纹公差带位置分别为 H 和 h 的内、外螺纹配合的情况。

计算步骤分为以下三步：

(1) 查标准。

从 GB/T 196—2003 表 1 中可以查到普通螺纹内螺纹的基本小径 D_1；

从 GB/T 2516—2003 可以查到普通螺纹内螺纹小径 D_1 极限偏差值（计算只需下偏差

值)；

从 GJB 3.2A—2003 查 MJ 螺纹小径 d_3 的极限尺寸(最大小径)d_{3max}；

从 GJB 3.1A—2003 表 5 可以查到相应螺距的牙底圆弧半径 R_{max}。

(2) 计算过程。

计算普通螺纹内螺纹小径的最小尺寸 D_{1min}(D_{1min}＝基本小径＋下偏差值)。

(3) 比较分析。

将 D_{1min}，d_{3max}，R_{max} 的值代入式(3.40)并将结果与 0.25P 进行比较。计算结果大于 0.25P 能配合而且齿侧有间隙；等于 0.25P 能配合但齿侧没有间隙；小于 0.25P 理论上一般是不能配合的。

3.5　MJ 螺纹在航空航天上的应用

由于 MJ 螺纹寿命长、疲劳强度高，所以 MJ 螺纹主要应用在重要的受力部位和受冲击载荷及交变载荷比较大的部位。随着我国航空航天工业的发展，MJ 螺纹的应用范围越来越广，今后也会被其他机械行业采用。

3.5.1　MJ 螺纹在飞机上的应用

MJ 螺纹在飞机上的应用非常广泛，主要有以下几种情况[3-4]。

1. 飞机重要部位的对接螺栓

例如机翼设计分离面的对接螺栓，其螺纹为 MJ18×1.5，该螺纹在工作中承受交变载荷作用，对应力集中比较敏感，受拉伸载荷较大，其疲劳寿命不低于飞机寿命(该螺栓在大修时是不能更换的)。又如固定襟翼接头的螺栓，螺纹为 MJ10×1.25，材料为 30CrMnSiNi2A 钢，工作时受交变载荷作用为拉剪组合作用。螺纹按材料为 30CrMnSiNi2A 钢的设计工艺规范要求，螺纹按 153MT(苏联大圆弧牙底的加强螺纹)制造，以上两者从设计功能要求普通螺纹是无法满足的。

另外，与飞机相配的发动机大多数受力螺栓选用 UNJ(英制加强螺纹)螺纹。在相应连接的设计部位上也应采用加强螺纹，这才能达到设计上的等强度设计。如果螺纹按普通螺纹无法满足设计功能的需要，这与发动机的设计是不相匹配的。还有助力器梁与三角形摇臂连接的螺栓，由于平尾在飞机的飞行过程中不停地调整高度，助力器也会不停地运动，因此助力器梁将承受不断变化的交变载荷，而交变载荷很容易产生疲劳，螺纹选用 MJ10×1.25，可以有效地解决选用普通螺纹螺栓发生断裂的现象。

选用 MJ 螺纹既为解决上述问题提供了一种有效途径，又为设计开辟了一条道路。

2. 飞机改型的匹配

某飞机改进型上大量采用了 MR 螺纹，MR 螺纹类似于我国军用标准的 MJ 螺纹，均属加强螺纹。经过疲劳试验证明，MJ 螺纹在抗疲劳寿命和强度方面均优于 MR 螺纹，性能有所提高。因此，在改装结构接口连接处，为了与 MR 螺纹相匹配，采用了 MJ18×1.5 等规格的螺纹代替 MR 螺纹，满足了设计要求。

3. MJ 螺纹的应用效果和优势

通过全机静力破坏试验和试飞试验的结果证明，在飞机机翼等重要连接部位上采用的 MJ8×1，MJ10×1.25，MJ18×1.5 螺纹螺栓，没有出现断裂、变形、裂纹和破坏情况。可以证明 MJ 螺纹是一种高质量的螺纹，MJ 螺纹螺栓是高质量的连接件。采用 MJ 螺纹可以增加飞机的稳定性能。因此，在军、民用飞机的研制中，MJ 螺纹可以放心使用。

MJ 螺纹的大量使用表现了其拥有巨大的优势和应用效果。

首先，MJ 螺纹采用热处理后滚压螺纹的工艺，并采用下圆角 R 的冷滚压工艺，从而具有了高强度和高疲劳性能，延长了螺栓的使用寿命。

其次，MJ 螺纹螺栓的使用为高强度、高敏感材料的应用扩大了使用范围，可使设计选用时不必像过去为其工艺性差而受限制。为了提高 MJ 螺纹的精度，对其单项要素提出了精度要求(单项要素误差之和的中径当量不应大于中径公差的一半)，MJ 螺纹的高精度换来了螺纹件的高强度(配合精度高可以减少半角误差和螺距误差对螺纹配合质量的影响)；MJ 螺纹加大圆弧底可以得到高疲劳性能，国际上公认是普通螺纹的 3～5 倍。

再次，MJ 螺纹提高了飞机螺纹连接件的设计水平，例如发动机上连接大都采用的是加强螺纹连接(UNJ 螺纹)，如果发动机与机身连接的固定螺栓采用普通螺纹，既不能满足强度要求，也与发动机不相匹配。因此，在这些部位采用 MJ 螺纹，可以提高飞机螺纹件的性能，保证飞机的安全可靠性。

最后，应用 MJ 螺纹可以减轻飞机的质量，简化飞机的维修，从而提高了飞机的性能。经过计算和试验验证，采用热处理后滚压的 MJ 螺纹件，在承受同样载荷的情况下可使螺纹件的直径减小，通过采用较小直径的 MJ 螺纹件替代较大直径的普通 M 螺纹件，从而实现结构减重的目的，具体见表 3.14。同时，由于 MJ 螺纹件的强度高，疲劳寿命长，不需要经常更换甚至不必要更换，因此就可以减少维修的工作量。

表 3.14　普通 M 螺纹和 MJ 螺纹的替代关系

普通 M 螺纹	可替代的 MJ 螺纹
M18	MJ14
M16	MJ14
M14	MJ12
M12	MJ10
M10	MJ8

3.5.2　MJ 螺纹紧固件

紧固件在国际上通常分为两大类[5-6]。第一类是一般用途紧固件，其标准由 ISO/TC2 归口，我国的紧固件国家标准即属于该标准体系范畴；第二类是航空航天紧固件，由 ISO/TC20/SC4 归口，我国的军用标准、航空行业标准和航天行业标准均属于该标准体系范畴。在航空航天紧固件国际标准中，全部采用 MJ 螺纹，这类紧固件又称为“MJ 螺纹紧固件”，MJ 螺纹紧固件是国际上航空航天专用紧固件。本书 MJ 螺纹紧固件简称为“MJ 紧固件”，相应的螺栓、螺母简称为“MJ 螺栓”“MJ 螺母”；将普通螺纹螺栓、螺母简称为“M 螺栓”“M 螺母”。

1. 国内外 MJ 紧固件标准的发展

ISO 从 20 世纪 70 年代起就开始制定航空航天紧固件国际标准，截至 2003 年，共发布标准 95 项，其中有 MJ 紧固件标准 75 项。这些标准只有紧固件的基础标准，包括紧固件尺寸标准、螺纹及其测量、紧固件形位公差、试验方法、采购规范等，适用于航空航天器（飞机、航天器、导弹、火箭等）的结构和发动机。

欧洲标准是世界上最大的区域性标准。随着欧洲经济一体化进程的推进，欧洲航空航天紧固件标准得到了迅速的发展，特别是从 20 世纪 90 年代以来，发展速度明显加快。欧洲标准在直接采用 ISO 标准的基础上，结合欧洲的具体情况，制定了大量的产品标准。截至 2008 年，欧洲航空航天紧固件标准共有 226 项，其中有关 MJ 紧固件的标准有 189 项。

俄罗斯没有采用 MJ 螺纹，但在航空航天器上使用了类似的 MR 螺纹。MR 螺纹具有类似于 MJ 螺纹的基本特点，外螺纹牙底圆弧半径为 $0.144P$～$0.180P$，与 MJ 螺纹基本相符，完全可以用 MJ 螺纹代替。

国内的 MJ 紧固件标准有国家军用标准、航天行业标准和航空行业标准。航天行业标准是 20 世纪 90 年代初依据 ISO/TC20/SC4 标准或标准草案制定的，内容包括螺栓、螺钉、螺柱、普通螺母、开槽螺母、自锁螺母、高锁螺母等，共有 54 项标准，其结构尺寸完全采用了 ISO/TC20/CS4 的标准，性能指标也符合现行国际标准，并且采用了相应的强度等级和温度等级制度，规格代号及其标记都采用了国际上通用的方法。国家军用标准和航空行业标准是在原航空行业标准（M 紧固件）的基础上吸收 ISO/TC20/SC4 标准的技术内容，主要品种包括螺栓、螺钉、高锁螺栓、高锁螺母等，结构尺寸既有符合 ISO 标准的，又有符合原航空行业标准的，特点是螺栓、螺钉的品种较多，性能指标符合现行国际标准。

2. MJ 紧固件的结构特点[5-6,21]

(1)螺栓和螺钉的基本概念。螺栓和螺钉都是最常见的螺纹紧固件，但是什么叫螺栓（bolt）、什么叫螺钉（screw），国内外的标准都没有明确定义。国内的航空、航天行业习惯上将半螺纹的叫作螺栓，而将全螺纹的称为螺钉。在我国的国家标准中，则习惯上将六角头的外螺纹紧固件称为螺栓，其他头形的叫作螺钉。这些区分方法都没有严格的国际标准依据。在 ISO/TC20/SC4 制定的紧固件标准体系中，很少出现螺钉一词，统称为螺栓，而将通常所说的螺钉称为螺纹到头螺栓。在这种情况下，就没有必要去刻意理清螺栓和螺钉的定义。使用什么标准，就按什么标准去称呼它，服从相应标准给出的名称。为了叙述方便，采用 ISO/TC20/SC4 的做法，将有头的外螺纹紧固件统称为螺栓，但这里的螺栓不包括紧定螺钉、木螺钉、自攻螺钉以及自攻自钻螺钉等。

(2)螺栓头形结构。螺栓头有两个主要功能。一是支撑或者承载作用；二是扳拧作用。支撑面越大，螺栓头部的承载能力越强。一般来说，凸头的承拉能力大于沉头的承拉能力。凸头包括六角头、双六角头、花键头、盘头、圆柱头等。

六角头可分为标准六角头、大六角头和小六角头等三个基本系列。表 3.15 给出了 MJ 六角螺栓头的对边宽度和 M 螺栓的比较。

表 3.15　六角螺栓头的对边宽度　　单位：mm

螺纹公称直径	对边宽度(S)				
	MJ 螺栓			M 螺栓	
	普通六角	大六角	小六角	普通六角	大六角
3	6	7	—	5.5	—
4	7	8	—	7	—
5	8	9	—	8	—
6	10	11	—	10	—
8	13	14	12	13	—
10	17	—	14	16	—
12	19	—	17	18	21
14	22	—	19	21	24
16	24	—	22	24	27
18	27	—	24	27	30
20	30	—	27	30	34

注：MJ 螺栓的普通六角系列主要用于强度等级小于或等于 1 100 MPa 的螺栓。

双六角是由两个正六边形围绕中心相对转动30°所形成的几何图形。双六角头是 MJ 紧固件最常见的头形，国内也有人将这种头形称为 12 角头，双六角头根据头部的厚薄分为厚、标准、薄等 3 个系列。花键头也是 MJ 紧固件的基本头形之一。与六角头螺栓相比，这两种头形的对边宽度小，既可以减轻质量，又可以节省安装空间，而其抗扳拧能力却比六角头大得多，常用于强度等级高于 1 100MPa 的 MJ 高强度螺栓。双六角头螺栓和花键头螺栓如图 3.29 所示。

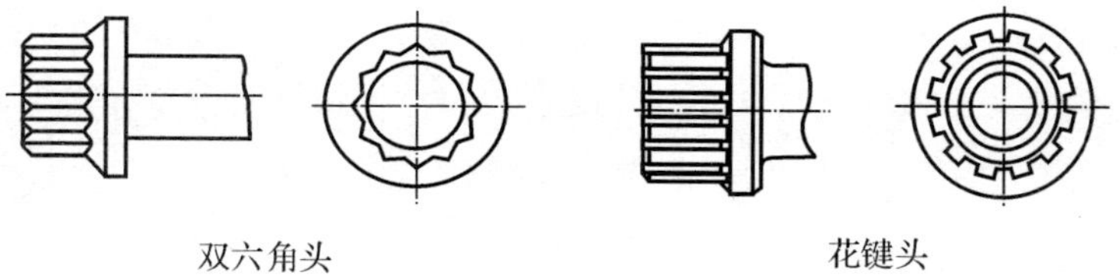

双六角头　　花键头

图 3.29　双六角头螺栓和花键头螺栓

盘头的形状像个盘子，是最常见的螺栓头形之一。目前已经逐步替代了大同小异的半圆头、平圆头、扁圆头、平凸头等头形。圆柱头具有独特的使用场合，在用作沉头时仍具有较大的扳拧力矩，在欧洲的 MJ 螺栓标准中已经采用。

沉头有90°，100°，120°三种形式，传统使用90°，120°沉头。120°沉头主要用于薄壁结构，但因头部厚度太薄，十字槽深度不易控制，过浅，装拆时容易打滑；过深，则会削弱钉头强度，易掉头。在 MJ 螺纹中，只有100°沉头和100°小沉头两种。小沉头是因头部高度减少而直径变小，用于薄壁结构。

(3)内扳拧结构。内扳拧结构用于沉头、盘头、圆柱头等圆柱形头。常见内扳拧结构有开槽(一字槽)、十字槽、内六角和内六花形等,见表 3.16。

表 3.16　常见内扳拧结构特点比较

槽型	简图	适用紧固件	扳拧性能	对自动化装配的适应性	备注
开槽		低强度、低扭矩	差	差	有打滑的危险 扳拧速度不能高
内六角		高强度	优	中	能最大限度地拧紧
内六花形		高强度	优	中	能最大限度地拧紧
飞利浦(H 型)十字槽	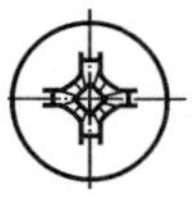	中、低强度	中等,很好	很好	旋具须施加轴向压力,以保持贴合,用于 1 100 MPa 以下的螺栓
波兹垂(Z 型)十字槽		中、低强度	好,很好	好,很好	
偏置型十字槽		中、高强度	很好	是	用于 MJ 螺栓

偏置型十字槽是国际标准(ISO7994:1985)选定的用于 MJ 螺栓的十字槽(见图 3.30),我国等同采用后制定了 GB/T 12520《高扭矩十字槽》。这种槽的 4 个槽翼侧面各有一个高 0.1 mm 的纵向小凸棱。拧松螺栓时,这些凸棱与专用旋具上的径向齿互相干涉,在小凸棱上形成能够阻止旋具推出的凹槽。因此,这种十字槽能够承受很大的扭矩,特别是在拧松螺栓时,更能表现出这种十字槽的优越性。另外,这种十字槽还有一个特点,就是所需的插入深度比较浅,比普通 H 型十字槽要浅 1/4 左右,对螺栓头的强度,特别是小沉头螺栓的头部强度,有重要保护作用。

偏置型十字槽的最大特点是制造工艺复杂,特别是旋具制造麻烦,严重影响推广应用。2002 年,ISO/TC20/CSC4 又制定了一套适于中低强度螺栓的飞利浦十字槽标准(ISO 14279:2002)。我国航空航天通用零部件标准化技术委员会根据该标准,针对盘头和沉头结构制定了 GJB 5430—2005《十字槽》。这种十字槽可使用通用的飞利浦十字槽旋具进行扳拧,不必再专门制作旋具,但由于其抗扳拧性能较差,只能用于强度等级小于或等于 1 100 MPa 的螺栓。

(4)螺纹长度。按照 ISO/TC20/SC4 的规定,MJ 螺栓的螺纹长度分为长螺纹、中螺纹和短螺纹,见图 3.31 和表 3.17。长螺纹的长度与 M 螺纹相等,均等于 $2d+6$ mm,用于抗拉螺栓;短螺纹适用于抗剪螺栓;中螺纹适用于承受拉剪复合载荷的螺栓。需要注意的是,中、短螺纹的螺纹长度包括螺纹收尾,长螺纹的螺纹长度不包括螺纹收尾。

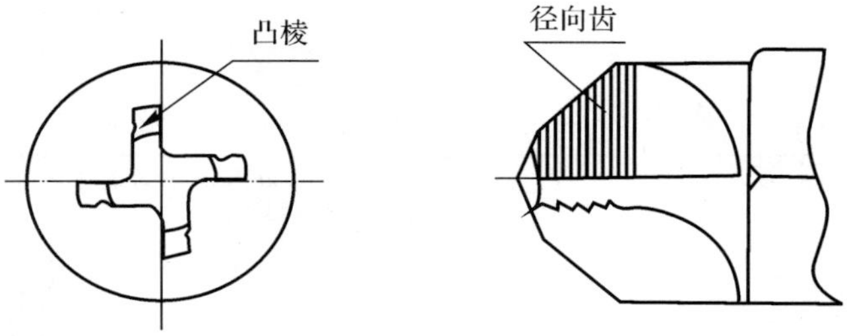

图 3.30　偏置型十字槽及其旋具

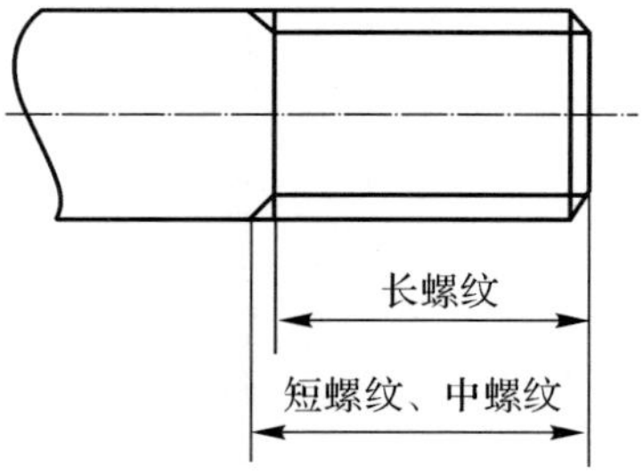

图 3.31　MJ 螺栓螺纹长度的注法

表 3.17　螺纹长度　　单位：mm

螺纹公称直径	MJ 螺纹				M 螺纹(不含收尾)		
	短螺纹(含收尾)	中螺纹(含收尾)		长螺纹(不含收尾)	螺纹总长 ≤125	螺纹总长为 125～200 (含 200)	螺纹总长 >200
		≤1 250 MPa	>1 250 MPa				
3	6	7.5	8	12	12	—	—
4	7.5	10	10.5	14	14	—	—
5	9	12	12.5	16	16	—	—
6	10	14	15	18	18	—	—
7	11	15	16	20	20	—	—
8	11.5	16.5	17	22	22	28	—
10	14.5	20.5	21	26	26	32	—
12	16	22.5	23.5	30	30	36	—
14	19	26.5	27.5	34	34	40	—
16	20.5	28.5	30	38	38	44	57
18	22.5	31	33	42	42	48	61
20	24.5	33.5	35.5	46	46	52	65
22	26.5	36	38	—	50	56	69
24	29.5	412	43.5	—	54	60	73

(5)螺栓光杆。MJ 螺栓分为抗拉螺栓和抗剪螺栓。抗拉螺栓和抗剪螺栓的主要区别在于螺栓的光杆(无螺纹部分)直径和螺纹长度。抗拉螺栓的光杆直径可以等于螺纹大径,公差较松,一般为 h12。也可以小于螺纹大径,约等于螺纹中径。抗剪螺栓的光杆直径等于螺纹大径,公差较严,ISO 标准规定为 f7 或者 f7(修正),国内有用 f9,r6 等,通常称为紧公差。这里的 f7(修正)是对杆径小于或等于 30 mm 螺栓的公差带进行了修正,公差带的上限值符合 f7,公差值全部取 0.025 mm。

3. MJ 紧固件的性能特点[5-6,22-23]

(1)强度等级和温度等级。强度等级是 MJ 紧固件特有的概念。QJ1747—1989《MJ 螺纹紧固件螺栓、螺母的强度分级和温度分级》规定:螺栓的强度等级等于常温下螺栓材料的最小抗拉强度。螺母的强度等级等于与被试螺母相配的最高强度等级螺栓的强度等级。螺母在常温下进行 100% 轴向载荷试验时,应能承受螺栓的载荷而不产生损伤或破裂。

螺栓的强度等级完全取决于螺栓材料的抗拉强度。螺母的强度等级则不仅仅取决于螺母材料的抗拉强度,还取决于螺母的结构尺寸(螺母高度或有效螺纹长度)。相同强度等级的螺栓和螺母相配合,最经济合理。

根据 ISO 有关决议,螺栓和螺母分为 10 个强度等级:450 MPa,600 MPa,900 MPa,1 000 MPa,1 100 MPa,1 210 MPa,1 250 MPa,1 275 MPa,1 550 MPa 和 1 800 MPa。这些强度等级都是针对特定的材料。在制定 QJ 1747—1989 时,依据当时的 ISO 决议,只将 450 MPa,600 MPa,900 MPa,1 000 MPa,1 100 MPa,1 250 MPa,1 550 MPa 和 1 800 MPa 等八个等级列入了航天行业标准。

温度等级是根据螺栓和螺母的最高工作温度来确定的。根据 ISO 有关决议,螺栓和螺母的温度等级分为 10 个:120℃,175℃,235℃,315℃,425℃,450℃,550℃,650℃,730℃和760℃。

温度等级不仅仅取决于紧固件的材料,还取决于紧固件的表面涂覆因素。

强度等级和温度等级之间的组合关系由具体产品标准规定。需要强调的是,与温度等级对应的强度,并不是在该温度下的抗拉强度,而是指在常温下的强度。

(2) 螺栓的拉伸性能。拉伸性能是螺栓最基本的机械性能,通常用最小破坏拉力表示。标准规定的最小破坏拉力 $P_{\min}$ 是通过理论计算并经过试验验证而确定的。

$$P_{\min} = A_s \sigma_b \tag{3.41}$$

式中　A_s—— 螺栓螺纹的抗拉应力截面积;

σ_b—— 螺栓材料的抗拉强度。

A_s 又称为螺纹的应力截面积,不同螺纹有不同的计算公式。

$$A_s = \frac{\pi}{4}\left(\frac{d_2 + d_1 - \dfrac{H}{6}}{2}\right)^2 \tag{3.42}$$

$$A_s = \frac{\pi}{4} d_3^2 \left[2 - \left(\frac{d_3}{d_2}\right)^2\right] \tag{3.43}$$

式中　d_1—— 外螺纹小径;

d_2—— 外螺纹中径；

d_3—— 外螺纹底径。

式(3.42)适用于普通螺纹(非滚压成形或热处理前滚压成形)，式(3.43)适用于 MJ 螺纹(热处理后滚压成形)。

计算结果表明，MJ 螺纹承载面积要比 M 螺纹高出 3.6%～8.4%。也就是说，MJ 螺纹抗静拉能力要比 M 螺栓高出 3.6%～8.4%。

(3)螺栓的疲劳性能。螺栓装配后承受一个初始预紧力，即预拉力。一般情况下，螺栓工作时还要再承受一个变化的外拉力载荷。所以实际上螺栓在工作过程中承受拉一拉载荷，这就要求螺栓具有良好的抗疲劳性能和较高的承受动载荷的能力。MJ 螺栓标准规定了疲劳指标和特定的疲劳条件(见图 3.32)：载荷形式基本上为正弦波，频率为 140 Hz；载荷比 $R=0.1$，最大载荷与材料的种类及强度等级有关，具体标准都有规定；组平均寿命为 6.5 万次，单件寿命不少于 4.5 万次，在计算平均寿命时，单件寿命超过 13 万次按 13 万次计算。

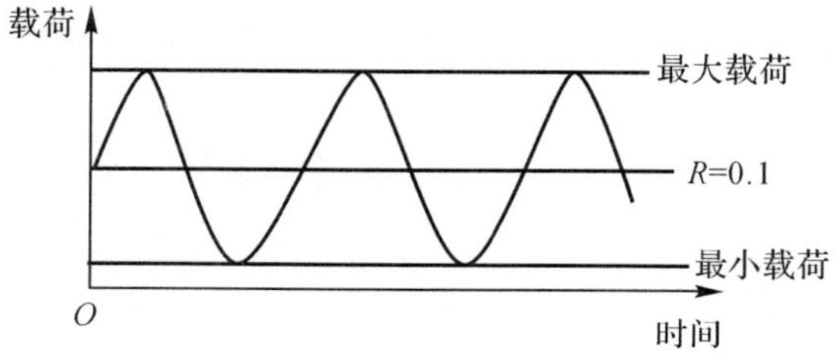

图 3.32　螺栓的疲劳性能

据航空有关单位经验，MJ 螺栓的疲劳性能与螺栓直径有关。MJ10 螺栓的疲劳寿命可以达到 10^4 次以上，MJ8 可达 10^5 次，MJ6 可达 10^6 次，MJ4 可达 10^7 次。

(4)螺栓的制造要求。为了保证 MJ 螺栓的疲劳性能，标准对螺栓的制造工艺进行了强制性的规定，要求螺栓头部必须镦制成形。螺纹必须在最终热处理后滚压成形，头下圆角必须进行冷滚压。

镦制可保证螺栓头部的晶粒流线不被破坏，使其抗疲劳性能明显提高。挤压后的螺纹晶粒流线应沿螺纹轮廓连续排列，且在螺纹牙底处密度最大(见图 3.33)。螺纹经过挤压后表层会产生参与压应力。它对提高螺纹的抗疲劳能力具有特别重要的作用。另外，螺纹表面的残余应力能够阻止电镀时氢离子的渗入，从而降低对氢的敏感性。基于这些考虑，这种残余应力应该特加保护。如果螺纹成形后再进行热处理，这种残余应力就会丧失殆尽。

螺栓的头杆结合处称为头下圆角，是螺栓的薄弱环节之一。经过冷滚压后会大大降低该处的应力集中系数，从而提高螺栓的头杆结合强度。

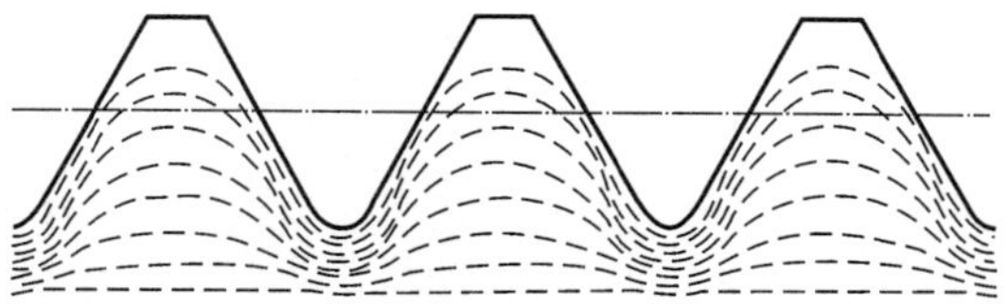

图 3.33　螺纹的晶粒流线

(5)螺母的轴向载荷试验。螺母的轴向载荷试验属于抗拉试验，分为 100%轴向载荷试验和 80%轴向载荷试验。对于厚度大于或等于 0.8D 的螺母，100%轴向载荷等于与之相配的等强度等级螺栓的最小破坏拉力。在对螺母施加 100%轴向载荷后，要求螺母不应出现任何裂纹和永久变形。可知，80%轴向载荷试验是考核螺母的抗屈服变形的能力。

(6)自锁螺母的锁紧性能。MJ 自锁螺母的锁紧性能与 M 螺纹自锁螺母没有区别，只是过去的自锁螺母标准(GB 943，QJ 3079.1 等)不够完善。在 MJ 自锁螺母标准中，锁紧性能包括三项内容：永久变形试验；15 次拧入拧出试验；一次(或三次)拧入拧出试验。

永久变形试验是用两个直径不同的螺纹芯棒进行拧入拧出。先用大芯棒(螺纹中径接近螺母的最大极限尺寸)进行拧入拧出。测得的大芯棒拧入过程中的自锁力矩不能超出标准规定值，小芯棒拧出过程中的松动力矩不能超出标准规定值。显然，这项试验的目的是考核自锁机构的弹性或永久变形情况。

多次拧入拧出试验是考核螺母的重复使用性，用于自锁螺母的鉴定检验。MJ 自锁螺母标准规定进行 15 次拧入拧出试验。全过程测出的最大自锁力矩不能大于标准规定值，而每次拧出过程中测得的松动力矩不能小于标准规定值。试验用芯棒螺纹的公差仅为配用芯棒螺纹的公差的一半，且位于螺栓螺纹公差带的下半部分。每次完成拧入过程后，还必须对螺母施加标准规定的安装力矩。安装力矩能明显消耗锁紧机构的自锁能力，但更加接近螺母的多次使用环境，对考核螺母的防松性能更加苛刻，而对螺母的使用者则更加安全可靠。

国际标准将一次拧入拧出试验用于自锁螺母的质量一致性检验。但一次循环容易出现一些偶然现象，影响结果判定，一些国家就将一次检验改为三次检验。

这里的自锁力矩、松动力矩和安装力矩在标准中都有明确的定义。自锁力矩是在螺母旋入过程中测得的克服动摩擦的力矩；松动力矩是在螺母拧入过程中测得的，先将螺母从拧紧状态拧退半圈左右，去掉轴向力后，停止转动，在重新启动(拧退)时测得，也就是在没有轴向力的情况下克服静摩擦所需要的力矩；安装力矩是标准规定的专门用于试验的力矩，它并不是装配螺母所用的预紧力矩。

MJ 自锁螺母的这些要求，同样也可以用于自锁螺母。不过由于 MJ 螺母螺栓配合精度高，自锁力矩和松动力矩会更加稳定，会使自锁力矩不大、松动力矩不小。自锁力矩越小，装配越方便；松动力矩越大，螺母的防松效果越好。

(7)MJ 紧固件的冶金性能。航天产品对紧固件的要求不仅仅是抗拉强度和抗剪强度，还必须考虑其综合力学性能。在通常情况下，对制造紧固件的材料及其热处理状态都有严格的要求，其中包括螺栓材料的冶金性能。在 ISO/TC20/SC4 标准中，对材料牌号及其状态要求很严，还对材料的冶金性能有明确的规定。

显微组织一般包括过热、脱碳、增碳、晶粒度、金组织及低倍缺陷等。

表面不连续性是指螺栓材料的表面缺陷，通常是指材料在轧制或者在螺栓的镦制、滚压及热处理过程中，由于操作不当螺栓材料受到过高应力作用而产生的缺陷，包括裂纹、发纹、折痕和夹杂等。标准规定了这些缺陷不允许出现的部位、允许出现的部位以及缺陷的最大深度等，具有明显的可操作性。

4. MJ 紧固件的标记与标志

(1)标记。MJ 紧固件的标记全部采用代号表示。根据 ISO/TC20/SC4 有关协议,航空航天紧固件的标记由 4 部分、15 个符号组成,如图 3.34 所示。

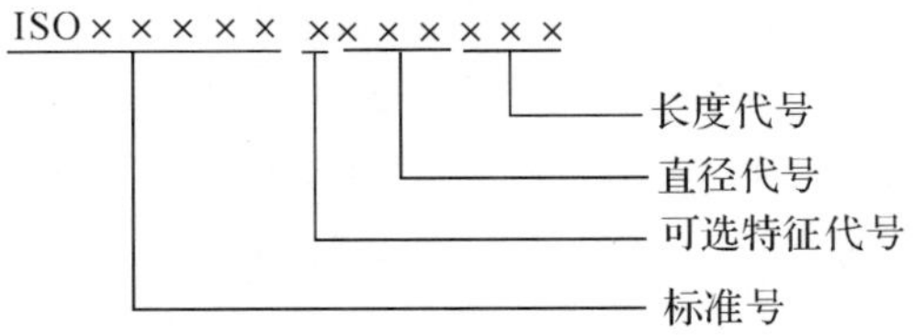

图 3.34 MJ 紧固件标记

可选特征代号由一个字母组成,用以表示各种附加要求,如金属丝孔、开口销孔、表面润滑等。

直径代号由 3 位数字组成,表示紧固件的公称直径,单位为 mm。公称直径在不同的紧固件中含义不同。对于光杆直径等于或大于螺纹公称直径的螺栓,光杆的公称直径即表示螺栓的公称直径。

对于光杆直径小于螺纹公称直径的螺栓以及螺母,则用螺纹的公称直径作为紧固件的公称直径。

直径代号见表 3.18。长度代号也是由 3 位数字组成,表示紧固件的公称长度值(单位为 mm)。长度值不足 3 位的在数字前补零。

表 3.18 直径代号

螺纹公称直径/mm	螺栓			螺母
	光杆直径等于或小于螺纹公称直径的螺栓	光杆直径大于螺纹公称直径的螺栓(加大系列 1)	光杆直径大于螺纹公称直径的螺栓(加大系列 2)	
1	010	—	—	010
1.2	012	—	—	012
1.6	016	—	—	016
2	020	—	—	020
2.5	025	—	—	025
3	030	—	—	030
3.5	035	—	—	035
4	040	—	—	040
5	050	055	—	050
6	060	065	—	060
7	070	075	—	070

续 表

螺纹公称直径/mm	螺 栓			螺母
	光杆直径等于或小于螺纹公称直径的螺栓	光杆直径大于螺纹公称直径的螺栓(加大系列 1)	光杆直径大于螺纹公称直径的螺栓(加大系列 2)	
8	080	085	090	080
10	100	105	110	100
12	120	125	130	120
14	140	145	150	140
16	160	165	170	160
18	180	185	190	180
20	200	205	210	200

(2)标志。标志是在产品上制作的记号,用以保证产品在制造、运输、储存、安装等过程中与设计文件一致。产品标志在紧固件的质量管理中起着重要作用。

紧固件的标志有制造厂识别标志、性能标志、左旋螺纹标志、材料标志等。

制造厂识别标志应制在所有产品上,并在制造过程中就显示出来。一般情况下,制造厂识别标志用字母代号表示。MJ 紧固件标志的具体内容见 QJ 1983—1990《MJ 螺纹紧固件 标志》及相应的紧固件产品标准的规定。根据紧固件规格的大小,允许省略的内容不一样。

5. MJ 紧固件在航天产品上的应用

MJ 紧固件是为航空航天器专门设计的螺纹紧固件,MJ 紧固件标准是由 ISO/TC20/SC4 制定的,各国航空航天业产品均采用。欧美国家的航空航天产品全部采用 MJ(或 UNJ)紧固件,俄罗斯虽然没有采用 MJ 螺纹,但采用的是与 MJ 螺纹极为相似的 MR 螺纹。

国内航空系统在引进型号的推动下,飞机上大量使用了 MJ 紧固件。由于 MJ 紧固件的突出优点,国内其他民用行业也参照 MJ 紧固件的基本特点,对本行业的紧固件进行改造,使其性能明显提高。

国内的航天系统也已经开始使用 MJ 紧固件,但是使用的范围相当有限,与高科技的航天产品很不相称。造成这种状况的原因与传统设计习惯有关,也与认识上的误区有关。

(1)航天产品需要高性能、高精度和高可靠性的 MJ 螺纹紧固件。航天产品不仅需要螺栓具有高强度,更需要螺栓具有优秀的抗疲劳能力。

MJ 螺栓的承载能力主要表现在承受静载荷的能力和承受动载荷的能力。MJ 螺栓的抗静载荷能力略高于 M 螺栓,而抗动载荷的能力要比 M 螺栓高数倍。MJ 紧固件最突出的优点是具有优异的抗疲劳性能。对于长时间飞行的飞机来说,抗疲劳性能无疑是至关重要的。对于飞行时间较短但承受较大交变载荷的航天产品来说,螺栓的疲劳指标也十分重要。疲劳寿命和载荷变化幅度关系极大。载荷比 R 是衡量载荷变化幅度的主要指标,R 越小,寿命越短,当 R 等于最大值($R=1$)时,螺栓即承受静载荷,疲劳寿命理论上应该是无限长的。航天发动机在工作时震动非常强烈，R 值很小，工作几分钟就有可能引起螺栓疲劳破坏。从标准规定的疲劳寿命来看，组平均寿命 6.5 万次相当于 465 s 的时间，单件最长寿命 4.5 万次只有 321 s 的时间，这与运载火箭发动机的工作时间大体相当。所以在设计航天产品时，必须考虑螺栓的疲劳问题。

传统的设计方法是只考虑静载荷，但这并不等于航天型号结构不承受动载荷。通过加大设计冗余度、加大紧固件的规格、通过强度试验，也可以保证结构连接的可靠性。但这种设计有可能造成材料和重量的浪费。如果设计时考虑动载荷因素，在保证可靠性要求的前提下，完全有可能减小紧固件的规格。航空的使用经验告诉我们，MJ8 的螺栓可以取代 M10 的同种材料螺栓。

高精度的螺纹，有利于实现航天产品的精装配，有利于稳定自锁螺母的锁紧力矩。

实现精装配，是设计航天产品所追求的目标之一。MJ 螺栓与螺母的 4h6h/4H5H 配合，为实现航天产品的精装配提供了基本的条件。

自锁螺母，特别是全金属自锁螺母，防松性能与螺纹精度有很大关系。高精度配合的 MJ 螺栓、螺母，可以稳定自锁螺母的锁紧力矩，提高防松效果。

特殊的制造要求，提供螺栓的内在质量。

MJ 螺栓的制造要求，是保证 MJ 紧固件内在质量的重要因素。螺栓头部的镦制成形，外螺纹的热处理后滚压成形，螺栓头下圆角的冷滚压，都对保证螺栓材料的晶粒流线不被破坏、改善螺栓材料的综合性能至关重要。螺栓的纤维组织、金相组织、晶粒度、过热、脱碳、增碳等的规定，对保证螺栓的热处理质量也极为重要。

螺纹和头下圆角的冷滚压，有利于提高螺栓的抗氢脆能力。

螺栓的螺纹和头下圆角处都是应力集中的部位，且具有较高的应力集中系数。螺栓经过电镀后，这些部位对氢脆有很高的敏感性，氢脆断裂几乎全部出现在这些部位。然而，MJ 螺栓的头下圆角冷滚压以及螺纹的滚压成形，都会在螺栓表层形成残余压应力。残余压应力对降低螺栓材料的氢脆敏感性极为有利。可见，MJ 螺栓的抗氢脆能力要优于相等强度等级的 M 螺栓。

(2)国内的 MJ 紧固件的生产供应状态。信阳航天标准件厂是国内研制、生产 MJ 紧固件最早的企业。20 世纪 80 年代后期，在原航天工业部的支持下，与 061 基地 3536 厂联手共同开发研制了 MJ 螺栓、螺母，克服了热处理后滚压螺纹、滚压螺栓头下圆角等技术难关，建立了疲劳试验、螺纹检测、金相组织检测等检验系统，在全面鉴定检验的基础上，由 708 所组织制定了一整套 MJ 螺栓、螺柱、普通螺母、自锁螺母以及配套的 MJ 螺纹量规、丝锥等航天行业标准，为在航天型号上全面推广 MJ 紧固件标准做好了准备。

随着市场经济的发展和航天行业对 MJ 紧固件需求的迅速增长，国内的航空航天紧固件生产企业，如航天 694 厂、航天精工标准件厂、航空 3117 厂、航空 625 所等单位，不仅能够大批量生产供应合金钢 MJ 紧固件，而且能够批量生产钛合金和高温合金的 MJ 紧固件。可以说，国内 MJ 紧固件的生产能力已经相当成熟，并且积累了十分丰富的经验。唯一不足的是，偏置型十字槽的生产技术还需要继续研究。

第四章 螺纹力学

4.1 螺纹副的扭矩与轴向力的关系

4.1.1 矩形螺纹

图 4.1(a) 所示的矩形螺纹，当使其受轴向力 F_b 作用的螺母受一切向力 U_f，而使其按与 F_b 推动的方向反向转动时，根据图 4.1(b) 所示的螺纹面上沿螺旋线方向各力平衡的关系，可得

$$U_f\cos\beta - F_b\sin\beta = \mu_s(U_f\sin\beta + F_b\cos\beta)$$

因此

$$U_f = F_b\frac{\mu_s\cos\beta + \sin\beta}{\cos\beta - \mu_s\sin\beta} = F_b\frac{\mu_s + \tan\beta}{1-\mu_s\tan\beta} \tag{4.1}$$

式中，μ_s 为螺纹面的摩擦因数，β 为螺纹升角。

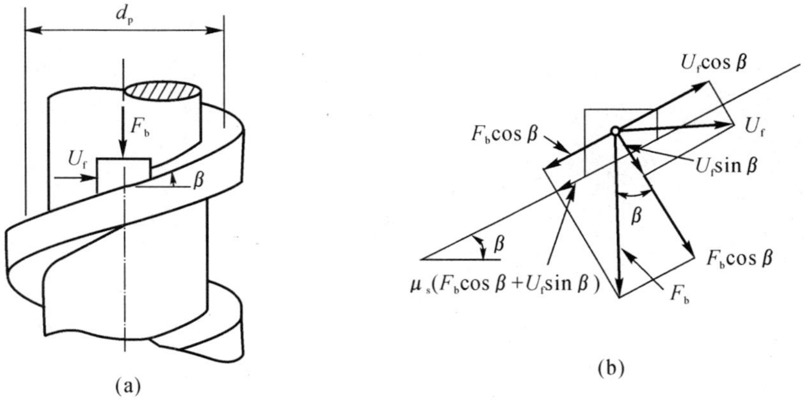

图 4.1　矩形螺纹受的轴向力 F_b 与切向力 U_f 作用的关系

如果螺纹面的摩擦角为 ρ，则根据 $\mu_s=\tan\rho$，代入式(4.1) 便可得

$$U_f = F_b\frac{\mu_s\cos\beta + \sin\beta}{\cos\beta - \mu_s\sin\beta} = F_b\frac{\mu_s + \tan\beta}{1-\mu_s\tan\beta} = F_b\frac{\tan\rho + \tan\beta}{1-\tan\rho\tan\beta}$$

由三角函数关系式 $\tan(\rho+\beta) = \dfrac{\tan\rho + \tan\beta}{1-\tan\rho\tan\beta}$ 可得

$$U_f = F_b\tan(\rho+\beta) \tag{4.2}$$

受轴向力 F_b 作用的螺母，当再使其受一切向力 U_l 而按轴向力推动的方向转动时，可把式(4.1) 和式(4.2) 中的 β 的符号改为负号，即得

$$U_l = F_b \frac{\mu_s - \tan\beta}{1 + \mu_s \tan\beta} \tag{4.3}$$

$$U_l = F_b \tan(\rho - \beta) \tag{4.4}$$

4.1.2 三角形螺纹

如图 4.2 所示,(a) 表示沿半径方向看向中心得到的螺纹牙图形,(b) 表示螺纹牙垂直截面,(c) 表示螺纹牙轴向截面。

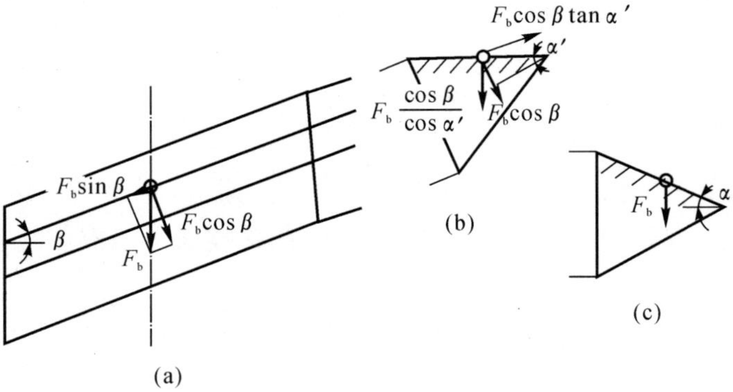

图 4.2　求三角形螺纹受的轴向力 F_b 及垂直轴向方向分力作用的图

若轴向截面牙型半角为 α,垂直截面牙型半角为 α',则可得

$$\tan\alpha' = \tan\alpha\cos\beta \tag{4.5}$$

使受轴向力 F_b 作用的螺母受一切向力 U_f 而按与 F_b 推动的方向反转时,螺纹面上沿螺旋线方向的摩擦力等于由图 4.2(a) 和(b) 所示的关系得出的 F_b 在螺纹牙垂直截面的分力 $F_b\cos\beta/\cos\alpha'$ 与 U_f 在该截面的分力 $U_f\sin\beta/\cos\alpha'$ 之和,乘以摩擦因数 μ_s,因此可得

$$U_f\cos\beta - F_b\sin\beta = \mu_s\left(F_b\frac{\cos\beta}{\cos\alpha'} + U_f\frac{\sin\beta}{\cos\alpha'}\right) \tag{4.6}$$

因此

$$U_f = F_b\frac{\dfrac{\mu_s}{\cos\alpha'} + \tan\beta}{1 - \dfrac{\mu_s}{\cos\alpha'}\tan\beta} \tag{4.7}$$

若取 $\mu_s/\cos\alpha' = \tan\rho'$,则式(4.6) 可简化为

$$U_f\cos\beta - F_b\sin\beta = \mu_s\left(F_b\frac{\cos\beta}{\cos\alpha'} + U_f\frac{\sin\beta}{\cos\alpha'}\right) = F_b\tan\rho'\cos\beta + U_f\tan\rho'\sin\beta =$$

$$\tan\rho'(F_b\cos\beta + U_f\sin\beta)$$

从上式解出 U_f,再利用三角关系可得

$$U_f = F_b\tan(\rho' + \beta)$$

受轴向力 F_b 作用的螺母,当再使其受切向力 U_l 而按轴向力推动的方向转动时,可把式(4.6) 和式(4.2) 中的 β 的符号改为负号,即得

$$U_l = F_b \frac{\frac{\mu_s}{\cos \alpha'} - \tan \beta}{1 + \frac{\mu_s}{\cos \alpha'} \tan \beta} \tag{4.8}$$

取 $\mu_s/\cos \alpha' = \tan \rho'$ 可简化式(4.8)，再利用三角关系

$$\tan (\rho - \beta) = \frac{\tan \rho' - \tan \beta}{1 + \tan \rho' \tan \beta}$$

可得

$$U_l = F_b \tan (\rho' - \beta) \tag{4.9}$$

假设螺纹的平均直径(当为三角形螺纹时，有效直径)为 d_p，则紧固螺纹副时的扭矩 T_f 和松开螺纹副时的扭矩 T_l 分别等于式(4.7)和式(4.9)乘以 $d_p/2$，即

$$T_f = \frac{d_p}{2} U_f = \frac{1}{2} F_b d_p \tan (\rho' + \beta) \tag{4.10}$$

$$T_l = \frac{d_p}{2} U_l = \frac{1}{2} F_b d_p \tan (\rho' - \beta) \tag{4.11}$$

α' 越小，ρ' 也越小。因此，梯形螺纹比三角形螺纹容易紧固和松开，方牙螺纹比梯形螺纹容易紧固和松开，则三角形螺纹难紧固，而紧固后难松开。

4.2 螺纹的破坏规律

在图 4.3 所示的螺纹结合中，当分别向螺栓头和螺母的支撑面施加静轴向力而使螺栓受拉时，所谓单纯拉伸所引起破坏的载荷，要比用此螺栓和螺母紧固被连接件、转动螺母拧紧的情况下的破坏载荷大。这是因为，在后一情况下，螺纹的牙根处除受拉伸应力 σ 的影响之外，还受到扭转引起的剪切应力 τ 的影响。

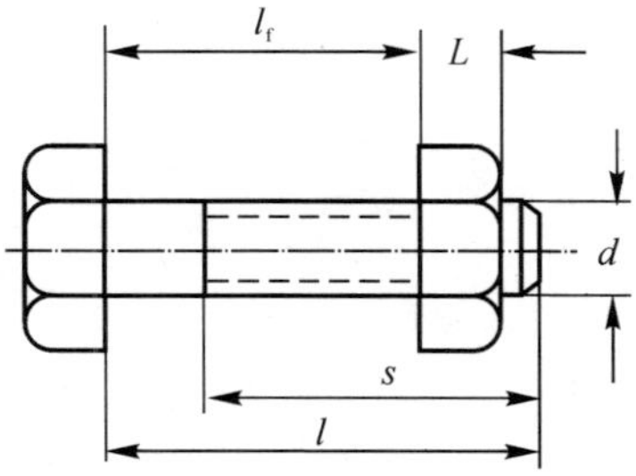

图 4.3 六角头螺栓和六角螺母的螺纹结合

σ 和 τ' 达到怎样的关系时才能引起破坏，对所谓的破坏规律有以下几种说法。

最大主应力学说：当 $\frac{1}{2}\sigma + \frac{1}{2}\sqrt{\sigma^2 + 4\tau^2}$ 的值达到由单纯拉伸引起的破坏应力 σ_y 的值时，发生破坏。

最大主应变学说：当 $\frac{m-1}{2m}\sigma + \frac{m+1}{2m}\sqrt{\sigma^2 + 4\tau^2}$ 的值达到 σ_y 的值时，发生破坏。m 为泊松比的倒数，当材料是低碳素钢时，其值用 10/3。

最大剪应力学说：当$\sqrt{\sigma^2+4\tau^2}$ 的值达到 σ_y 的值时，发生破坏。

剪切应变能学说：当$\sqrt{\sigma^2+3\tau^2}$ 的值达到 σ_y 的值时，发生破坏。

最大主应力学说适用于像铸铁这样的脆性材料，最大主应变学说、最大剪应力学说和剪切应变能学说适用于延性材料。

螺纹的材料一般用低碳素钢、中碳素钢，属于延性材料。

设 σ_v 为等效应力，则

$$\sigma_v=\sqrt{\sigma^2+3\tau^2} \tag{4.12}$$

当外螺纹件螺纹部分的等效应力 σ_v 达到该部分的由单纯拉伸引起的破坏应力σ_y 的值时，发生破坏。

F 产生轴向应力时的外螺纹有效截面上的拉伸应力

$$\sigma=\frac{F}{(\pi/4)\,d_s^2}=\frac{4}{\pi}\frac{F}{d_s^2} \tag{4.13}$$

式(4.10) 给出了 F 产生轴向应力时的扭矩 T，因此外螺纹有效截面上由扭矩引起的剪切应力

$$\tau=\frac{F}{(\pi/16)\,d_s^3}=\frac{8}{\pi}F\frac{d_p}{d_s^3}\tan\,(\rho'+\beta) \tag{4.14}$$

取式(4.14) 与式(4.13) 之比，可得

$$\frac{\tau}{\sigma}=2\,\frac{d_p}{d_s}\tan\,(\rho'+\beta) \tag{4.15}$$

现在 $\alpha=30°$，$\beta=2°30'$，$\mu_s=0.15$，$d_p/d_s=1.05$；如把这些数值代入式(4.15)，则

$$\tau=0.46\sigma \tag{4.16}$$

把式(4.16) 代入式(4.12)，则等效应力

$$\sigma_v=\sqrt{\sigma^2+3\tau^2}=\sqrt{\sigma^3+3\,(0.46\sigma)^2}=1.28\sigma \tag{4.17}$$

令 $\sigma_v=\sigma_y$，即

$$\sigma_y=\sqrt{\sigma^2+3\tau^2}=\sqrt{\sigma^3+3\,(0.46\sigma)^2}=1.28\sigma$$

解上式可求得

$$\sigma=0.78\sigma_y \tag{4.18}$$

式(4.18) 表明，扳动螺母紧固被连接件时，由式(4.13) 计算出的拉伸应力 σ 达到单纯拉伸引起的破坏应力 σ_y 的 0.78 倍时，外螺纹沟底开始破坏。

4.3　螺纹牙的弹性变形

相互接触并有力作用的外螺纹和内螺纹的螺纹牙，除了熟知的由于螺纹牙弯曲产生的挠曲外，还有其他各种原因产生的弹性变形。如图 4.4(a) 所示的梯形截面横梁，在 $y=c$ 的位置每单位宽度上作用一值为 w 的力。求出由于各种原因在 $y=c$ 位置处产生的横梁的 x 方向变形 δ_1，δ_2，δ_3，…，再将这些变形进行线性叠加可求出这些变形的总合，推出螺纹牙的总变形。

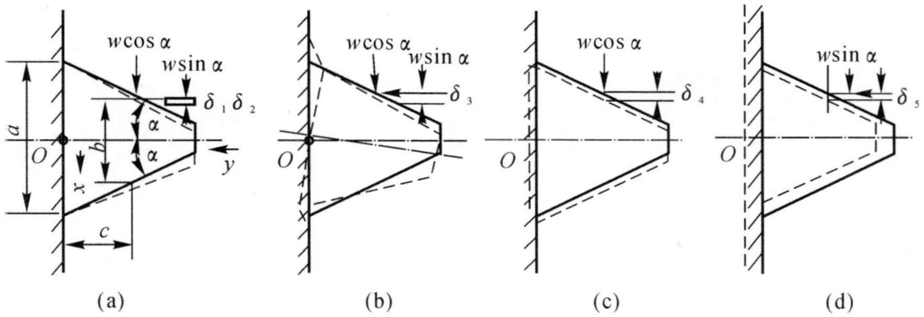

图 4.4　各种原因产生的螺纹牙变形

(a) 弯曲引起的变形 δ_1 或剪力引起的变形 δ_2；(b) 牙根倾斜引起的变形 δ_3；

(c) 牙根剪切引起的变形 δ_4；(d) 径向分力引起的变形 δ_5

1. 弯曲产生的变形 δ_1

把每单元宽度上的斜面垂直力 w 分解为沿 x 方向分力和沿 y 方向分力，分别为 $w\cos\alpha$ 和 $w\sin\alpha$。如图 4.4(a) 中虚线所示的变形，由这些力的弯曲力矩在力的作用点($y=c$)处产生的挠度 δ_1 可由下式求出：

$$\frac{\mathrm{d}^2 x}{\mathrm{d}y^2}=\frac{(c-y)\,w\cos\alpha-(b/2)\,w\sin\alpha}{E\,(a-2y\tan\alpha)^3/12}$$

由边界条件 $\left(\frac{\mathrm{d}x}{\mathrm{d}y}\right)_{y=0}=0$，$(x)_{y=0}=0$ 可解出上式，并将其解作为 $(x)_{y=0}=\delta_1$ 的值，则得弯曲产生的变形

$$\delta_1=\frac{3w\cos\alpha}{4E}\left\{\left[1-\left(2-\frac{b}{a}\right)^2+2\ln\left(\frac{a}{b}\right)\right]\cot^3\alpha-4\left(\frac{c}{a}\right)^2\tan\alpha\right\}$$

式中，E 为材料的纵向弹性模量。

把梯形截面梁的变形作为平面变形问题处理，如果 ν 为材料的泊松比，则弯曲产生的变形

$$\delta_1=(1-\nu^3)\frac{3w\cos\alpha}{4E}\left\{\left[1-\left(2-\frac{b}{a}\right)^2+2\ln\left(\frac{a}{b}\right)\right]\cot^3\alpha-4\left(\frac{c}{a}\right)^2\tan\alpha\right\}\quad(4.19)$$

2. 剪切力产生的变形 δ_2

假设任意截面上的剪切应力按抛物线分布，由剪切力产生的变形如图 4.4(a) 中虚线所示，则力作用点处的变形

$$\delta_2=(1+\nu)\frac{6w\cos\alpha}{5E}\cot\alpha\ln\left(\frac{a}{b}\right)\quad(4.20)$$

3. 牙根倾斜产生的变形 δ_3

由于作用在螺纹牙上的弯曲力矩 $cw\cos\alpha-(b/2)\,w\sin\alpha$，螺纹牙根底面要发生倾斜，其情况如图 4.4(b) 中虚线所示。由于此倾斜，力作用点处的变形

$$\delta_3=(1-\nu^2)\frac{12c}{\pi Ea^2}w\cos\alpha\left(c-\frac{b}{2}\tan\alpha\right)\quad(4.21)$$

4. 牙根剪切变形产生的变形 δ_4

如果牙根截面上剪切应力 $w\cos\alpha/a$ 均匀分布，则由剪切变形引起的 O 点在 x 方向平

移，力作用点处的位移与此一致，所以牙根剪切变形产生的变形

$$\delta_4=(1-\nu^2)\frac{2w\cos\alpha}{\pi E}\left[\frac{P}{a}\ln\frac{P+\dfrac{a}{2}}{P+\dfrac{a}{2}}+\frac{1}{2}\ln\left(4\frac{P^2}{a^2}-1\right)\right]\tag{4.22}$$

式中，P 为螺纹的螺距。

5. 径向扩展、收缩产生的变形 δ_5

由于在螺纹牙上作用有力 w 的径向分力 $w\sin\alpha$，螺栓沿径向向中心收缩，而螺母则向外扩展。

假设内半径为 r_i、外半径为 r_o 的圆筒，受内压 p_i、外压 p_o 而产生有弹性变形时，半径 r 处的径向变形(见图 4.5)

$$u=\frac{1}{E}\left[(1-\nu)\frac{p_i r_i^2-p_o r_o^2}{r_o^2-r_i^2}r+(1+\nu)\frac{r_i^2 r_o^2}{r_o^2-r_i^2}\frac{p_i-p_o}{r}\right]\tag{4.23}$$

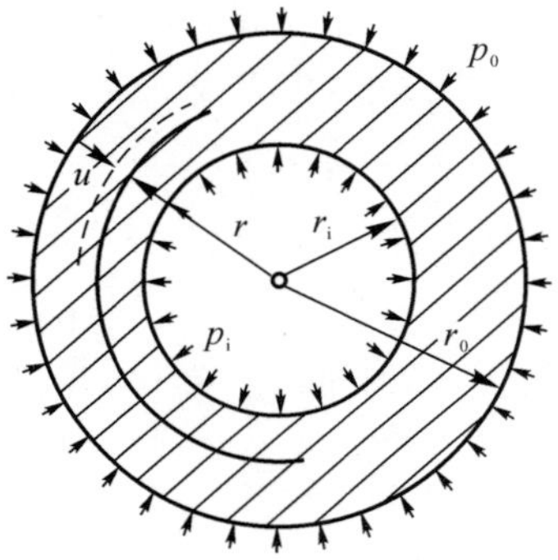

图 4.5 受有内压 p_i 和外压 p_o 的圆筒的径向变形

把外螺纹件本体看作是直径为螺纹有效直径 d_p 的实心圆柱，把内螺纹件本体看作是外径为 D_0、内径为 d_p 的空心圆柱，边界圆柱面上外螺纹件受每单位面积为 $\pi d_p w\sin\alpha/\pi d_p P$ 即 $(w/p)\sin\alpha$ 的外压，内螺纹件受与之相同的内压作用。取 $r=d_p/2$，分别求出径向变形 u_b 和 u_n。对应于外螺纹和内螺纹，材料的纵向弹性模量和泊松比分别为 E_b，ν_b 和 E_n，ν_n。

在式(4.23)中，取 $r_i=0$，$r_o=d_p/2$，$p_o=(w/P)\sin\alpha$，则径向变形

$$u_b=(1-\nu_b)\frac{w}{2E_b}\frac{d_p}{P}\sin\alpha\tag{4.24}$$

再取 $r_i=d_p/2$，$r_o=d_p/2$，$p_o=(w/P)\sin\alpha$，$p_o=0$，则径向变形

$$u_n=\left(\frac{D_0^2+d_p^2}{D_0^2-d_p^2}+\nu_n\right)\frac{w}{2E_n}\frac{d_p}{P}\sin\alpha\tag{4.25}$$

由径向变形 u_b 引起的外螺纹件螺纹面的轴向变形

$$\delta_{5b}=u_b\tan\alpha=(1-\nu_b)\frac{\tan^2\alpha}{2}\frac{d_p}{P}\frac{w\cos\alpha}{E_b}\tag{4.26}$$

由径向变形 u_n 引起的内螺纹件螺纹面的轴向变形

$$\delta_{5n}=u_n\tan\alpha=\left(\frac{D_0^2+d_p^2}{D_0^2-d_p^2}+\nu_n\right)\frac{\tan^2\alpha}{2}\frac{d_p}{P}\frac{w\cos\alpha}{E_n}\tag{4.27}$$

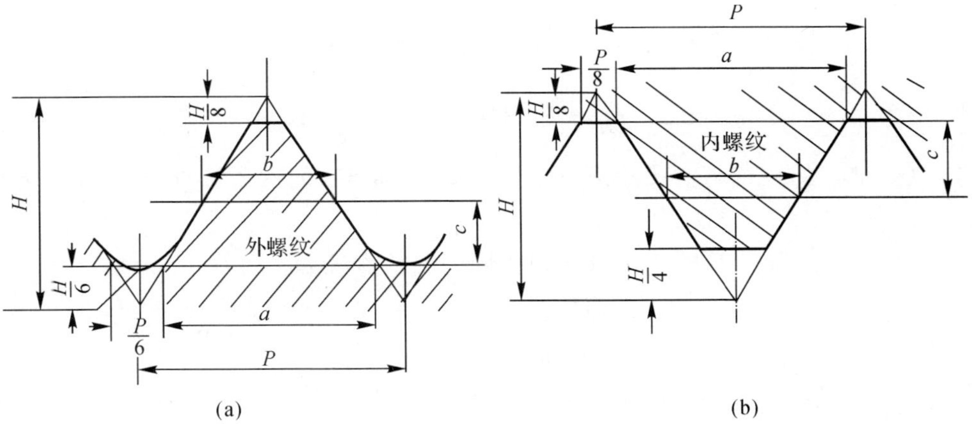

图 4.6　ISO 外螺纹和内螺纹的牙型

对于图 4.6(a) 所示的 ISO 外螺纹，有

$$a = P - (P/6) = 0.833P$$
$$b = 0.5P$$
$$c = (H/2) - (H/6) = 0.289P$$

如把这些数值代入式(4.19) ～ 式(4.22)，则得

$$\left.\begin{aligned}\delta_{1b} &= 0.034\left(\frac{1-\nu_b^2}{E_b}\right)w\cos\alpha \\ \delta_{2b} &= 1.08\left(\frac{1+\nu_b}{E_b}\right)w\cos\alpha \\ \delta_{3b} &= 0.229\left(\frac{1-\nu_b^2}{E_b}\right)w\cos\alpha \\ \delta_{4b} &= 1.18\left(\frac{1-\nu_b^2}{E_b}\right)w\cos\alpha\end{aligned}\right\} \tag{4.28}$$

对于图 4.6(b) 所示的 ISO 内螺纹，有

$$a = P - (P/8) = 0.875P$$
$$b = 0.5P$$
$$c = (H/2) - (H/8) = 0.325P$$

如把这些数值代入式(4.19) ～ 式(4.22)，则得

$$\left.\begin{aligned}\delta_{1n} &= 0.073\left(\frac{1-\nu_b^2}{E_b}\right)w\cos\alpha \\ \delta_{2n} &= 1.15\left(\frac{1+\nu_b}{E_b}\right)w\cos\alpha \\ \delta_{3n} &= 0.294\left(\frac{1-\nu_b^2}{E_b}\right)w\cos\alpha \\ \delta_{4n} &= 1.14\left(\frac{1-\nu_b^2}{E_b}\right)w\cos\alpha\end{aligned}\right\} \tag{4.29}$$

把这些变形分别就外螺纹件和内螺纹件线性叠加可分别得到外螺纹和内螺纹的总变形为

$$\left.\begin{aligned}\delta_b &= \delta_{1b}+\delta_{2b}+\delta_{3b}+\delta_{4b}+\delta_{5b}=\frac{k_b}{E_b}w\cos\alpha\\ \delta_n &= \delta_{1n}+\delta_{2n}+\delta_{3n}+\delta_{4n}+\delta_{5n}=\frac{k_n}{E_n}w\cos\alpha\end{aligned}\right\}\tag{4.30}$$

例 4.1　M10 的螺栓与对边距离 $B=17$ mm(普通型)的六角螺母旋合,试求 k_b 和 k_n,已知 $\nu_b=\nu_n=0.3$。

解　与对边距离为 B 的六角形面积相同的圆的直径 D_0 为

$$D_0=1.05B=1.05\times17=17.85\ \text{mm}$$

M10 螺纹的螺距 $P=1.5$ mm,有效直径

$d_p=d_2=9.026$ mm,$\tan^2\alpha=\tan^2 30^\circ=1/3$。把这些数值代入式(4.26)和式(4.27),得

$$\left.\begin{aligned}\delta_{1b}&=1.003\left(\frac{1-\nu_b}{E_b}\right)w\cos\alpha\\ \delta_{4n}&=1.003\left(\frac{1.69+\nu_n}{E_n}\right)w\cos\alpha\end{aligned}\right\}\tag{4.31}$$

如把式(4.28)、式(4.29)和式(4.31)代入式(4.30),并取 $\nu_b=\nu_n=0.3$,则得

$$\left.\begin{aligned}k_b&=3.41\\ k_n&=4.86\end{aligned}\right\}\tag{4.32}$$

在此例中,由各种原因产生的弹性变形系数值的比较如图 4.7 所示。

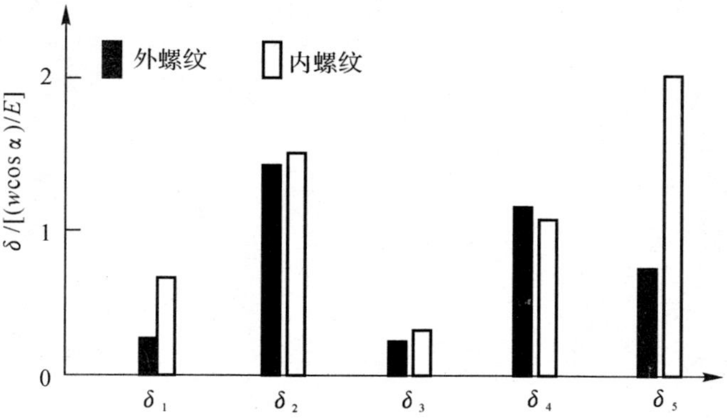

图 4.7　各种原因产生的螺纹牙弹性变形系数值的比较

($\delta_1\sim\delta_4$:ISO 牙型,δ_5:M10 普通型六角螺母)

4.4　螺纹牙轴向力的分布

图 4.8 所示为一螺纹结合,螺栓杆受拉伸力 F_b 的作用。如以螺母顶面位置为原点,在 x 位置作用于螺栓垂直截面上的轴向力为 F,则在 x 位置处螺栓的伸长 ε_b 和螺母的缩短 ε_n 可由下式求出:

$$\left.\begin{aligned}\varepsilon_b&=\int_0^x\frac{F}{A_bE_b}\mathrm{d}x\\ \varepsilon_n&=\int_0^x\frac{F}{A_nE_n}\mathrm{d}x\end{aligned}\right\}\tag{4.33}$$

式中，A_b 和 A_n 分别是螺栓和螺母的垂直截面面积。

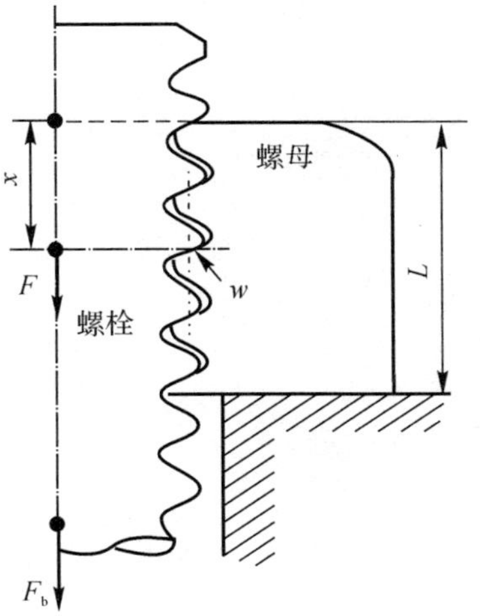

图 4.8　旋合螺纹部分的轴向力 F 的说明图

因此，假设作用于 x 和 $x+\mathrm{d}x$ 之间的某螺纹牙上的轴向力为 $\mathrm{d}F$，则由

$$w\cos\alpha\,\mathrm{d}x\cot\beta=\mathrm{d}F\quad(\beta\text{ 为升角})$$

可得

$$w\cos\alpha=\frac{\mathrm{d}F}{\mathrm{d}x}\tan\beta \tag{4.34}$$

把此式代入式(4.30)，得

$$\left.\begin{aligned}\delta_b&=\frac{k_b}{E_b}\tan\beta\frac{\mathrm{d}F}{\mathrm{d}x}\\ \delta_n&=\frac{k_n}{E_n}\tan\beta\frac{\mathrm{d}F}{\mathrm{d}x}\end{aligned}\right\} \tag{4.35}$$

如图 4.9 所示，取 $L=x$ 即可得出 $\varepsilon_b,\varepsilon_n,\delta_b,\delta_n$ 之间有如下关系：

$$(\varepsilon_b+\varepsilon_n)_{x=x}=(\delta_b+\delta_n)_{x=x}-(\delta_b+\delta_n)_{x=0} \tag{4.36}$$

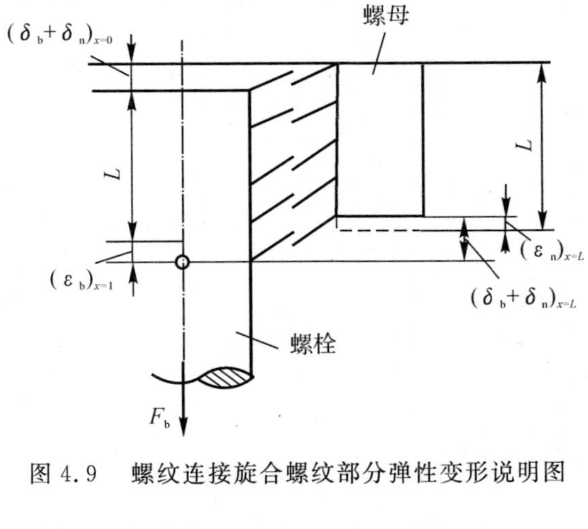

图 4.9　螺纹连接旋合螺纹部分弹性变形说明图

如把式(4.33) 和式(4.35) 代入式(4.36)，并对 x 微分，则得

$$\frac{d^2F}{dx^2}=\lambda^2F \tag{4.37}$$

式中

$$\lambda=\sqrt{\frac{\dfrac{1}{A_bE_b}+\dfrac{1}{A_nE_n}}{\left(\dfrac{k_b}{E_b}+\dfrac{k_n}{E_n}\right)\tan\beta}}=\sqrt{\frac{\dfrac{1}{A_b}+\dfrac{E_b}{E_n}\dfrac{1}{A_n}}{\left(k_b+k_n\dfrac{E_b}{E_n}\right)\tan\beta}} \tag{4.38}$$

式(4.37) 的通解为

$$F=c_1\cosh\lambda x+c_2\sinh\lambda x \tag{4.39}$$

其中,c_1,c_2 为积分常数,由边界条件确定。

边界条件

$$[F]_{x=0}=0$$
$$[F]_{x=L}=F_b$$

如根据此边界条件确定 c_1 和 c_2,则式(4.39) 为

$$\frac{F}{F_b}=\frac{\sinh\lambda x}{\sinh\lambda L} \tag{4.40}$$

代入式(4.34) 得

$$w\cos\alpha=\lambda F_b\frac{\cosh\lambda x}{\sinh\lambda L}\tan\beta \tag{4.41}$$

如果 $w\cos\alpha$ 与每单位圆周长的平均轴向力 $F/(\pi d_2L/P)$ 之比为 R,则

$$R=\frac{w\cos\alpha}{F_b/(\pi d_2L/P)}=\frac{\lambda L}{\sinh\lambda L}\cosh\lambda x \tag{4.42}$$

例 4.2 M10 钢螺栓与对边距离 $B=17$ mm(普通型)、高 $L=8$ mm 的六角螺母旋合,螺栓杆受轴向力 F_b 的作用。求 F/F_b 和 R 的分布。

解 螺栓的横截面积 A_b 取以有效直径$d_p(=d_2=9.026$ mm) 为直径的圆柱的横截面积,螺母的横截面积 A_n 取以直径 $D(=1.05B=17.85$ mm) 为直径的空心圆的横截面积,此直径 D 是以有效直径$d_n(=d_2=9.026$ mm) 为内径,且与螺母的六角面积相等的圆的直径,即

$$A_b=\frac{\pi}{4}d_p^2=\frac{\pi}{4}(9.026)^2=63.9\ \text{mm}^2$$

$$A_n=\frac{\pi}{4}(D^2-d_p^2)=\frac{\pi}{4}(17.85)^2-\frac{\pi}{4}(9.026)^2=186\ \text{mm}^2$$

$$\tan\beta=\frac{P}{\pi d_p}=\frac{1.5}{\pi\times9.026}=0.0528$$

由式(4.32) 得 $k_b=3.41$,$k_n=4.86$,$\nu_b=\nu_n=0.3$,$E_b=E_n$。

把这些数值代入式(4.38) 得

$$\lambda=\sqrt{\frac{1/63.9+1/186}{(3.41+4.86)\times0.0528}}=0.219$$

按每一螺距计算 $x+dx$,查双曲线函数表,求 $\cosh\lambda x$,$\sinh\lambda x$。根据式(4.40) 和式(4.42),F/F_b 和 R 可如表 4.1 所示那样计算。图 4.10 和图 4.11 用曲线图表明这些计

算结果。

表 4.1　F/F_b 和 R 的计算(M10,$\beta=17$,$L=8$)

螺距序号	x	λx	cosh λx	sinh λx	F/F_b	R
0	0	0	1	0	0	0.63
1	1.5	0.33	1.055	0.336	0.12	0.66
2	3.0	0.66	1.226	0.709	0.25	0.77
3	4.5	0.99	1.531	1.160	0.41	0.96
4	6.0	1.32	2.005	1.738	0.62	1.26
5	7.5	1.64	2.675	2.481	0.89	1.68
$5\frac{1}{2}$	8.0	1.75	2.064	2.790	1	1.86

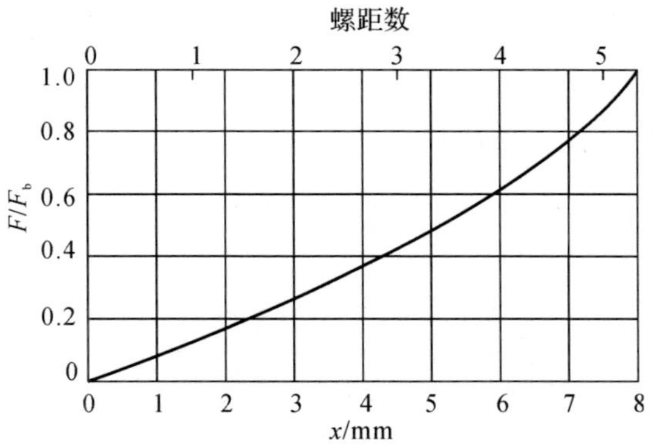

图 4.10　旋合螺纹部分轴向力之比 F/F_b 的分布

(M10 螺纹、对边距离为 17 mm、高为 8 mm 的螺母)

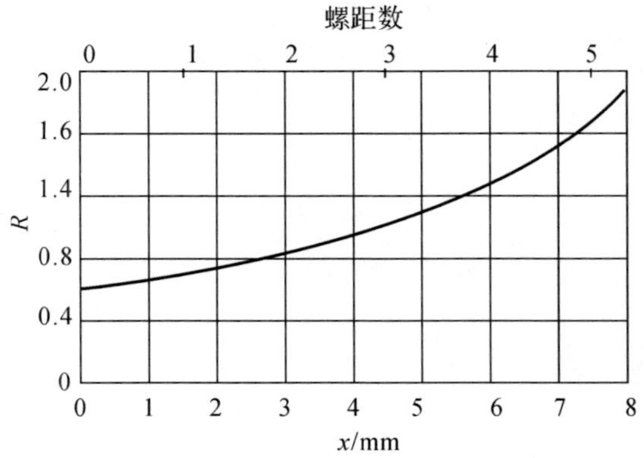

图 4.11　每一个圆周的轴向力与平均轴向力之比 R 的分布

(M10 螺纹、对边距离为 17 mm、高为 8 mm 的螺母)

4.5 作用于螺纹连接体的外力与内力的关系

在图 4.12(a) 中，由于螺母的拧紧，螺栓杆中产生一拉伸力 F_f，被连接件中产生一压缩力 F_f，此二力处于平衡状态。当有外力 W_a 作用在这个螺纹连接体上时，如图 4.12(b) 所示，螺栓杆增加一拉伸力 F_t，而被连接件减去一压缩力 F_c，紧固长度增长了 ε。

如果螺纹连接件的拉伸弹簧常数（产生每单位伸长量的拉伸载荷）为 K_t，被连接件的压缩弹簧常数（产生每单位压缩量的压缩载荷）为 K_c，则有

$$\left.\begin{aligned}F_t &= K_t\varepsilon\\ F_c &= K_c\varepsilon\end{aligned}\right\} \tag{4.43}$$

根据力的平衡原理

$$\sum_i F_i = 0 \tag{4.44}$$

可列出力平衡方程式

$$W_a - (F_f + F_t) + (F_f - F_c) = 0$$

可得

$$W_a = (F_f + F_t) - (F_f - F_c) = F_t + F_c = (K_t + K_c)\varepsilon$$

所以

$$\varepsilon = \frac{1}{K_t + K_c} W_a \tag{4.45}$$

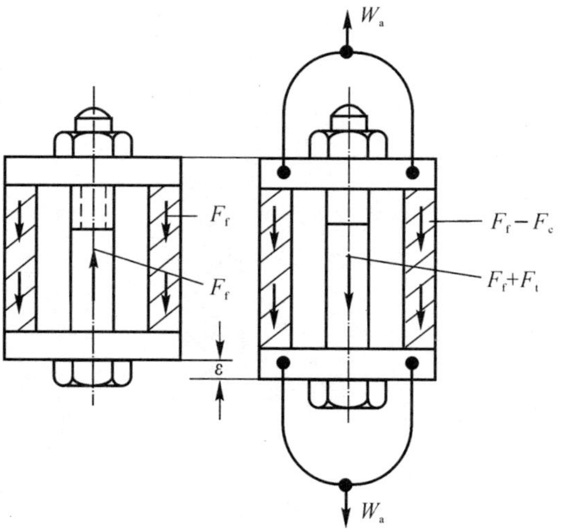

图 4.12　螺栓螺母连接体中作用 W_a，F_f，F_t 及 F_c 的平衡关系图

将式(4.45) 代入式(4.43) 可得

$$\left.\begin{aligned}F_t &= \frac{K_t}{K_t + K_c} W_a\\ F_c &= \frac{K_c}{K_t + K_c} W_a\end{aligned}\right\} \tag{4.46}$$

如果把补加在螺栓上的拉伸内力 F_t 与作用在螺栓连接体上的外力 W_a 之比作为螺栓内力系数 φ，则

$$\varphi=\frac{F_t}{W_a}=\frac{K_t}{K_t+K_c} \tag{4.47}$$

如果把 F_t 和 F_c 用 φ 表示，则有

$$\left.\begin{aligned}F_t&=\varphi W_a\\F_c&=(1-\varphi)W_a\end{aligned}\right\} \tag{4.48}$$

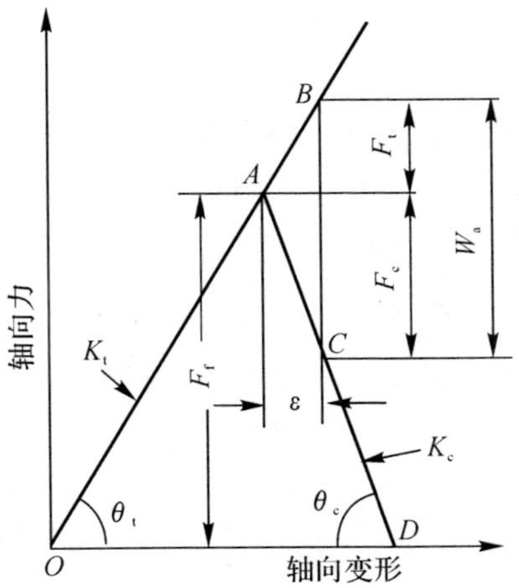

图 4.13 紧固线图

在图 4.13 中，横轴为螺栓的伸长（对于被连接件则是缩短的减少），纵轴为螺栓的轴向力，表示式(4.46) 的关系，△AOD 中，斜边 AO 的倾斜角为 θ_t，AD 的倾斜角为 θ_c，因此

$$\left.\begin{aligned}K_t&=\tan\theta_t\\K_c&=\tan\theta_c\end{aligned}\right\} \tag{4.49}$$

由图 4.13 可知，随着 θ_t 越小，K_t 越小，W_a 中 F_t 所占比例 $\varphi(=F_t/W_a)$ 越小；而随着 θ_c 越大，K_c 越大，F_t 所占比例越小。对于某一外力 W_a，只有 F_t 小时，螺栓的载荷才小。可以说，如何减小 φ 是螺纹连接体强度设计中的一个关键问题。

第五章　MJ 螺纹连接强度计算

5.1　MJ 螺纹连接强度计算概述

本章主要根据超大典型件 MJ42×1.5 内、外螺纹的公差选 MJ 螺纹的几何参数，进行了必要的数据准备。然后在弹性范围[28]内推导了 SOPWITH 法[24]及 YAMATOTO 法[25]关于螺纹轴向力分布规律的表达式，结合螺纹啮合受力情况确定轴向力分布表达式的边界条件及 SOPWITH 法和 YAMATOTO 法轴向力分布表达式中的相关参数，进而得到上述两种方法关于 MJ 螺纹确定的轴向力分布表达式；简要介绍了弹性有限元法和螺纹剪切工程方法，建立 MJ 螺纹的几何模型及有限元模型。

在弹性范围内用 SOPWITH 法、YAMATOTO 法及有限元法分别计算了 MJ 螺纹螺栓为 300M，螺母为 300M 和 30CrMnSiA，啮合 20 扣、15 扣、10 扣及 6 扣总共 8 种情况的轴向力分布，并在相同扣数下将三种方法的计算结果进行了分析和对比，并且应用以上几种方法进行了结构失效分析，得出了一般性结论。在啮合扣数较多的时候，有限元方法和 SOPWITH 法及 YAMATOTO 法吻合较好。在此基础上对啮合 20 扣 MJ 螺纹根据螺母材料（300M 和 30CrMnSiA）的不同，进行数据拟合，得到关于 MJ 螺纹轴向力分布新的表达式。最后在弹性范围内进行了螺纹强度计算，尽管 300M 本身强度很高，但是作为螺栓材料使用时的许用载荷较低。

5.2　SOPWITH 法[24]

5.2.1　SOPWITH 法螺纹轴向力分布规律

如图 5.1 所示，截面积分别为 A_1，A_2 的螺纹紧固件 A，B，在长度为 L 的范围内有螺纹 C 啮合在一起。A 部件右端受拉力 p，则 B 部件受压力 p，左端面为自由端面。距左端面任意距离 x 的截面上，作用在 A，B 部件上的轴向力分别为 Q 及 R，则作用在 $x+\mathrm{d}x$ 截面上的 A，B 部件的轴向力分别为 $Q+\mathrm{d}Q$ 及 $R+\mathrm{d}R$，A，B 部件在 $\mathrm{d}x$ 之间的伸长分别为 $\mathrm{d}u_1$ 及 $\mathrm{d}u_2$，两者之间产生的伸长差 $\mathrm{d}u=\mathrm{d}u_1-\mathrm{d}u_2$，累积计算 A，B 部件间任意 x 截面内产生的总伸长变形 $u=u_1-u_2$。A，B 两部件由螺纹 C 啮合在一起，因此螺纹 C 的变形即为 $u=u_1-u_2$。在弹性变形范围内，可以认为螺纹牙上的变形同作用在牙上的载荷成比例，因此在螺纹连接的 $x=L$ 处载荷最大[31]。

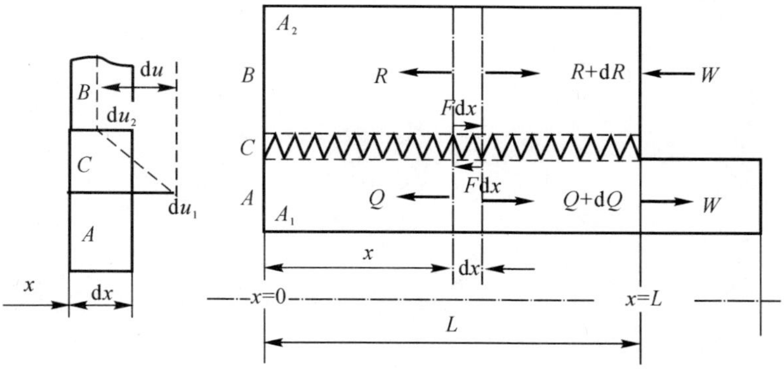

图 5.1　螺纹连接部件的载荷及变形

假设距左端面任意距离 x 截面上的螺纹牙在每单位轴向长度上的载荷为 p_x，则在 $x+\mathrm{d}x$ 截面上则为 $p_x+\mathrm{d}p$，对长度为 $\mathrm{d}x$ 的 A，B 部件进行受力分析，有

$$p_x\mathrm{d}x+Q=Q+\mathrm{d}Q \tag{5.1}$$

$$p_x\mathrm{d}x+R+\mathrm{d}R=R \tag{5.2}$$

从而

$$p_x=\frac{\mathrm{d}Q}{\mathrm{d}x}=-\frac{\mathrm{d}R}{\mathrm{d}x} \tag{5.3}$$

另外，A，B 两部件在距左端面任意距离 x 截面上的轴向变形为 u，在 $x+\mathrm{d}x$ 截面上的轴向变形为 $u+\mathrm{d}u$，由于 u 与截面上螺纹牙上的载荷成比例，则有

$$p_x=Ku \tag{5.4}$$

$$p_x+\mathrm{d}p=K(u+\mathrm{d}u) \tag{5.5}$$

从而

$$\frac{\mathrm{d}u}{\mathrm{d}x}=\frac{1}{K}\frac{\mathrm{d}p_x}{\mathrm{d}x} \tag{5.6}$$

式中，K 为构成螺纹连接对于螺纹牙轴向变形的弹性系数。

这样，在 A，B 两部件 $\mathrm{d}x$ 间分别产生的伸长 $\mathrm{d}u_1$，$\mathrm{d}u_2$ 为

$$\left.\begin{aligned}\mathrm{d}u_1&=\frac{Q}{E_\mathrm{b}A_\mathrm{b}}\mathrm{d}x\\ \mathrm{d}u_2&=\frac{Q}{E_\mathrm{n}A_\mathrm{n}}\mathrm{d}x\end{aligned}\right\} \tag{5.7}$$

式中　E_b——A 部件（螺栓）的杨氏模量；

E_n——B 部件（螺母）的杨氏模量。

螺纹 C 的轴向变形

$$\mathrm{d}u=\mathrm{d}u_1-\mathrm{d}u_2=\left(\frac{Q}{E_\mathrm{b}A_\mathrm{b}}-\frac{R}{E_\mathrm{n}A_\mathrm{n}}\right)\mathrm{d}x \tag{5.8}$$

把式（5.6）及式（5.8）联立，有

$$\frac{Q}{E_\mathrm{b}A_\mathrm{b}}-\frac{R}{E_\mathrm{n}A_\mathrm{n}}=\frac{1}{K}\frac{\mathrm{d}p_x}{\mathrm{d}x} \tag{5.9}$$

对式（5.9）两边进行微分，有

$$\frac{d^2 p_x}{dx^2}=K\left(\frac{1}{E_b A_b}\frac{dQ}{dx}-\frac{1}{E_n A_n}\frac{dR}{dx}\right) \tag{5.10}$$

将式(5.3) 代入式(5.10)，可得

$$\frac{d^2 p_x}{dx^2}=K\left(\frac{1}{E_b A_b}+\frac{1}{E_n A_n}\right)p_x \tag{5.11}$$

令

$$m^2=K\left(\frac{1}{E_b A_b}+\frac{1}{E_n A_n}\right)$$

其中，m 表示螺纹连接的特性系数。

则式(5.11) 可以写成

$$\frac{d^2 p_x}{dx^2}=m^2 p_x \tag{5.12}$$

式(5.12) 的通解为

$$p_x=c_1\cosh mx+c_2\sinh mx \tag{5.13}$$

式(5.13) 是螺纹牙上载荷 F 分布的基本方程式，c_1，c_2 是由螺纹的边界条件确定的积分常数。螺纹啮合长度为 L，以螺母自由左端面为坐标原点，往右取坐标 x，则式(5.13) 的边界条件为

$$\left.\begin{aligned} x=0,F=0 \\ x=L,F=p \end{aligned}\right\} \tag{5.14}$$

将式(5.14) 的边界条件代入式(5.13) 进行计算，可以得到积分常数 c_1，c_2 的值为

$$\left.\begin{aligned} c_1&=0 \\ c_2&=\frac{p}{\sinh mL} \end{aligned}\right\} \tag{5.15}$$

则式(5.13) 可写成

$$p_x=\frac{p}{\sinh mL}\sinh mx \tag{5.16}$$

令 $\theta_1=mL$，$x'=\dfrac{x}{L}$，并以 x' 作为螺纹轴向位移的表征，则式(5.16) 可写成

$$p_{x'}=\frac{p}{\sinh \theta_1}\sinh x'\theta_1 \tag{5.17}$$

式(5.17) 即为 SOPWITH 关于各螺纹牙轴向力分布规律的表述。

5.2.2 SOPWITH 法中相关参数的确定

通过式(5.17) 中 θ_1 的表达式的确定，可以计算得到 SOPWITH 关于本节所研究的 MJ42 螺纹轴向力分布的具体数值，然后进行切应力的计算和强度考核。将式(5.12) 代入 $\theta_1=mL$ 的表达式，则有

$$\theta_1=\sqrt{KL^2\left(\frac{1}{E_b A_b}+\frac{1}{E_n A_n}\right)} \tag{5.18}$$

在 SOPWITH 等人的论文中，螺纹牙在每单位轴向长度上承受的载荷用螺纹牙型线上的每单位长度的载荷 w 来代替，并且，螺纹牙变形引起的螺纹连接的轴向相对变形 u 与

w 的关系为

$$u = n\frac{w}{E} \tag{5.19}$$

式(5.19)中的 n 是螺纹连接的相对变形系数，是个无量纲量。螺纹连接的有效直径取 MJ 螺纹基本牙型螺纹中径 d_2 或 D_2，螺距为 P，则有

$$p_x = w\frac{\pi d_2}{P} \tag{5.20}$$

在弹性范围内，截面上螺纹牙上的载荷 p_x 同螺纹变形 u 成比例，即 $p_x = Ku$，则有

$$Ku = Kn\frac{w}{E} = w\frac{\pi d_2}{P} \tag{5.21}$$

通过式(5.21)解得

$$K = \frac{\pi d_2}{P}E\frac{1}{n} \tag{5.22}$$

将式(5.22)代入式(5.18)有

$$\theta_1 = \sqrt{\frac{\pi d_2}{P}\frac{1}{n}L^2\left(\frac{E_n}{E_b A_b} + \frac{1}{A_n}\right)} \tag{5.23}$$

式(5.23)即为 SOPWITH 法所用的 θ_1 的表达式。

螺纹连接产生的轴向相对变形 u 是由各种原因引起的，要确定式(5.23)中 n 的值，必须综合分析构成 u 的变形因素。最终得到 θ_1 的表达式如下：

$$\theta_1^2 = \frac{\pi d_2 L^2\left(\frac{E_n}{E_b}\frac{1}{A_b} + \frac{1}{A_n}\right)}{P\left\{2(h+f) + \tan\alpha\left[\frac{d_2}{P}(\tan\alpha - 2\nu)\right]\left(\frac{1}{A_b} + \frac{1}{A_n}\right)A\right\}} \tag{5.24}$$

根据 MJ 螺纹的基本牙型及实际的螺栓，计算得到

$$h = 3.264, f = 0.013$$

对于同一组相互啮合的螺纹，不同的螺纹牙有不同的 L 值，且该值同啮合扣数 z 及螺距 P 有关，即

$$L = Pz \tag{5.25}$$

当螺栓、螺母的材料都为高强度钢300M时，根据不同的啮合扣数计算得到的 θ_1 值，见表 5.1。

表 5.1　SOPWITH 法中不同啮合扣数对应的 θ_1 的值(300M－300M)

啮合扣数 / 扣	旋合长度 /mm	θ_1^2	θ_1
20	30	5.298	2.302
18	27	4.293	2.072
15	22.5	2.980	1.726
12	18	1.907	1.381
10	15	1.325	1.151
8	12	0.848	0.921
6	9	0.477	0.691

当螺栓材料为高强度钢 300M,螺母材料为 30CrMnSiA 时,根据不同的啮合扣数计算得到的 θ_1 值,见表 5.2。

表 5.2 SOPWITH 法中不同啮合扣数对应的 θ_1 值(300M - 30CrMnSiA)

啮合扣数 / 扣	旋合长度 /mm	θ_1^2	θ_1
20	30	5.298	2.302
18	27	4.291	2.072
15	22.5	2.980	1.726
12	18	1.907	1.381
10	15	1.325	1.151
8	12	0.848	0.921
6	9	0.477	0.691

5.3 YAMATOTO 法[10]

5.3.1 螺纹牙的弹性变形

相互接触并且有力作用的内、外螺纹牙,除了由于螺纹牙弯曲产生的挠曲外,还有各种原因产生的弹性变形,如图 5.2 所示的梯形截面悬臂梁,在 $y=c$ 的位置每单位宽度上作用一值为 w 的力。求出由于各种原因在位置 $y=c$ 处产生的沿 x 方向变形 $\delta_1,\delta_2,\delta_3,\delta_4,\delta_5$,再求出这些变形的总和,以推出螺纹牙的变形[1]。

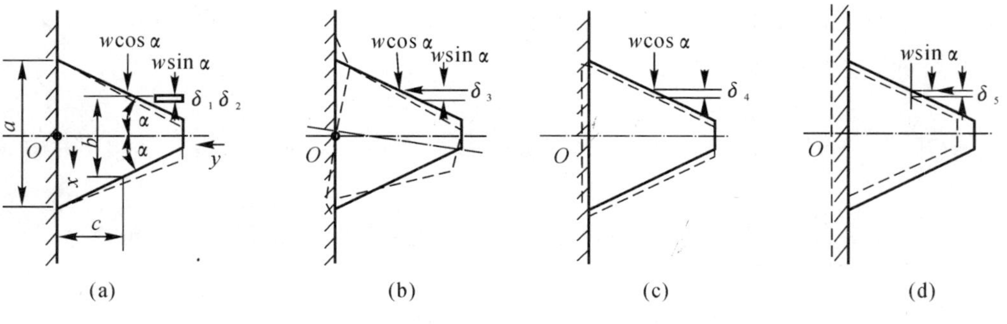

图 5.2 各种原因产生的螺纹牙变形

(a) 弯曲引起的变形 δ_1 或剪力引起的变形 δ_2; (b) 牙根倾斜引起的变形 δ_3

(c) 牙根剪切变形引起的变形 δ_4; (d) 径向分力引起的变形 δ_5

1. 弯曲产生的变形 δ_1

把每单位宽度上斜面垂直力 w 分解为 x 方向分力和 y 方向分力,分别为 $w\cos\alpha$ 和 $w\sin\alpha$。如图 5.2(a) 虚线所示的变形,由这些力的弯曲力矩在力作用点($y=c$) 处产生的

挠度 δ_1 可由下式求出：

$$\frac{d^2x}{dy^2}=\frac{(c_b-y)w\cos\alpha-\frac{b_b}{2}w\sin\alpha}{\frac{E\,(a_b-2y\tan\alpha)^3}{12}} \tag{5.26}$$

边界条件 $\left(\frac{dx}{dy}\right)_{y=0}=0$，$(x)_{y=0}=0$，并将其解作为 $(x)_{y=c}=\delta_1$，则得

$$\delta_1=\frac{3w\cos\alpha}{4E}\left\{\left[1-\left(2-\frac{b_b}{a_b}\right)^2+2\ln\left(\frac{a_b}{b_b}\right)\right]\cot^3\alpha-4\left(\frac{c_b}{a_b}\right)^2\tan\alpha\right\} \tag{5.27}$$

式中，E 为材料的纵向弹性模量。

把梯形截面悬臂梁的变形作为平面变形问题处理，如 ν 为材料的泊松比，则式(5.27)可写为

$$\delta_1=(1-\nu^2)\frac{3w\cos\alpha}{4E}\left\{\left[1-\left(2-\frac{b_b}{a_b}\right)^2+2\ln\frac{a_b}{b_b}\right]\cot^3\alpha-4\left(\frac{c_b}{a_b}\right)^2\tan\alpha\right\} \tag{5.28}$$

2. 剪切力产生的变形 δ_2

假设任意截面上的剪切应力按抛物线分布，由剪切力产生的变形如图 5.2(a) 中虚线所示，则力的作用点处的变形 δ_2 可由下式求出：

$$\delta_2=(1+\nu)\frac{6w\cos\alpha}{5E}\cot\alpha\ln\frac{a_b}{b_b} \tag{5.29}$$

3. 牙根倾斜产生的变形 δ_3

由于作用在螺纹牙上的弯曲力矩 $c_b w\cos\alpha-\frac{b_b}{2}w\sin\alpha$，螺纹牙根底面要发生倾斜，其情况如图 5.2(b) 中虚线所示。由于倾斜，力的作用点处的变形为

$$\delta_3=(1-\nu^2)\frac{12c_b}{\pi E a_b^2}w\cos\alpha\left(c_b-\frac{b_b}{2}\tan\alpha\right) \tag{5.30}$$

4. 牙根剪切产生的变形 δ_4

如果牙根截面上剪切应力 $w\cos\frac{\alpha}{a_b}$ 均匀分布，由于悬臂梁沿如图 5.2(c) 所示 x 方向位移，力作用点处的位移与此一致，则由剪切变形引起的 O 点在 x 方向上的位移可通过显示得出

$$\delta_4=(1-\nu^2)\frac{2w\cos\alpha}{\pi E}\left[\frac{P}{a_b}\ln\frac{P+\frac{a_b}{2}}{P-\frac{a_b}{2}}+\frac{1}{2}\ln\left(4\frac{P^2}{a_b^2}-1\right)\right] \tag{5.31}$$

5. 径向扩展、收缩产生的变形 δ_5

由于螺纹牙上作用有力 w 的径向分力 $w\sin\alpha$，外螺纹牙沿径向向中心收缩，而螺母向外扩展。内半径 r_i，外半径 r_o 的圆筒，受内压 p_i，外压 p_o 而产生弹性变形时，半径 r 处的径向变形如图 5.3 所示，可用下式计算：

$$u=\frac{1}{E}\left[(1-\nu)\frac{p_i r_i^2-p_o r_o^2}{r_o^2-r_i^2}r+(1+\nu)\frac{r_i^2 r_o^2}{r_o^2-r_i^2}\frac{p_i-p_o}{r}\right] \tag{5.32}$$

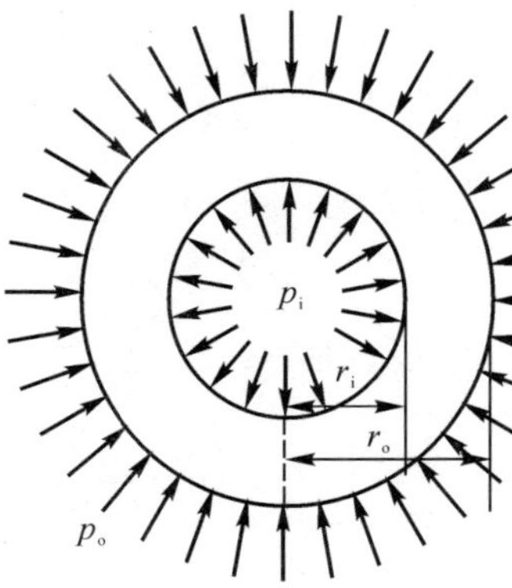

图 5.3　受有内压 p_i 和外压 p_o 的圆筒的径向变形

把外螺纹件本体看作是直径为螺纹中径 d_2 的实心圆柱体，把内径看作是外径为 D(与螺母六角面积相等的圆的直径)，内径为 d_2 的空心圆柱体，边界圆柱面上外螺纹受每单位面积为 $\frac{\pi d_2 w\sin\alpha}{\pi d_2 P}=\frac{w\sin\alpha}{P}$ 的外压，内螺纹件受与之相同的内压作用。取 $r=\frac{d_2}{2}$，分别求出外螺纹件和内螺纹件的径向变形 u_b 和 u_n，对应于外螺纹和内螺纹，材料的纵向弹性模量和泊松比分别为 E_b，ν_b 和 E_n，ν_n。在式(5.32)中取 $r_i=0$，$r_o=\frac{d_2}{2}$，$p_o=\frac{w\sin\alpha}{P}$，则有

$$u_b=(1-\nu_b)\frac{w}{2E_b}\frac{d_2}{P}\sin\alpha \tag{5.33}$$

取 $r_i=\frac{d_2}{2}$，$r_o=\frac{D}{2}$，$p_i=\frac{w\sin\alpha}{P}$，$p_o=0$，则有

$$u_n=\left(\frac{D^2+d_2^2}{D^2-d_2^2}+\nu_n\right)\frac{w}{2E_n}\frac{d_2}{P}\sin\alpha \tag{5.34}$$

由 u_b 引起的外螺纹件螺纹面的轴向变形 δ_{5b} 为

$$\delta_{5b}=u_b\tan\alpha=(1-\nu_b)\frac{\tan^2\alpha}{2}\frac{d_2}{P}\frac{w\cos\alpha}{E_b} \tag{5.35}$$

由 u_n 引起内螺纹件螺纹面的轴向变形 δ_{5n} 为

$$\delta_{5n}=u_n\tan\alpha=\left(\frac{D^2+d_2^2}{D^2-d_2^2}+\nu_n\right)\frac{\tan^2\alpha}{2}\frac{d_2}{P}\frac{w\cos\alpha}{E_n} \tag{5.36}$$

把这些变形分别就外螺纹和内螺纹累计可得

$$\left.\begin{aligned}\delta_b&=\delta_{1b}+\delta_{2b}+\delta_{3b}+\delta_{4b}+\delta_{5b}=\frac{k_b}{E_b}w\cos\alpha\\\delta_n&=\delta_{1n}+\delta_{2n}+\delta_{3n}+\delta_{4n}+\delta_{5n}=\frac{k_n}{E_n}w\cos\alpha\end{aligned}\right\} \tag{5.37}$$

式中　k_b—— 外螺纹(螺栓)弹性变形系数的综合；

k_n—— 内螺纹(螺母)弹性变形系数的综合。

5.3.2　YAMATOTO 法螺纹轴向力分布规律

如图 5.4 所示为一螺纹结合，螺栓杆受拉伸力 p 的作用，以螺母的顶面位置为原点 O，

在 x 位置处作用于螺栓垂直截面上的轴向力为 p_x，则 x 位置处螺栓的伸长 ε_b 和螺母的缩短 ε_n 可由下式求出：

$$\left.\begin{aligned}\varepsilon_b &= \int_0^x \frac{p}{A_b E_b}\mathrm{d}x \\ \varepsilon_n &= \int_0^x \frac{p}{A_n E_n}\mathrm{d}x\end{aligned}\right\} \tag{5.38}$$

式中　p—— 螺栓轴向所加总载荷；

A_b—— 外螺纹(螺栓)垂直截面面积；

E_b—— 外螺纹(螺栓)材料的弹性模量；

A_n—— 内螺纹(螺母)垂直截面面积；

E_n—— 内螺纹(螺母)材料的弹性模量。

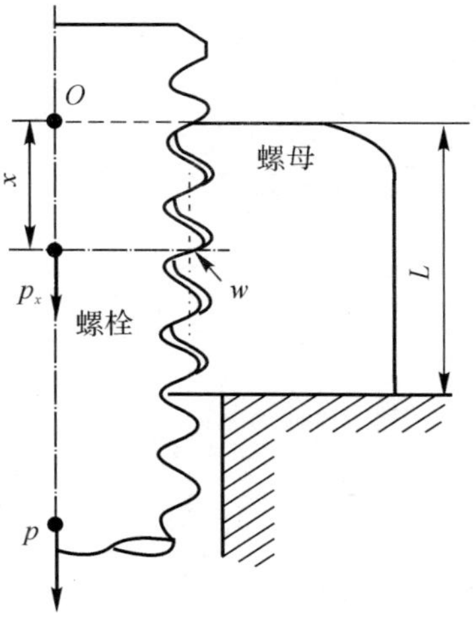

图 5.4　螺纹连接示意图

因此，如果作用于 x 与 $x+\mathrm{d}x$ 之间某螺纹牙上的轴向力为 $\mathrm{d}p$，则有

$$w\cos\alpha \times \mathrm{d}x\cot\beta = \mathrm{d}p \tag{5.39}$$

式中　w—— 螺纹牙每单位宽度上斜面垂直力；

α—— 螺纹牙半角；

β—— 螺纹升角；

L—— 螺纹有效旋合长度。

将式(5.39)整理得到

$$w\cos\alpha = \frac{\mathrm{d}p}{\mathrm{d}x}\tan\beta \tag{5.40}$$

把式(5.40)代入式(5.38)得到

$$\left.\begin{aligned}\delta_b &= \frac{k_b}{E_b}\tan\beta\,\frac{\mathrm{d}p}{\mathrm{d}x} \\ \delta_n &= \frac{k_n}{E_n}\tan\beta\,\frac{\mathrm{d}p}{\mathrm{d}x}\end{aligned}\right\} \tag{5.41}$$

在 ε_b，ε_n，δ_b 和 δ_n 之间存在如下关系：

$$(\varepsilon_b+\varepsilon_n)_{x=x}=(\delta_b+\delta_n)_{x=x}-(\delta_b+\delta_n)_{x=0} \tag{5.42}$$

把式(5.38) 及式(5.41) 代入式(5.42)，并对 x 微分，则有

$$\frac{d^2 p_x}{dx^2}=\lambda^2 p_x \tag{5.43}$$

式中

$$\lambda=\sqrt{\frac{\dfrac{1}{A_bE_b}+\dfrac{1}{A_nE_n}}{\left(\dfrac{k_b}{E_b}+\dfrac{k_n}{E_n}\right)\tan\beta}}=\sqrt{\frac{\dfrac{1}{A_b}+\dfrac{E_b}{E_n}\times\dfrac{1}{A_n}}{\left(k_b+\dfrac{E_b}{E_n}k_n\right)\tan\beta}} \tag{5.44}$$

式(5.43) 的通解为

$$p_x=c_1\sinh(\lambda x)+\cosh(\lambda x) \tag{5.45}$$

式(5.45) 的边界条件为

$$(p_x)_{x=0}=0,\quad (p_x)_{x=L}=p$$

根据边界条件确定 $c_1=0, c_2=\dfrac{p}{\sinh(\lambda L)}$，则式(5.45) 变为

$$\frac{p_x}{p}=\frac{\sinh(\lambda x)}{\sinh(\lambda L)} \tag{5.46}$$

可得

$$p_x=p\frac{\sinh(\lambda x)}{\sinh(\lambda L)} \tag{5.47}$$

式(5.47) 即为 YAMATOTO 法关于螺纹牙轴向力分布规律的表达式。

5.3.3 YAMATOTO 法中参数 λ 的确定

将 MJ42×1.5-4h6h 外螺纹(螺栓) 的几何参数分别代入式(5.28) ~ 式(5.32)，则有

$$\delta_{1b}=(1-\nu_b^2)\frac{3w\cos\alpha}{4E_b}\left\{\left[1-\left(2-\frac{b}{a}\right)^2+2\ln\frac{a}{b}\right]\cot^3\alpha-4\left(\frac{c}{a}\right)^2\tan\alpha\right\}=$$
$$(1-\nu_b^2)\frac{3w\alpha}{4E_b}\left\{\left[1-\left(2-\frac{0.75}{1.032}\right)^2+2\ln\frac{1.032}{0.75}\right]\cot^3 30^\circ-4\times\left(\frac{0.243\ 57}{1.032}\right)^2\times\tan30^\circ\right\}=$$
$$\frac{0.029\ 5(1-\nu_b^2)w\cos\alpha}{E_b} \tag{5.48}$$

$$\delta_{2b}=(1+\nu_b)\frac{6w\cos\alpha}{5E_b}\cot\alpha\ln\frac{a}{b}=(1+\nu_b)\frac{6w\cos\alpha}{5E_b}\times\cot30^\circ\times\ln\frac{1.032}{0.75}=$$
$$\frac{0.663\ 4(1+\nu_b)w\cos\alpha}{E_b} \tag{5.49}$$

$$\delta_{3b}=(1-\nu_b^2)\frac{12c}{\pi E_b a^2}w\cos\alpha\left(c-\frac{b}{2}\tan\alpha\right)=$$
$$(1-\nu_b^2)\frac{12\times0.243\ 57}{\pi E_b 1.032^2}\times w\cos\alpha\times\left(0.243\ 57-\frac{0.75}{2}\times\tan30^\circ\right)=$$
$$\frac{0.023\ 7(1-\nu_b^2)w\cos\alpha}{E_b} \tag{5.50}$$

$$\delta_{4b}=(1-\nu_b^2)\frac{2w\cos\alpha}{\pi E_b}\left[\frac{P}{a}\ln\frac{P+\frac{a}{2}}{P-\frac{a}{2}}+\frac{1}{2}\ln\left(4\frac{P^2}{a^2}-1\right)\right]=$$

$$(1-\nu_b^2)\frac{2w\alpha}{\pi E_b}\left[\frac{1.5}{1.032}\times\ln\frac{1.5+\frac{1.032}{2}}{1.5-\frac{1.032}{2}}+\frac{1}{2}\times\ln\left(4\times\frac{1.5^2}{1.032^2}-1\right)\right]=$$

$$\frac{1.302\,9(1-\nu_b^2)w\cos\alpha}{E_b} \tag{5.51}$$

$$\delta_{5b}=u_b\tan\alpha=(1-\nu_b)\frac{\tan^2\alpha}{2}\frac{d_{2\max}}{P}\frac{w\cos\alpha}{E_b}=(1-\nu_b)\frac{\tan^2 30^\circ}{2}\times\frac{41.026}{1.5}\times\frac{w\cos 30^\circ}{E_b}=$$

$$\frac{4.558\,4(1-\nu_b)w\cos\alpha}{E_b} \tag{5.52}$$

将 MJ42×1.5－4h6h 内螺纹（螺母）的几何参数分别代入式(5.28)～式(5.32)，则有

$$\delta_{1n}=(1-\nu_n^2)\frac{3w\cos\alpha}{4E_n}\left\{\left[1-\left(2-\frac{b}{a}\right)^2+2\ln\frac{a}{b}\right]\cot^3\alpha-4\left(\frac{c}{a}\right)^2\tan\alpha\right\}=$$

$$(1-\nu_n^2)\frac{3w\alpha}{4E_n}\left\{\left[1-\left(2-\frac{0.75}{1.312\,5}\right)^2+2\times\ln\frac{1.312\,5}{0.75}\right]\times\cot^3 30^\circ-4\times\left(\frac{0.243\,57}{1.312\,5}\right)^2\times\tan 30^\circ\right\}=$$

$$\frac{0.066\,6(1-\nu_n^2)w\cos\alpha}{E_n} \tag{5.53}$$

$$\delta_{2n}=(1+\nu_n)\frac{6w\cos\alpha}{5E_n}\cot\alpha\ln\frac{a}{b}=(1+\nu_n)\frac{6w\cos\alpha}{5E_n}\times\cot 30^\circ\times\ln\frac{1.312\,5}{0.75}=$$

$$\frac{1.163\,1(1+\nu_n)w\cos\alpha}{E_n} \tag{5.54}$$

$$\delta_{3n}=(1-\nu_n^2)\frac{12c}{\pi E_n a^2}w\cos\alpha\left(c-\frac{b}{2}\tan\alpha\right)=$$

$$(1-\nu_n^2)\frac{12\times 0.487\,1}{\pi E_n 1.312\,5^2}\times w\cos 30^\circ\times\left(0.487\,1-\frac{0.75}{2}\times\tan 30^\circ\right)=$$

$$\frac{0.292\,9(1-\nu_n^2)w\cos\alpha}{E_n} \tag{5.55}$$

$$\delta_{4n}=(1-\nu_n^2)\frac{2w\cos\alpha}{\pi E_n}\left[\frac{P}{a}\ln\frac{P+\frac{a}{2}}{P-\frac{a}{2}}+\frac{1}{2}\ln\left(4\frac{P^2}{a^2}-1\right)\right]=$$

$$(1-\nu_n^2)\frac{2w\cos 30^\circ}{\pi E_n}\left[\frac{1.5}{1.312\,5}\times\ln\frac{1.5+\frac{1.312\,5}{2}}{1.5-\frac{1.312\,5}{2}}+\frac{1}{2}\times\ln\left(4\times\frac{1.5^2}{1.312\,5^2}-1\right)\right]=$$

$$\frac{1.141\,3(1-\nu_n^2)w\cos\alpha}{E_n} \tag{5.56}$$

$$\delta_{5n}=u_n\tan\alpha=\left(\frac{D^2+d_2^2}{D^2-d_2^2}+\nu_n\right)\frac{\tan^2\alpha}{2}\frac{d_2}{P}\frac{w\cos\alpha}{E_n}=$$

$$\left(\frac{63^2+41.026^2}{63^2-41.026^2}+\nu_n\right)\times\frac{\tan^2 30°}{2}\times\frac{41.026}{1.5}\times\frac{w\cos\alpha}{E_n}=$$

$$(2.4726+\nu_n)\times 4.5584\,\frac{w\cos\alpha}{E_n} \tag{5.57}$$

将式(5.48)～式(5.52)及式(5.53)～式(5.57)代入式(5.37)，分别计算外螺纹、内螺纹总的弹性变形，可得

$$\delta_b=\delta_{1b}+\delta_{2b}+\delta_{3b}+\delta_{4b}+\delta_{5b}=$$

$$-\frac{0.0295(1-\nu_b)w\cos\alpha}{E_b}+\frac{0.6634(1+\nu_b)w\cos\alpha}{E_b}+\frac{0.0237(1-\nu_b)w\cos\alpha}{E_b}+$$

$$\frac{1.3029(1-\nu_b)w\cos\alpha}{E_b}+\frac{4.5584(1-\nu_b)w\cos\alpha}{E_b}=\frac{k_b}{E_b}w\cos\alpha$$

$$\delta_n=\delta_{1n}+\delta_{2n}+\delta_{3n}+\delta_{4n}+\delta_{5n}=$$

$$\frac{0.0666(1-\nu_n)w\cos\alpha}{E_n}+\frac{1.1631(1+\nu_n)w\cos\alpha}{E_n}+\frac{0.2929(1-\nu_n)w\cos\alpha}{E_n}+$$

$$\frac{1.1413(1-\nu_n)w\cos\alpha}{E_n}+\frac{4.5584(2.4726-\nu_n)w\cos\alpha}{E_n}=\frac{k_n}{E_n}w\cos\alpha$$

得到

$$k_b=\frac{1.2981(1-\nu_b)+0.6634(1+\nu_b)+4.5584(1-\nu_b)}{0.8660} \tag{5.58}$$

$$k_n=1.5008(1-\nu_n)+1.1613(1+\nu_n)+4.5584(2.4726-\nu_n) \tag{5.59}$$

将 300M 钢、AerMet100 及 30CrMnSiA 的泊松比都取为 0.3，并将该值代入式(5.58)及式(5.59)，得到 k_b，k_n 的值如下：

$$k_b=1.2981\times(1-0.3^2)+0.6634\times(1+0.3)+4.5584(1-0.3)=5.2346$$

$$k_n=1.5008\times(1-0.3^2)+1.1613\times(1+0.3)+4.5584\times(2.4726-0.3)=12.7790$$

当螺栓及螺母材料均为300M时，有 $E_b=E_n=200$ GPa，将 k_b，k_n 的值代入式(5.44)有

$$\lambda=\sqrt{\frac{\dfrac{1}{A_bE_b}+\dfrac{1}{A_nE_n}}{\left(\dfrac{k_b}{E_b}+\dfrac{k_n}{E_n}\right)\tan\beta}}=\sqrt{\frac{\dfrac{1}{A_b}+\dfrac{E_b}{E_n}\times\dfrac{1}{A_n}}{\left(k_b+\dfrac{E_b}{E_n}k_n\right)\tan\beta}}=$$

$$\sqrt{\frac{\dfrac{1}{615.0710}+\dfrac{1}{1795.3160}}{(5.2346+12.7790)\times 0.0116}}=0.1022 \tag{5.60}$$

当螺栓材料为 300M，螺母材料为 30CrMnSiA 时，$E_b=200$ GPa，$E_n=195$ GPa，将 k_b、k_n 的值代入式(5.44)，有

$$\lambda=\sqrt{\frac{\dfrac{1}{A_bE_b}+\dfrac{1}{A_nE_n}}{\left(\dfrac{k_b}{E_b}+\dfrac{k_n}{E_n}\right)\tan\beta}}=\sqrt{\frac{\dfrac{1}{A_b}+\dfrac{E_b}{E_n}\times\dfrac{1}{A_n}}{\left(k_b+\dfrac{E_b}{E_n}k_n\right)\tan\beta}}=$$

$$\sqrt{\frac{\dfrac{1}{615.0710}+\dfrac{200}{195}\times\dfrac{1}{1795.3160}}{\left(5.2346+\dfrac{200}{195}\times 12.7790\right)\times 0.0116}}=0.1017 \tag{5.61}$$

5.4 弹性有限元法

对于 MJ42×1.5－4h6h 外螺纹与 MJ42×1.5－4H5H 内螺纹连接结构而言，有两种有限元模型建立方法。一种是使用真实的螺旋线构造的三维几何模型，这样考虑了螺纹升角对轴向载荷分配的影响，另一种是用平面几何来代表绕轴旋转体，相当于选取了螺纹的一个沿轴向的截面进行计算。事实上，两种模型的计算结果复合性较高，由于需要计算不同啮合扣数下各螺纹牙的载荷分配及不同载荷下各螺纹牙的载荷分配，为了节约计算时间，采用轴旋转体的平面几何模型来进行计算。使用 ANSYS[27] 建立带螺栓头的平面几何模型如图 5.5 所示，采用轴对称四边形四节点单元(plane42)，网格划分后的有限元模型如图 5.6 所示。

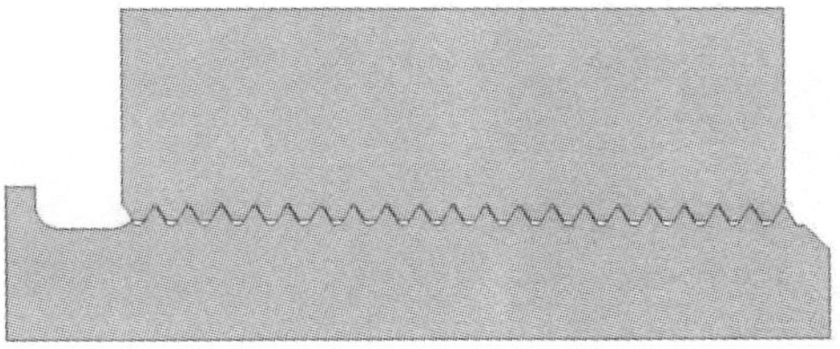

图 5.5　有限元计算几何模型

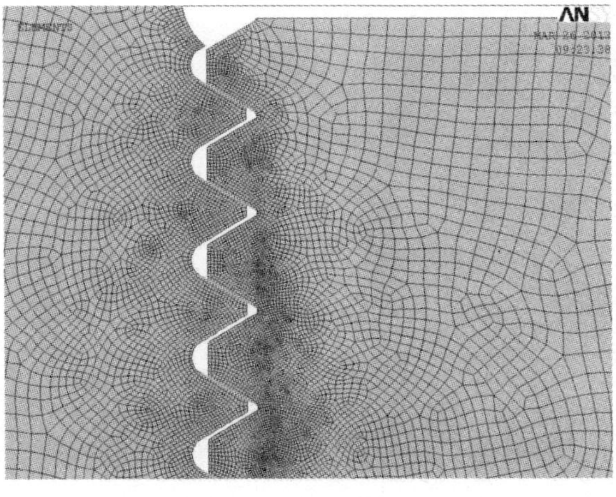

图 5.6　有限元数值计算的网格划分图

将啮合 20 扣时的有限元计算结果用 MATLAB 中最小二乘法进行拟合，得到有限元法关于 MJ 螺纹轴向力分布表达式。当螺栓、螺母材料均为 300M 高强度钢时，具体拟合结果如图 5.7 所示，当螺栓材料为 300M 高强度钢，螺母材料为 30CrMnSiA 时，具体拟合结果如图 5.8 所示。

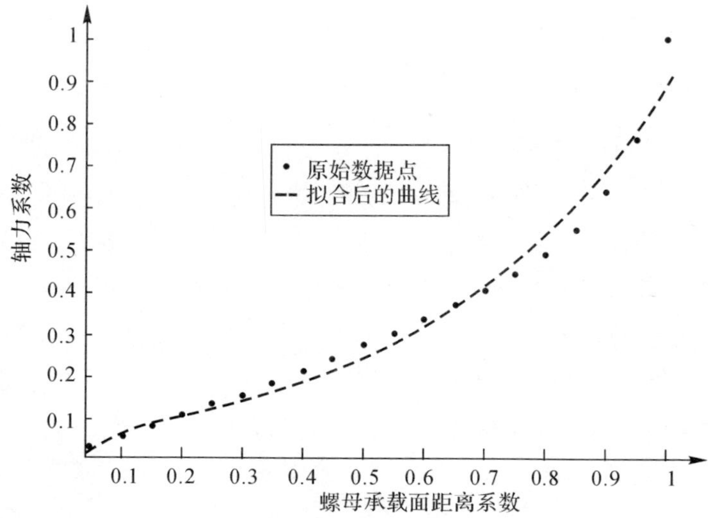

图 5.7　螺母、螺栓材料均为 300M 钢时的拟合结果

当螺栓、螺母均为 300M 钢时，有限元计算的螺纹牙轴向力分布表达式为

$$p_x = p(0.067\,56e^{2.587x'} - 0.098\,55e^{-14.29x'}) \tag{5.62}$$

式中　p——螺栓承受的总轴向力；

x'——距螺母自由端距离的比例系数。

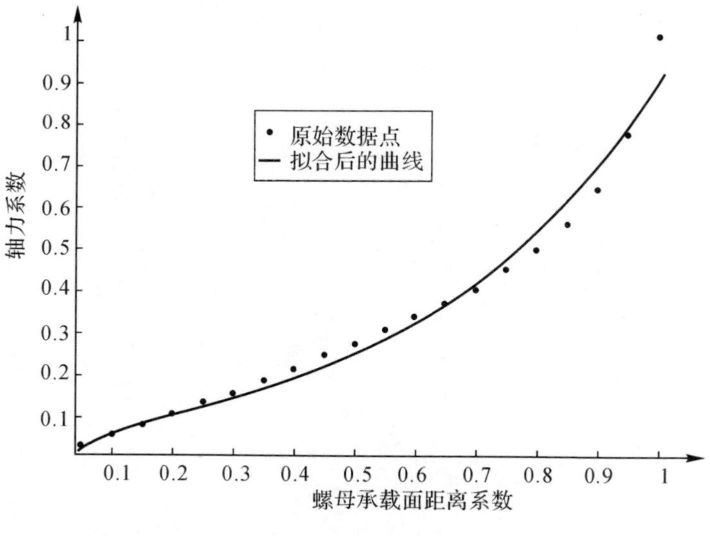

图 5.8　螺栓材料为 300M、螺母材料为 30CrMnSiA 时的拟合结果

当螺栓材料为 300M 高强度钢时，螺母材料为 30CrMnSiA 时，有限元计算的螺纹牙轴向力分布公式为

$$p_x = p(0.068\,13e^{2.578x'} - 0.101\,2e^{-14.43x'}) \tag{5.63}$$

式中　p——螺栓承受的总轴向力；

x'——距螺母自由端距离的比例系数。

5.5　螺纹剪切工程方法

螺纹剪切工程计算方法使用下式：

$$\tau = \frac{p}{\pi d_2 Le} \tag{5.64}$$

式中　p——螺纹承受的外载荷；

d_2——螺纹中径；

L——螺纹旋合长度；

e——效率系数(钢的效率系数为 0.33)。

5.6　弹性范围的螺纹轴向力计算

对上述螺纹连接结构施加 10 t 的载荷，按照分别啮合 20 扣、18 扣、15 扣、12 扣、10 扣、8 扣及 6 扣，分别采用 SOPWITH 法、YAMATOTO 法及有限元法进行计算，得到各扣螺纹牙所承担的轴向载荷，并将相同啮合扣数的三种方法的计算结果进行比较。

5.6.1　SOPWITH 法计算结果

(1) 啮合 20 扣，螺栓、螺母材料均为 300M 高强度钢时，$z=20$，旋合长度 $L=z\times P=20\times 1.5\ \text{mm}=30\ \text{mm}$，由表 5.1 可得 $\theta_1=2.302$，螺母承载面的距离系数为

$$x'=\frac{x}{L} \tag{5.65}$$

式中，x 为螺纹牙到螺母自由端面(非承载面)的距离。

将上述 θ_1，L 值代入式(5.17)进行计算，得到各螺纹牙所承受的轴向力，见表 5.3。

表 5.3　啮合 20 扣时螺纹牙轴向力分布(300M－300M)

螺纹牙序号	螺母承载面距离系数 x/L	轴向力 p_x/kN	轴力系数 p_x/p
20	0.05	2.332	0.023
19	0.10	4.695	0.047
18	0.15	7.120	0.071
17	0.20	9.639	0.096
16	0.25	12.286	0.130
15	0.30	15.096	0.151
14	0.35	18.107	0.181
13	0.40	21.357	0.214
12	0.45	24.891	0.249
11	0.50	28.755	0.288

续 表

螺纹牙序号	螺母承载面距离系数 x/L	轴向力 p_x/kN	轴力系数 p_x/p
10	0.55	33.000	0.330
9	0.60	37.683	0.377
8	0.65	42.866	0.429
7	0.70	48.617	0.486
6	0.75	55.013	0.550
5	0.80	62.139	0.621
4	0.85	70.088	0.701
3	0.90	78.968	0.790
2	0.95	88.894	0.889
1	1.00	100	1.000

(2) 啮合 20 扣,螺栓材料为 300M 高强度钢,螺母材料为 30CrMnSiA 钢时,由表 5.2 得 $\theta_1 = 2.280$,$L = 20 \times 1.5\ \text{mm} = 30\ \text{mm}$。将该 θ_1,L 值代入式(5.17)进行计算,得到各螺纹牙承受的轴向力,见表 5.4。

表 5.4　啮合 20 扣时螺纹牙轴向力分布(300M - 30CrMnSiA)

螺纹牙序号	螺母承载面距离系数 x/L	轴向力 p_x/kN	轴力系数 p_x/p
20	0.05	2.362	0.024
19	0.10	4.754	0.048
18	0.15	7.209	0.072
17	0.20	9.757	0.098
16	0.25	12.432	0.124
15	0.30	15.269	0.153
14	0.35	18.305	0.183
13	0.40	21.578	0.216
12	0.45	25.133	0.251
11	0.50	29.014	0.290
10	0.55	33.273	0.333
9	0.60	37.965	0.380
8	0.65	43.151	0.432
7	0.70	48.898	0.489
6	0.75	55.281	0.553
5	0.80	62.383	0.624
4	0.85	70.298	0.703
3	0.90	79.126	0.791
2	0.95	88.984	0.890
1	1.00	100	1.000

(3) 啮合 15 扣，螺栓、螺母材料均为 300M 高强度钢时，$z=15$，旋合长度 $L=z\times P=15\times1.5$ mm$=22.5$ mm，由表 5.1 可得 $\theta_1=1.726$。将该 θ_1，L 值代入式(5.17) 进行计算，得到各螺纹牙所承受的轴向力，见表 5.5。

表 5.5　啮合 15 扣时螺纹牙轴向力分布(300M－300M)

螺纹牙序号	螺母承载面距离系数 x/L	轴向力 p_x/kN	轴力系数 p_x/p
15	0.067	4.240	0.042
14	0.133	8.535	0.085
13	0.200	12.944	0.129
12	0.267	17.525	0.175
11	0.333	22.338	0.223
10	0.400	27.447	0.275
9	0.467	32.919	0.329
8	0.533	38.828	0.388
7	0.600	45.252	0.453
6	0.667	52.276	0.523
5	0.733	59.992	0.600
4	0.800	68.504	0.685
3	0.867	77.924	0.779
2	0.933	88.376	0.884
1	1.000	100	1.000

(4) 啮合 15 扣，螺栓材料为 300M 高强度钢，螺母材料 30CrMnSiA 钢时，$z=15$，旋合长度 $L=z\times P=15\times1.5$ mm$=22.5$ mm，由表 5.2 得 $\theta_1=1.726$。将该 θ_1，L 值代入式(5.17) 进行计算，得到各螺纹牙所承受的轴向力，见表 5.6。

表 5.6　啮合 15 扣时螺纹牙轴向力分布(300M－30CrMnSiA)

螺纹牙序号	螺母承载面距离系数 x/L	轴向力 p_x/kN	轴力系数 p_x/p
15	0.067	4.272	0.043
14	0.133	8.601	0.086
13	0.200	13.040	0.130
12	0.267	17.650	0.177
11	0.333	22.489	0.225
10	0.400	27.621	0.276
9	0.467	33.112	0.331
8	0.533	39.034	0.390

续 表

螺纹牙序号	螺母承载面距离系数 x/L	轴向力 p_x/kN	轴力系数 p_x/p
7	0.600	45.464	0.455
6	0.667	52.485	0.525
5	0.733	60.189	0.602
4	0.800	68.676	0.687
3	0.867	78.057	0.781
2	0.933	88.453	0.885
1	1.000	100	1.000

(5) 啮合 10 扣，螺栓、螺母材料均为 300M 高强度钢时，$z=10$，旋合长度 $L=z\times P=10\times1.5\ \text{mm}=15\ \text{mm}$，由表 5.1 可得 $\theta_1=1.151$。将该 θ_1，L 值代入式(5.17) 进行计算，得到各螺纹牙所承受的轴向力，见表 5.7。

表 5.7　啮合 10 扣时螺纹牙轴向力分布(300M - 300M)

螺纹牙序号	螺母承载面距离系数 x/L	轴向力 p_x/kN	轴力系数 p_x/p
10	0.10	8.109	0.081
9	0.20	16.326	0.163
8	0.30	24.759	0.248
7	0.40	33.521	0.335
6	0.50	42.727	0.427
5	0.60	52.500	0.525
4	0.70	62.969	0.630
3	0.80	74.273	0.742 7
2	0.90	86.563	0.866
1	1.00	100	1.000

(6) 啮合 10 扣，螺栓材料为 300M 高强度钢、螺母材料为 30CrMnSiA 钢时，$z=10$，旋合长度 $L=z\times P=10\times1.5\ \text{mm}=15\ \text{mm}$，由表 5.2 可得 $\theta_1=1.151$。将该 θ_1，L 值代入式(5.17) 进行计算，得到各螺纹牙所承受的轴向力，见表 5.8。

表 5.8　啮合 10 扣时螺纹牙轴向力分布(300M - 30CrMnSiA)

螺纹牙序号	螺母承载面距离系数 x/L	轴向力 p_x/kN	轴力系数 p_x/p
10	0.10	8.109	0.081
9	0.20	16.326	0.163
8	0.30	24.759	0.248

续 表

螺纹牙序号	螺母承载面距离系数 x/L	轴向力 p_x/kN	轴力系数 p_x/p
7	0.40	33.521	0.335
6	0.50	42.727	0.427
5	0.60	52.500	0.525
4	0.70	62.969	0.630
3	0.80	74.273	0.7427
2	0.90	86.563	0.866
1	1.00	100	1.000

(7) 啮合 6 扣，螺栓、螺母材料均为 300M 高强度钢时，$z=6$，旋合长度 $L=z\times P=6\times 1.5\ \text{mm}=9\ \text{mm}$，由表 5.1 可得 $\theta_1=0.691$。将该 θ_1，L 值代入式(5.17) 进行计算，得到各螺纹牙所承受的轴向力，见表 5.9。

表 5.9　啮合 6 扣时螺纹牙轴向力分布(300M－300M)

螺纹牙序号	螺母承载面距离系数 x/L	轴向力 p_x/kN	轴力系数 p_x/p
6	0.167	15.445	0.154
5	0.333	31.095	0.311
4	0.500	47.157	0.472
3	0.667	63.846	0.639
2	0.833	81.383	0.814
1	1.000	100	1.000

(8) 啮合 6 扣，螺栓材料为 300M 高强度钢、螺母材料为 30CrMnSiA 钢时，$z=6$，旋合长度 $L=z\times P=6\times 1.5\ \text{mm}=9\ \text{mm}$，由表 5.2 可得 $\theta_1=0.691$。将该 θ_1，L 值代入式(5.17) 进行计算，得到各螺纹牙所承受的轴向力，见表 5.10。

表 5.10　啮合 6 扣时螺纹牙轴向力分布(300M－30CrMnSiA)

螺纹牙序号	螺母承载面距离系数 x/L	轴向力 p_x/kN	轴力系数 p_x/p
6	0.167	15.445	0.154
5	0.333	31.095	0.311
4	0.500	47.157	0.472
3	0.667	63.846	0.639
2	0.833	81.383	0.814
1	1.000	100	1.000

5.6.2 YAMATOTO 法计算结果

(1) 啮合 20 扣,螺栓、螺母材料均为 300M 高强度钢时,$z=20$,旋合长度 $L=z\times P=20\times1.5$ mm=30 mm,由式(5.60)可得 $\lambda=0.102\ 2$。将该 λ,L 值代入式(5.47)进行计算,得到各螺纹牙所承受的轴向力,见表 5.11。

表 5.11 啮合 20 扣时螺纹牙轴向力分布(300M-300M)

螺纹牙序号	螺母承载面距离系数 x/L	轴向力 p_x/kN	轴力系数 p_x/p
20	0.05	1.438	0.014
19	0.10	2.909	0.029
18	0.15	4.449	0.045
17	0.20	6.094	0.061
16	0.25	7.883	0.079
15	0.30	9.856	0.099
14	0.35	12.062	0.121
13	0.40	14.553	0.146
12	0.45	17.385	0.174
11	0.50	20.627	0.206
10	0.55	24.355	0.244
9	0.60	28.656	0.287
8	0.65	33.633	0.336
7	0.70	39.401	0.394
6	0.75	46.096	0.461
5	0.80	53.878	0.539
4	0.85	62.927	0.629
3	0.90	73.459	0.735
2	0.95	85.720	0.857
1	1.00	100	1.000

(2) 啮合 20 扣,螺栓材料为 300M 高强度钢,螺母材料为 30CrMnSiA 钢时,由式(5.61)可得 $\lambda=0.101\ 7$,$L=z\times P=20\times1.5$ mm=30 mm。将该 λ,L 值代入式(5.47)进行计算,得到各螺纹牙承受的轴向力,见表 5.12。

表 5.12　啮合 20 扣时螺纹牙轴向力分布(300M－30CrMnSiA)

螺纹牙序号	螺母承载面距离系数 x/L	轴向力 p_x/kN	轴力系数 p_x/p
20	0.05	1.452	0.015
19	0.10	2.939	0.029
18	0.15	4.493	0.045
17	0.20	6.153	0.062
16	0.25	7.956	0.080
15	0.30	9.944	0.099
14	0.35	12.164	0.122
13	0.40	14.668	0.147
12	0.45	17.514	0.175
11	0.50	20.769	0.208
10	0.55	24.507	0.245
9	0.60	28.817	0.288
8	0.65	33.799	0.338
7	0.70	39.569	0.396
6	0.75	46.262	0.463
5	0.80	54.033	0.540
4	0.85	63.064	0.631
3	0.90	73.566	0.736
2	0.95	85.783	0.858
1	1.00	100	1

(3) 啮合 15 扣，螺栓、螺母材料均为 300M 高强度钢时，$z=15$，旋合长度 $L=z\times P=15\times1.5$ mm$=22.5$ mm，由式(5.60)可得 $\lambda=0.1022$。将该 λ，L 值代入式(5.47)进行计算，得到各螺纹牙所承受的轴向力，见表 5.13。

表 5.13　啮合 15 扣时螺纹牙轴向力分布(300M－300M)

螺纹牙序号	螺母承载面距离系数 x/L	轴向力 p_x/kN	轴力系数 p_x/p
15	0.067	3.119	0.031
14	0.133	6.311	0.063
13	0.200	9.652	0.097
12	0.267	13.221	0.132
11	0.333	17.100	0.171
10	0.400	21.382	0.214

续 表

螺纹牙序号	螺母承载面距离系数 x/L	轴向力 p_x/kN	轴力系数 p_x/p
9	0.467	26.168	0.262
8	0.533	31.570	0.316
7	0.600	37.715	0.377
6	0.667	44.748	0.448
5	0.733	52.835	0.529
4	0.800	62.167	0.622
3	0.867	72.961	0.730
2	0.933	85.474	0.855
1	1.000	100	1.000

(4) 啮合 15 扣，螺栓材料为 300M 高强度钢，螺母材料 30CrMnSiA 钢时，$z=15$，旋合长度 $L=z\times P=15\times 1.5\ \text{mm}=22.5\ \text{mm}$，由式(5.61) 可得 $\lambda=0.101\ 7$。将该 λ，L 值代入式(5.47) 进行计算，得到各螺纹牙所承受的轴向力，见表 5.14。

表 5.14　啮合 15 扣时螺纹牙轴向力分布(300M - 30CrMnSiA)

螺纹牙序号	螺母承载面距离系数 x/L	轴向力 p_x/kN	轴力系数 p_x/p
15	0.067	3.139	0.031
14	0.133	6.352	0.064
13	0.200	9.713	0.097
12	0.267	13.300	0.133
11	0.333	17.197	0.172
10	0.400	21.495	0.215
9	0.467	26.295	0.263
8	0.533	31.707	0.317
7	0.600	37.859	0.379
6	0.667	44.894	0.449
5	0.733	52.975	0.530
4	0.800	62.292	0.623
3	0.867	73.061	0.731
2	0.933	85.533	0.855
1	1.000	100	1.000

(5) 啮合 10 扣，螺栓、螺母材料均为 300M 高强度钢时，$z=10$，旋合长度 $L=z\times P=$

10×1.5 mm=15 mm，由式(5.60)得$\lambda=0.1022$。将该λ，L值代入式(5.47)进行计算，得到各螺纹牙所承受的轴向力，见表5.15。

表 5.15　啮合 10 扣时螺纹牙轴向力分布(300M－300M)

螺纹牙序号	螺母承载面距离系数 x/L	轴向力 p_x/kN	轴力系数 p_x/p
10	0.1	6.970	0.069
9	0.2	14.104	0.142
8	0.3	21.570	0.215
7	0.4	29.544	0.295
6	0.5	38.214	0.382
5	0.6	47.783	0.477
4	0.7	58.478	0.584
3	0.8	70.550	0.705
2	0.9	84.283	0.842
1	1.0	100	1.000

(6) 啮合10扣，螺栓材料为300M高强度钢、螺母材料为30CrMnSiA钢时，$z=10$，旋合长度$L=z\times P=10\times1.5$ mm=15 mm，由式(5.61)得$\lambda=0.1022$。将该λ，L值代入式(5.47)进行计算，得到各螺纹牙所承受的轴向力，见表5.16。

表 5.16　啮合 10 扣时螺纹牙轴向力分布(300M－30CrMnSiA)

螺纹牙序号	螺母承载面距离系数 x/L	轴向力 p_x/kN	轴力系数 p_x/p
10	0.1	6.993	0.070
9	0.2	14.149	0.141
8	0.3	21.635	0.216
7	0.4	29.625	0.296
6	0.5	38.306	0.383
5	0.6	47.880	0.479
4	0.7	58.571	0.586
3	0.8	70.627	0.706
2	0.9	84.331	0.843
1	1.0	100	1.000

(7) 啮合6扣，螺栓、螺母材料均为300M高强度钢时，$z=6$，旋合长度$L=z\times P=6\times1.5$ mm=9 mm，由式(5.60)得$\lambda=0.1022$。将该λ，L值代入式(5.47)进行计算，得到各螺纹牙所承受的轴向力，见表5.17。

表 5.17　啮合 6 扣时螺纹牙轴向力分布(300M－300M)

螺纹牙序号	螺母承载面距离系数 x/L	轴向力 p_x/kN	轴力系数 p_x/p
6	0.167	14.587	0.146
5	0.333	29.516	0.295
4	0.500	45.141	0.451
3	0.667	61.829	0.618
2	0.833	79.973	0.800
1	1.000	100	1.000

(8) 啮合 6 扣，螺栓材料为 300M 高强度钢、螺母材料为 30CrMnSiA 钢时，$z=6$，旋合长度 $L=z\times P=6\times 1.5\ \text{mm}=9\ \text{mm}$，由式(5.61) 得 $\lambda=0.101\ 7$。将该 λ，L 值代入式(5.47) 进行计算，得到各螺纹牙所承受的轴向力，见表 5.18。

表 5.18　啮合 6 扣时螺纹牙轴向力分布(300M－30CrMnSiA)

螺纹牙序号	螺母承载面距离系数 x/L	轴向力 p_x/kN	轴力系数 p_x/p
6	0.167	14.605	0.146
5	0.333	29.551	0.296
4	0.500	45.185	0.452
3	0.667	61.873	0.619
2	0.833	80.004	0.800
1	1.000	100	1.000

5.6.3　有限元法计算结果

通过提取各扣螺纹牙接触力，计算螺母轴力分布，以便和解析解的结果进行验证对比。各啮合螺纹牙接触面载荷可以分解为 x 向(轴向)和 y 向两个方向的分力，如图5.9(a)所示。如图 5.9(b) 所示，根据各扣 x 向作用力按照图示的方式即可确定包括螺母上、下两端面在内的左、右截面的轴力。

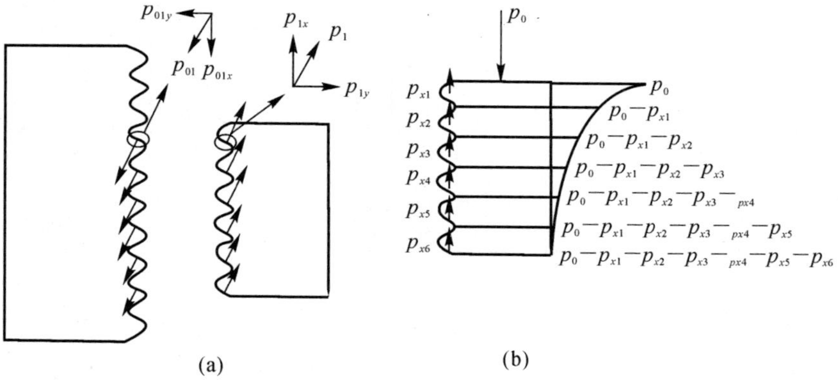

图 5.9　螺纹副轴力提取示意图

(a) 螺纹承载示意图；(b) 螺母轴力提取

为了保证所有螺纹牙都处于弹性变形状态，在有限元计算中，施加轴向载荷为 100 kN。

（1）螺栓、螺母材料均为 300M 高强度钢时，啮合 20 扣的具体计算结果见表 5.19。

表 5.19　啮合 20 扣螺纹牙轴向力分布（300M－300M）

螺纹牙序号	螺母承载面距离系数 x/L	x 向接触应力 F_x/kN	轴向力 p_x/kN	轴力系数 p_x/p
1	1.000	23.450	100	1.000
2	0.950	12.797	76.550	0.766
3	0.900	8.404	63.753	0.638
4	0.850	5.956	55.349	0.553
5	0.800	4.833	49.393	0.494
6	0.750	4.023	44.560	0.446
7	0.700	3.612	40.537	0.405
8	0.650	3.298	36.925	0.369
9	0.600	3.178	33.627	0.336
10	0.550	3.084	30.449	0.304
11	0.500	2.986	27.365	0.274
12	0.450	2.977	24.379	0.244
13	0.400	2.880	21.402	0.214
14	0.350	2.791	18.522	0.185
15	0.300	2.604	15.731	0.157
16	0.250	2.507	13.127	0.131
17	0.200	2.428	10.620	0.106
18	0.150	2.394	8.192	0.082
19	0.100	2.628	5.798	0.058
20	0.050	3.170	3.170	0.032
总和	0	100	0	

（2）螺栓材料为 300M 高强度钢，螺母材料为 300CrMnSiA 时，啮合 20 扣计算结果见表 5.20。

表 5.20　啮合 20 扣螺纹牙轴向力分布（300M－30CrMnSiA）

螺纹牙序号	螺母承载面距离系数 x/L	x 向接触应力 F_x/kN	轴向力 p_x/kN	轴力系数 p_x/p
1	1.000	23.406	100	1.000
2	0.950	12.784	76.594	0.766
3	0.900	8.396	63.810	0.638
4	0.850	5.950	55.414	0.554

续 表

螺纹牙序号	螺母承载面距离系数 x/L	x 向接触应力 F_x/kN	轴向力 p_x/kN	轴力系数 p_x/p
5	0.800	4.825	49.464	0.495
6	0.750	4.017	44.639	0.446
7	0.700	3.606	40.622	0.406
8	0.650	3.295	37.016	0.370
9	0.600	3.176	33.721	0.337
10	0.550	3.084	30.545	0.305
11	0.500	2.988	27.461	0.275
12	0.450	2.979	24.473	0.245
13	0.400	2.884	21.494	0.215
14	0.350	2.797	18.61	0.186
15	0.300	2.611	15.813	0.158
16	0.250	2.516	13.202	0.132
17	0.200	2.439	10.686	0.107
18	0.150	2.408	8.247	0.082
19	0.100	2.645	5.839	0.058
20	0.050	3.915	3.194	0.032
总和		100.721	−0.721	

(3) 螺栓、螺母材料均为 300M 高强度钢时，啮合 15 扣的计算结果见表 5.21。

表 5.21　啮合 15 扣螺纹牙轴向力分布(300M－300M)

螺纹牙序号	螺母承载面距离系数 x/L	x 向接触应力 F_x/kN	轴向力 p_x/kN	轴力系数 p_x/p
1	1.000	23.937	100	1.000
2	0.933	14.158	76.063	0.761
3	0.867	8.882	61.905	0.619
4	0.800	6.593	53.023	0.530
5	0.733	5.325	46.43	0.464
6	0.667	4.620	41.105	0.411
7	0.600	4.412	36.485	0.365
8	0.533	4.210	32.073	0.321
9	0.467	4.121	27.863	0.279
10	0.400	3.909	23.742	0.237

续 表

螺纹牙序号	螺母承载面距离系数 x/L	x 向接触应力 F_x/kN	轴向力 p_x/kN	轴力系数 p_x/p
11	0.333	3.835	19.833	0.198
12	0.267	3.753	15.998	0.160
13	0.200	3.687	12.245	0.122
14	0.133	3.975	8.558	0.086
15	0.067	4.582	4.583	0.046
总和	0	99.999	0.001	

(4) 螺栓材料为 300M 高强度钢，螺母材料为 30CrMnSiA 时，啮合 15 扣的计算结果见表 5.22。

表 5.22　啮合 15 扣螺纹牙轴向力分布(300M－30CrMnSiA)

螺纹牙序号	螺母承载面距离系数 x/L	x 向接触应力 F_x/kN	轴向力 p_x/kN	轴力系数 p_x/p
1	1.000	23.904	100	1.000
2	0.933	14.140	76.096	0.761
3	0.867	8.877	61.956	0.620
4	0.800	6.588	53.079	0.531
5	0.733	5.319	46.491	0.465
6	0.667	4.615	41.172	0.412
7	0.600	4.406	36.557	0.366
8	0.533	4.206	32.151	0.322
9	0.467	4.119	27.945	0.279
10	0.400	3.911	23.826	0.238
11	0.333	3.840	19.915	0.199
12	0.267	3.762	16.075	0.161
13	0.200	3.701	12.313	0.123
14	0.133	3.996	8.612	0.086
15	0.067	4.618	4.616	0.046
总和	0	100.002	－0.002	

(5) 螺栓、螺母材料均为 300M 高强度钢时，啮合 10 扣的计算结果见表 5.23。

表 5.23　啮合 10 扣螺纹牙轴向力分布(300M－300M)

螺纹牙序号	螺母承载面距离系数 x/L	x 向接触应力 F_x/kN	轴向力 p_x/kN	轴力系数 p_x/p
1	1.000	28.189	100	1.000
2	0.900	15.738	71.811	0.718
3	0.800	11.587	56.073	0.561
4	0.700	8.778	44.486	0.445
5	0.600	6.868	35.708	0.357
6	0.500	6.105	28.84	0.288
7	0.400	5.659	22.735	0.227
8	0.300	5.378	17.076	0.171
9	0.200	5.603	11.698	0.117
10	0.100	6.097	6.095	0.061
总和	0	100.002	－0.002	

(6) 螺栓材料为 300M 高强度钢，螺母材料均为 30CrMnSiA 时，啮合 10 扣的计算结果见表 5.24。

表 5.24　啮合 10 扣螺纹牙轴向力分布(300M－30CrMnSiA)

螺纹牙序号	螺母承载面距离系数 x/L	x 向接触应力 F_x/kN	轴向力 p_x/kN	轴力系数 p_x/p
1	1.000	28.189	100	1.000
2	0.900	15.738	71.811	0.718
3	0.800	11.587	56.073	0.561
4	0.700	8.778	44.486	0.445
5	0.600	6.868	35.708	0.357
6	0.500	6.105	28.84	0.288
7	0.400	5.659	22.735	0.227
8	0.300	5.378	17.076	0.171
9	0.200	5.603	11.698	0.117
10	0.100	6.097	6.095	0.061
总和	0	100.002	－0.002	

(7) 螺栓、螺母材料均为 300M 高强度钢时，啮合 6 扣的计算结果见表 5.25。

表 5.25　啮合 6 扣螺纹牙轴向力分布(300M－300M)

螺纹牙序号	螺母承载面距离系数 x/L	x 向接触应力 F_x/kN	轴向力 p_x/kN	轴力系数 p_x/p
1	1.000	37.922	100	1.000
2	0.833	21.999	62.078	0.621
3	0.667	15.145	40.079	0.401
4	0.500	10.965	24.934	0.249
5	0.333	7.974	13.969	0.140
6	0.167	5.882	5.995	0.060
总和	0	99.887	0.113	

(8) 螺栓材料为 300M,螺母为 30CrMnSiA 时,啮合 6 扣的计算结果见表 5.26。

表 5.26　啮合 6 扣螺纹牙轴向力分布(300M－30CrMnSiA)

螺纹牙序号	螺母承载面距离系数 x/L	x 向接触应力 F_x/kN	轴向力 p_x/kN	轴力系数 p_x/p
1	1.000	37.860	100	1.000
2	0.833	21.977	62.140	0.621
3	0.667	15.134	40.163	0.402
4	0.500	10.969	25.029	0.250
5	0.333	8.001	14.060	0.141
6	0.167	5.949	6.059	0.061
总和	0	99.89	0.11	

5.7　SOPWITH 法、YAMATOTO 法及有限元法计算结果对比

在以螺母承载面距离系数 x/L 为横坐标,轴力系数 p_x/p 为纵坐标的直角坐标系下,按照不同的啮合扣数,不同的螺栓、螺母材料作图对比,如图 5.10～图 5.17 所示。

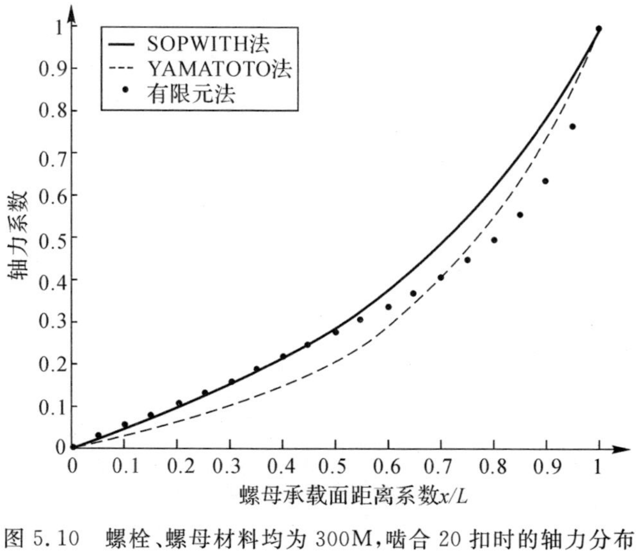

图 5.10　螺栓、螺母材料均为 300M,啮合 20 扣时的轴力分布

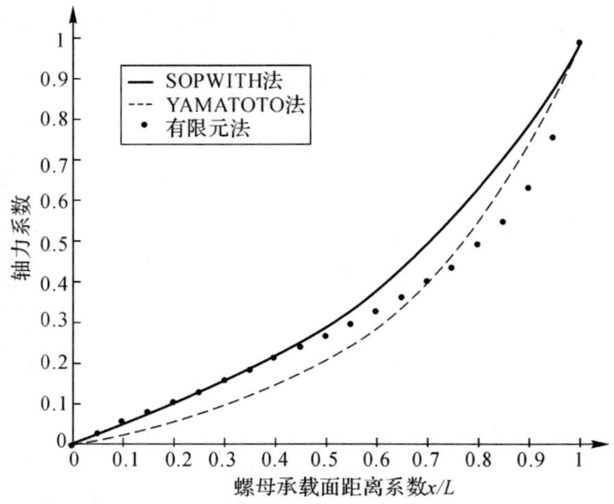

图 5.11　螺栓材料为 300M，螺母材料为 30CrMnSiA，啮合 20 扣时的轴力分布

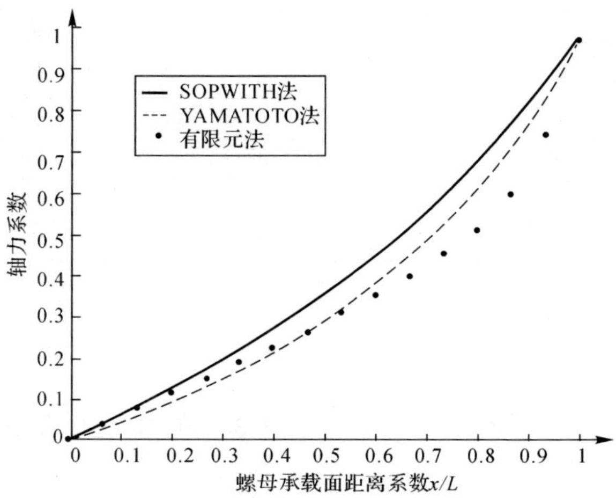

图 5.12　螺栓、螺母材料均为 300M，啮合 15 扣时的轴力分布

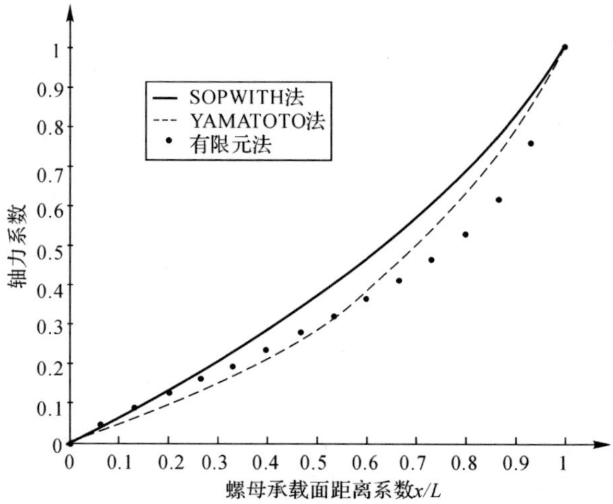

图 5.13　螺栓材料为 300M，螺母材料为 30CrMnSiA，啮合 15 扣时的轴力分布

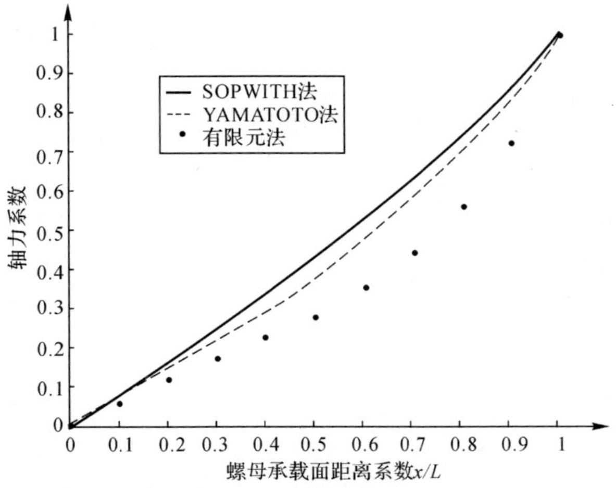

图 5.14　螺栓、螺母材料均为 300M，啮合 10 扣时的轴力分布

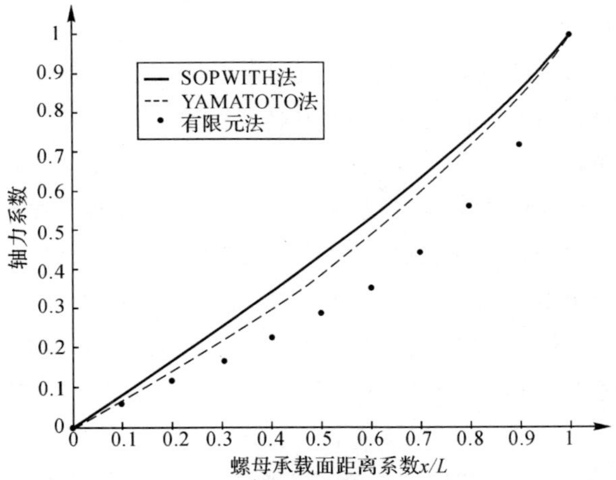

图 5.15　螺栓材料为 300M，螺母材料为 30CrMnSiA，啮合 10 扣时的轴力分布

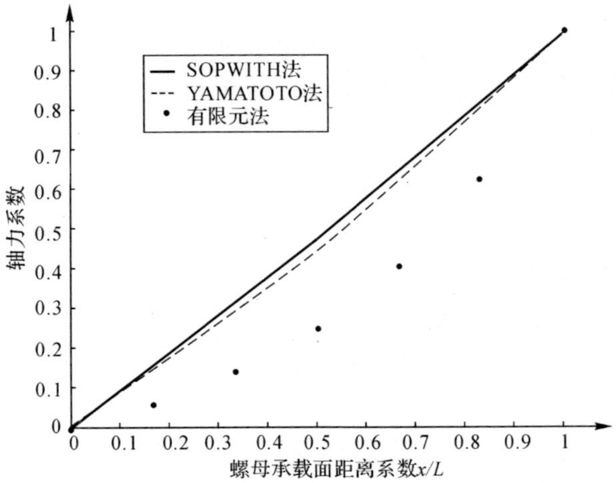

图 5.16　螺栓、螺母材料均为 300M，啮合 6 扣时的轴力分布

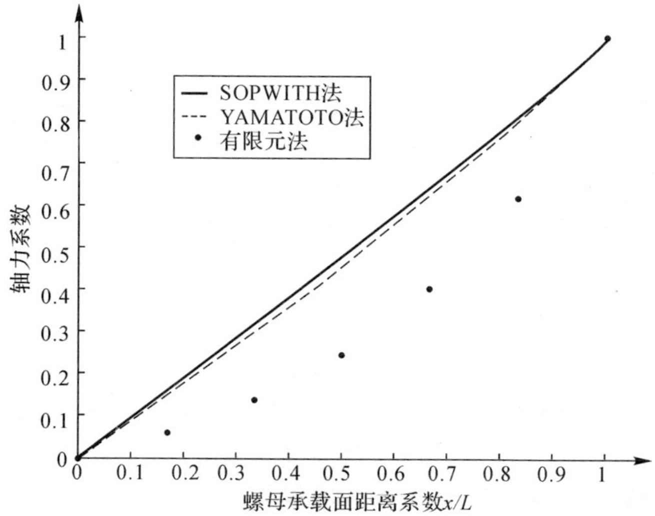

图 5.17 螺栓材料为 300M，螺母材料为 30CrMnSiA，啮合 6 扣时的轴力分布

通过图 5.10～图 5.13 可以看出，有限元法同 SOPWITH 法及 YAMATOTO 法能较好地吻合，特别是前几扣螺纹牙的吻合程度很高。但是，随着啮合扣数的减小，单扣螺纹牙所承担的轴向力增加，由于螺纹牙承载的不均匀性(前三扣螺纹牙承担总载荷的 60%～70%)及螺纹牙根部的应力集中效应，当啮合扣数减小时，尤其是啮合 6 扣时，前几扣螺纹牙在总轴向载荷为 100 kN 时也可能进入塑性变形阶段，因而弹性有限元法和基于悬臂梁的解析法在啮合扣数较小及承受载荷相对较大时计算的螺纹轴向力均可能和实际螺纹轴向力相差较大，这时需要进行弹塑性有限元分析。总体上来说，弹性有限元计算在弹性范围内的分析应该是正确的，可以用来进行研究对象 MJ42 啮合 20 扣时的螺纹强度的计算。

5.8 有限元计算结果数据拟合

由于本节所研究的结构实际啮合 20 扣，因此，可用 20 扣的有限元计算结果进行数据拟合[32-35]，用 MATLAB 中最小二乘法进行拟合。当螺栓、螺母材料均为 300M 高强度钢时，具体拟合结果见图 5.18，当螺栓材料为 300M 高强度钢，螺母材料为 30CrMnSiA 时，具体拟合结果见图 5.19。

当螺栓、螺母均为 300M 钢时，有限元计算的螺纹牙轴向力分布表达式为

$$p_x = p(0.067\ 56e^{2.587x'} - 0.098\ 55e^{-14.29x'}) \tag{5.66}$$

式中 p—— 螺栓承受的总轴向力；

x'—— 距螺母自由端的距离的比例系数。

当螺栓材料为 300M 高强度钢时，螺母材料为 30CrMnSiA 时，有限元计算的螺纹牙轴向力分布公式为

$$p_x = p(0.068\ 13e^{2.578x'} - 0.101\ 2e^{-14.43x'}) \tag{5.67}$$

式中 p—— 螺栓承受的总轴向力；

x'—— 距螺母自由端的距离的比例系数。

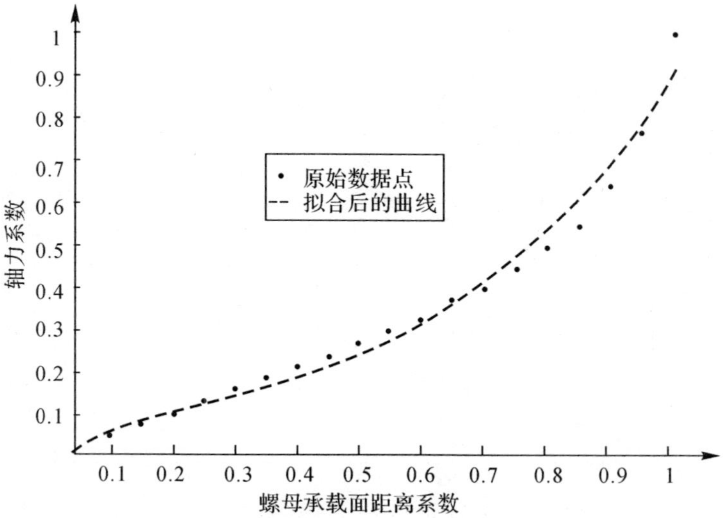

图 5.18　螺母、螺栓材料均为 300M 钢时的拟合结果

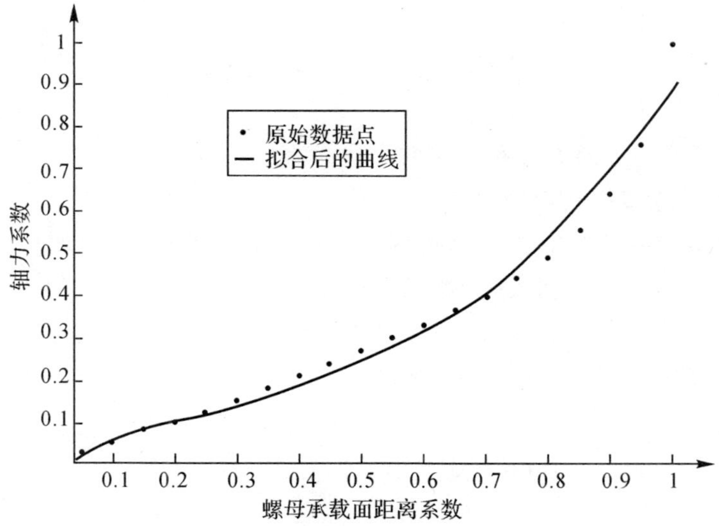

图 5.19　螺栓材料为 300M、螺母材料为 30CrMnSiA 时的拟合结果

由于 30CrMnSiA 的弹性模量较 300M 高强度钢低，因此在螺纹牙承受载荷较大时，其较大的变形量使得螺纹的轴向分布更为均匀。因此应该用更大载荷下的轴向力分布数据进行拟合，这样更贴合实际。本节选取轴向载荷为 500 kN 进行计算，将计算结果进行数据拟合，拟合具体结果如图 5.20 所示。

当轴向载荷为 500 kN，螺栓材料为 300M 高强度钢，螺母材料为 30CrMnSiA 时，根据有限元计算结果拟合得到的轴向力分布公式如下：

$$p_x{}' = p(0.07369e^{2.528x'} - 0.1132e^{-11.24x'}) \tag{5.68}$$

式中　p—— 螺栓承受的总轴向力；

x'—— 距螺母自由端的距离的比例系数。

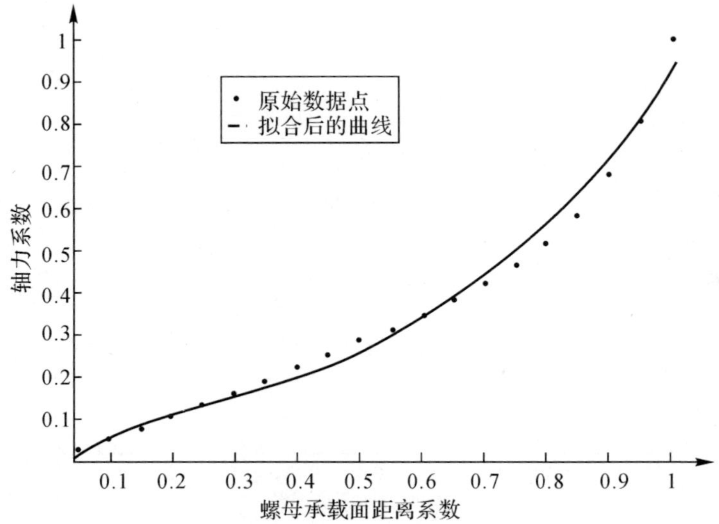

图 5.20　轴向载荷为 500 kN,螺栓材料为 300M,螺母材料为 30CrMnSiA 时的拟合结果

5.9　结构失效分析

在得到弹性范围的轴向力分布规律的表达式之后,可以这样认为,当有螺纹牙发生剪切屈服的时候,螺纹连接结构就失效。

对于螺栓、螺母都为 300M 高强度钢的螺纹连接来说,一般最后的剪切破坏会发生在螺栓螺纹处,因为在相同位置处,螺栓螺纹的受剪面积小于螺母螺纹的受剪面积。后续的试验结果也证明了这一点。300M 高强度钢的屈服强度为 1 630 MPa,根据 Mises 理论,300M 钢的剪切屈服强度 τ_b 为抗拉屈服强度 σ_{bs} 的 0.6 倍,即

$$\tau_b = 0.6\sigma_{bs} = 0.6 \times 1\ 630\ \text{MPa} = 978\ \text{MPa} \tag{5.69}$$

对研究的 MJ42 × 1.5 - 4h6h 外螺纹,螺栓螺纹的剪切面积

$$A_s = \pi D_{1\max}\left[\frac{P}{2} + (d_{2\max} - D_{1\max})\tan\alpha\right] =$$
$$\pi \times 40.775\ \text{mm} \times \left[\frac{1.5\ \text{mm}}{2} + (41.026\ \text{mm} - 40.775\ \text{mm}) \times \tan 30°\right] =$$
$$114.648\ \text{mm}^2 \tag{5.70}$$

螺栓为 300M 钢,螺母为 30CrMnSiA 钢的螺纹连接时,由于 30CrMnSiA 的屈服强度(835 MPa) 远远低于 300M 屈服强度(1 630 MPa),最后的剪切破坏发生在螺母螺纹牙处。30CrMnSiA 钢的抗拉屈服强度为 835 MPa,根据 Mises 理论,30CrMnSiA 钢的剪切屈服强度 τ_b 为抗拉屈服强度 σ_{bs} 的 0.6 倍,即

$$\tau_b = 0.6\sigma_{bs} = 0.6 \times 835\ \text{MPa} = 501\ \text{MPa} \tag{5.71}$$

对于本节研究的内螺纹 MJ42 × 1.5 - 4H5H,剪切面积

$$\pi d_{\max}\left[\frac{P}{2} + (d_{\max} - D_{2\max})\tan\alpha\right] =$$

$$\pi \times 42\ \mathrm{mm} \times \left[\frac{1.5\ \mathrm{mm}}{2} + (42\ \mathrm{mm} - 41.151\ \mathrm{mm}) \times \tan 30^\circ\right] = 163.614\ \mathrm{mm}^2 \tag{5.72}$$

(1)SOPWITH 法结构失效分析。当螺纹所受的轴向外载荷为 p，啮合扣数为 20 扣(满扣)时，第一扣螺纹牙承受的载荷根据式(5.17)及表 5.1 可得

$$p - p\frac{\sinh(0.95 \times 2.302)}{\sinh 2.302} \tag{5.73}$$

则第一扣螺纹牙的剪切应力为

$$\frac{p - p\dfrac{\sinh(0.95 \times 2.302)}{\sinh 2.302}}{A_s} = \frac{p - p\dfrac{\sinh(0.95 \times 2.302)}{\sinh 2.302}}{114.68\ \mathrm{mm}^2} \tag{5.74}$$

将式(5.69)代入式(5.74)，解得螺纹所能承受的最大载荷

$$p_{\mathrm{bmax}} = \frac{\tau_b \times 114.68\ \mathrm{mm}^2}{1 - \dfrac{\sinh(0.95 \times 2.302)}{\sinh 2.302}} = 1\ 009.9\ \mathrm{kN} \tag{5.75}$$

当螺纹所受的轴向载荷为 p，啮合为 20 扣(满扣)时，第一扣螺纹牙承受的载荷根据式(5.17)及表 5.2 可得

$$p - p\frac{\sinh(0.95 \times 2.302)}{\sinh 2.302} \tag{5.76}$$

则材料为 30CrMnSiA 的螺母内螺纹第一扣螺纹牙的剪切应力为

$$\frac{p - p\dfrac{\sinh(0.95 \times 2.302)}{\sinh 2.302}}{A_s} = \frac{p - p\dfrac{\sinh(0.95 \times 2.302)}{\sinh 2.302}}{163.614\ \mathrm{mm}^2} \tag{5.77}$$

将式(5.71)代入式(5.77)，解得内螺纹所能承受的最大载荷

$$p_{\mathrm{bmax}} = \frac{\tau_b \times 163.614\ \mathrm{mm}^2}{1 - \dfrac{\sinh(0.95 \times 2.302)}{\sinh 2.302}} = 738.1\ \mathrm{kN} \tag{5.78}$$

(2)YAMATOTO 法结构失效分析。当螺纹所受的轴向外载荷为 p，啮合扣数为 20 扣(满扣)时，第一扣螺纹牙承受的载荷根据式(5.47)及式(5.60)有

$$p - p\frac{\sinh(0.95 \times 30 \times 0.102\ 2)}{\sinh(30 \times 0.102\ 2)} \tag{5.79}$$

则第一扣螺纹牙的剪切应力为

$$\frac{p - p\dfrac{\sinh(0.95 \times 30 \times 0.102\ 2)}{\sinh(30 \times 0.102\ 2)}}{A_s} = \frac{p - p\dfrac{\sinh(0.95 \times 30 \times 0.102\ 2)}{\sinh(30 \times 0.102\ 2)}}{114.68\ \mathrm{mm}^2} \tag{5.80}$$

将式(5.69)代入式(5.80)，解得螺纹所能承受的最大载荷

$$p_{\mathrm{bmax}} = \frac{\tau_b \times A_s}{1 - \dfrac{\sinh(0.95 \times 30 \times 0.102\ 2)}{\sinh(30 \times 0.102\ 2)}} = 785.43\ \mathrm{kN} \tag{5.81}$$

当螺纹所受的轴向外载荷为 p，啮合扣数为 20 扣(满扣)时，第一扣螺纹牙承受的载荷根据式(5.47)及式(5.61)有

$$p - p\frac{\sinh(0.95\times 30\times 0.1017)}{\sinh(30\times 0.1017)} \tag{5.82}$$

则材料为 30CrMnSiA 的螺母内螺纹第一扣螺纹牙的剪切应力为

$$\frac{p - p\dfrac{\sinh(0.95\times 30\times 0.1017)}{\sinh(30\times 0.1017)}}{A_s} = \frac{p - p\dfrac{\sinh(0.95\times 30\times 0.1017)}{\sinh(30\times 0.1017)}}{163.614\ \mathrm{mm^2}} \tag{5.83}$$

将式(5.71) 代入式(5.83),解得内螺纹所能承受的最大载荷

$$p_{\mathrm{bmax}} = \frac{\tau_b\times A_s}{1-\dfrac{\sinh(0.95\times 30\times 0.1017)}{\sinh(30\times 0.1017)}} = 576.56\ \mathrm{kN} \tag{5.84}$$

(3) 弹性有限元方法结构失效分析。当螺纹所受的轴向外载荷为 p,啮合扣数为 20 扣(满扣) 时,第一扣螺纹牙承受的载荷根据式(5.62) 有

$$p - p(0.06756e^{2.587\times 0.95} - 0.09855e^{-14.29\times 0.95}) \tag{5.85}$$

则第一扣螺纹牙的剪切应力为

$$\frac{p - p(0.06756e^{2.587\times 0.95} - 0.09855e^{-14.29\times 0.95})}{A_s} = \frac{p - p(0.06756e^{2.587\times 0.95} - 0.09855e^{-14.29\times 0.95})}{114.648\ \mathrm{mm^2}} \tag{5.86}$$

将式(5.69) 代入式(5.80),解得螺纹所能承受的最大载荷

$$p_{\mathrm{bmax}} = \frac{\tau_b\times A_s}{1-(0.0672e^{2.587\times 0.95} - 0.09855e^{-14.29\times 0.95})} = \frac{978\ \mathrm{MPa}\times 114.648\ \mathrm{mm^2}}{1-(0.0672e^{2.587\times 0.95} - 0.09855e^{-14.29\times 0.95})} = 520.97\mathrm{kN} \tag{5.87}$$

当螺纹所受的轴向外载荷为 p,啮合扣数为 20 扣(满扣) 时,第一扣螺纹牙承受的载荷根据式(5.63) 有

$$p - p(0.06813e^{2.578x'} - 0.1012e^{-14.43x'}) \tag{5.88}$$

则材料为 30CrMnSiA 的螺母内螺纹第一扣螺纹牙的剪切应力为

$$\frac{p - p(0.06813e^{2.578x'} - 0.1012e^{-14.43x'})}{A_s} = \frac{p - p(0.06813e^{2.578x'} - 0.1012e^{-14.43x'})}{163.614\ \mathrm{mm^2}} \tag{5.89}$$

将式(5.71) 代入式(5.89),解得螺纹所能承受的最大载荷

$$p_{\mathrm{bmax}} = \frac{501\ \mathrm{MPa}\times 163.614\ \mathrm{mm^2}}{1-(0.06813e^{2.578\times 0.95} - 0.1012e^{-14.43\times 0.95})} = 388.13\ \mathrm{kN} \tag{5.90}$$

(4) 剪切工程方法结构失效分析。当螺纹所受的轴向外载荷为 p,啮合扣数为 20 扣(满扣) 时,第一扣螺纹牙承受的载荷根据式(5.64) 有

$$p_{\mathrm{bmax}} = 978\times 3.14159\times 40.931\times 30\times 0.33 = 1\,245\ \mathrm{kN} \tag{5.91}$$

当螺纹所受的轴向外载荷为 p,啮合扣数为 20 扣(满扣) 时,第一扣螺纹牙承受的载荷根据根据式(5.64) 有

$$p_{\mathrm{bmax}} = 501\times 3.14159\times 41.026\times 30\times 0.33 = 639.27\ \mathrm{kN} \tag{5.92}$$

再用上述各种方法计算不同啮合扣数下的屈服载荷列表，见表 5.27。

表 5.27　各种方法得到的屈服载荷　　单位：kN

啮合扣数	螺栓、螺母材料均为 300M				螺栓材料为 300M，螺母材料为 30CrMnSiA			
	SOPWITH 法	YAMATOTO 法	FEM 法	剪切工程法	SOPWITH 法	YAMATOTO 法	FEM 法	剪切工程法
20 扣	1 009.9	785.4	520.97	1 245	738.1	576.56	388.1	639.27
15 扣	849.3	768.6	450.2	933.8	620.7	564.0	334.6	479.5
10 扣	587.1	713.6	361.1	622.5	429.1	523.1	267.4	319.6
6 扣	374.0	559.0	266.8	373.5	273.4	409.2	196.8	191.8

通过以上计算数据，可以得到以下结论：

(1)螺栓、螺母材料均为 300M 钢，当啮合扣数不小于 15 扣时，SOPWITH 法得到的屈服载荷与试验得到的屈服载荷相当；

(2)螺栓、螺母材料均为 300M 钢，当啮合扣数小于 10 扣时，YAMATOTO 法得到的屈服载荷略小于后面章节试验得到的屈服载荷；

(3)螺栓、螺母材料均为 300M 钢，弹性有限元法得到的屈服载荷小于试验得到屈服载荷，而剪切工程法得到的屈服载荷在啮合扣数大于 15 扣时大于试验得到的屈服载荷，在啮合扣数小于 10 扣时，小于后面章节试验所得的屈服载荷；

(4)螺栓材料为 300M，螺母材料为 30CrMnSiA，SOPWITH 法、YAMATOTO 法、弹性有限元法及工程剪切法得到的屈服载荷都小于后面章节试验所得到的屈服载荷，在上述四种方法中，SOPWITH 法得到的结果和试验结果最为接近。

第六章　螺纹连接的预紧

6.1　预紧应力

6.1.1　预紧应力的最大值

在螺纹连接体中，螺栓螺纹部分受到的最大预紧应力定义为σ_{fmax}。由于拧紧时施加在螺母上的拧紧扭矩的作用，如在螺栓螺纹部分有拉伸应力σ_{fmax}和剪切应力τ的产生，则在此拧紧状态下的等效应力σ_{vf}可由式(4.12)求出，即

$$\sigma_{vf}=\sqrt{\sigma_{fmax}^{2}+3\tau^{2}} \tag{6.1}$$

当有外力W_a作用在此螺纹连接体时，补加在螺栓螺纹部分的拉伸应力σ_t可由式(4.13)和式(4.48)求出，即

$$\sigma_t=\varphi W_a\Big/\left(\frac{\pi}{4}d_s^2\right)=\varphi W_a/A_s \tag{6.2}$$

在此状态下的等效应力则为

$$\sigma_v=\sqrt{(\sigma_{fmax}+\sigma_t)^2+3\tau^2} \tag{6.3}$$

在用普通螺栓的螺纹连接体中，破坏发生在螺栓的螺纹部分。如果由于螺栓的单纯拉伸而产生的破坏应力为σ_y，则当式(6.3)所表示的σ_v值达到σ_y值时，螺栓的螺纹部分即发生破坏。

另外，在σ_{fmax}的拧紧状态下的等效应力由式(4.17)求得为$1.28\sigma_{fmax}$，设其等于σ_y的90%，即$0.9\sigma_y$，则得以下关系式：

$$\sigma_{fmax}=0.7\sigma_y \tag{6.4}$$

设$\sigma_t=\eta\sigma_y$，将式(6.4)的关系和式(4.6)的$\tau=0.46\sigma_{fmax}$的关系代入式(6.3)，并且令$\sigma_v=\sigma_y$，则有

$$\sigma_y=\sqrt{(0.7\sigma_y+\eta\sigma_y)^2+3(0.46\times0.7\sigma_y)^2} \tag{6.5}$$

由上式可得$\eta=0.13$，即由于外力的作用补加到螺栓螺纹部分的应力允许达到破坏应力的13%。

6.1.2　预紧应力的最小值

在图6.1中，材料为DIN 10K(与ISO强度10.9相当)的M10螺栓的螺纹连接体，其拧紧扭矩T_f与螺栓螺纹部分产生的预紧力F_f的关系用粗实线表示；在弹性范围内，此粗实线大致为直线，但当螺栓一进入破坏区域，此线段就变弯。直线段的斜度与螺纹副及支撑面的摩擦因数μ_{sw}有关。如μ_{sw}在0.14～0.18范围内变动时，此斜度就在纵阴影线范围

内变动。假如拧紧扭矩 T_f 在横阴影线范围内变动，则螺栓螺纹部分的预紧力 F_f 就在其上限点 X 和下限点 Y 之间变动。

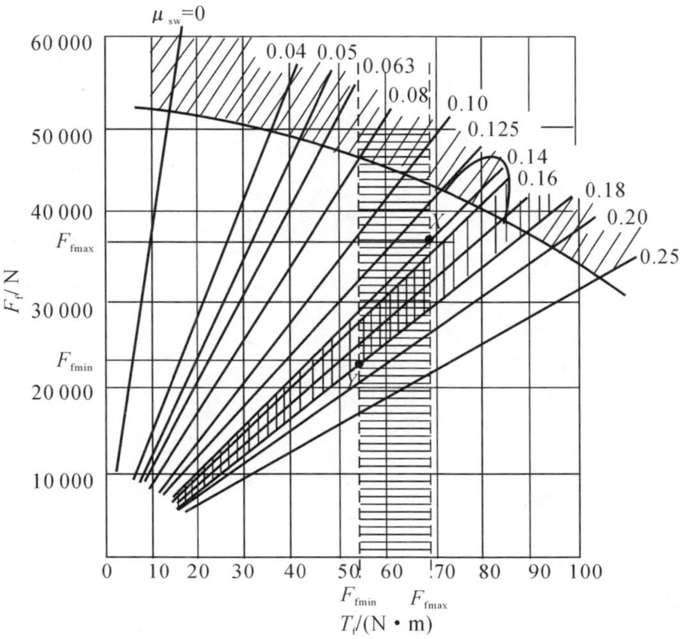

图 6.1　螺纹连接的拧紧扭矩 T_f 与预紧力 F_f 的关系

相当于 X 点的预紧力为 F_{fmax}，Y 点的预紧力为 F_{fmin}，即可得以下关系式：

$$Q=\frac{F_{fmax}}{F_{fmin}} \tag{6.6}$$

其中，Q 称为预紧系数(anziehfaktor)。

G. Junker根据许多文献和他自己的研究推荐的 Q 值见表 6.1。如果已知 Q，则可以通过 $(F_{fmax}/F_{fmin})=(\sigma_{fmax}/\sigma_{fmin})$ 的关系计算预紧应力的最小值为

$$\sigma_{fmin}=\sigma_{fmax}/Q \tag{6.7}$$

表 6.1　预紧系数 Q 之值(Junker)

<table>
<tr><th rowspan="2">预紧系数 Q</th><th rowspan="2">拧紧方法</th><th colspan="2">表面状态</th><th rowspan="2">润滑状态</th></tr>
<tr><th>螺栓</th><th>螺母</th></tr>
<tr><td>1.25</td><td>扭矩扳手</td><td>锰磷酸盐</td><td rowspan="3">无处理或磷酸盐</td><td rowspan="3">油润滑或
MoS₂ 脂润滑</td></tr>
<tr><td>1.4</td><td>扭矩扳手
限矩扳手</td><td rowspan="2">无处理或
磷酸盐</td></tr>
<tr><td rowspan="2">1.6</td><td>机动扳手</td></tr>
<tr><td>测量螺栓伸长</td><td>各种状态</td><td>各种状态</td><td>各种状态</td></tr>
<tr><td>1.8</td><td>扭矩扳手
限矩扳手</td><td>无处理或
磷酸盐</td><td>无处理</td><td>无润滑</td></tr>
</table>

续 表

预紧系数 Q	拧紧方法	表面状态		润滑状态
		螺栓	螺母	
2	冲击拧紧 动力拧紧	镀锌或镀铬	无处理	油润滑或 无润滑
		镀锌	镀锌	
		镀铬	镀铬	
	螺母转角法	各种状态	各种状态	各种状态
3	长柄扳手人力拧紧	各种状态	各种状态	各种状态

若将式(6.4)的 σ_{fmax} 代入式(6.7),则得

$$\sigma_{\mathrm{fmin}}=\frac{0.70}{Q}\sigma_y \tag{6.8}$$

6.1.3 预紧应力的平均值

设 σ_{fmean} 是式(6.4)的 σ_{fmax} 和式(6.8)的 σ_{fmin} 的平均值,即可得到

$$\sigma_{\mathrm{fmean}}=\frac{\sigma_{\mathrm{fmax}}+\sigma_{\mathrm{fmin}}}{2}=0.35\left(1+\frac{1}{Q}\right)\sigma_y \tag{6.9}$$

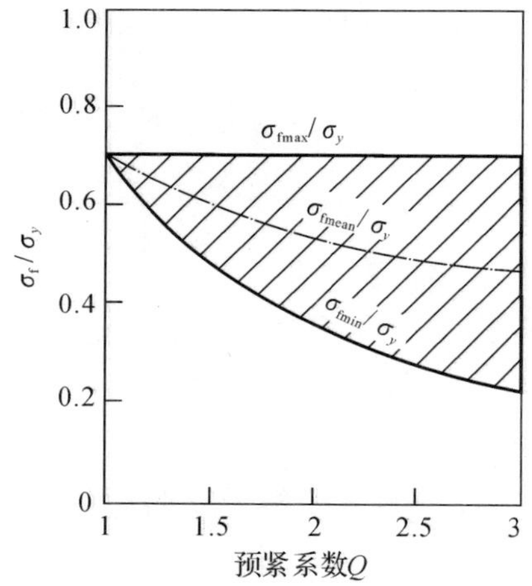

图 6.2 $\sigma_{\mathrm{f}}/\sigma_y$ 与 Q 的关系

在图 6.2 中给出了根据式(6.4)、式(6.9)和式(6.7)得到的($\sigma_{\mathrm{fmax}}/\sigma_y$),($\sigma_{\mathrm{fmean}}/\sigma_y$)及($\sigma_{\mathrm{fmin}}/\sigma_y$)与 Q 的关系。按预紧系数的不同,预紧应力与破坏应力之比在图 6.2 所示的阴影线范围内变动。

6.2 拧 紧 扭 矩

在螺纹连接体中,施加在螺母上的拧紧扭矩 T_{f} 等于式(4.10)等号右边表示的力矩与克服螺母支撑面摩擦的力矩之和,其表达式为

$$T_f = \frac{1}{2} F_f [d_p \tan(\rho' + \beta) + d_w \mu_w] \tag{6.10}$$

式中，$\tan(\rho' + \beta) = (\tan\rho' + \tan\beta)/(1 - \tan\rho' \tan\beta)$，将其展开，略去二阶小量，并取 $\tan\rho' = \mu_s / \cos\alpha' = 1.15\mu_s$，即

$$\frac{1}{1 - \tan\rho' \tan\beta} = 1 + \tan\rho' \tan\beta + (\tan\rho' \tan\beta)^2 + \cdots\cdots \approx 1 + \tan\rho' \tan\beta \tag{6.11}$$

$$\begin{aligned} \tan(\rho' + \beta) = & (\tan\rho' + \tan\beta)/(1 - \tan\rho' \tan\beta) = \\ & (\tan\rho' + \tan\beta)(1 + \tan\rho' \tan\beta) = \\ & \tan\rho' + \tan\beta + (\tan\rho')^2 \tan\beta + \tan\rho' (\tan\beta)^2 \approx \tan\rho' + \tan\beta = \\ & 1.15\mu_s + \tan\beta \end{aligned}$$

所以

$$\tan(\rho' + \beta) = 1.15\mu_s + \tan\beta \tag{6.12}$$

将式(6.12)代入式(6.10)可得

$$T_f = \frac{1}{2} F_f \{d_p (1.15\mu_s + \tan\beta) + d_w \mu_w\} \tag{6.13}$$

式中　F_f——螺栓中产生的预紧力；

d_p——外螺纹的有效直径(计算时采用标准尺寸 d_2)；

β——螺纹升角，$\tan\beta = \frac{P}{\pi d_2}$，此处 P 为螺距(单头螺纹的)；

μ_s——螺纹副的摩擦因数；

μ_w——支撑面的摩擦因数；

d_w——螺母支撑面摩擦力矩的等效直径，当压力均匀分布时，支撑面为以螺母对边距离 B 为直径的圆面积；如螺栓孔直径为 D_i，则此直径可用下式计算：

$$d_w = \frac{2}{3} \frac{B^3 - D_i^3}{B^2 - D_i^2} \tag{6.14}$$

取 $B = 1.5d$，$D_i = 1.1d$，上式可简化为

$$d_w = \frac{2}{3} \times \frac{2.05}{1.04} d = 1.3d \tag{6.15}$$

对于公称直径为 8 mm，10 mm，12 mm 和 16 mm 的螺纹，取 (d_2/d) 的平均值的粗牙螺纹为 0.906，在细牙螺纹为 0.928，取两者的平均值得

$$\frac{d_2}{d} = \frac{0.906 + 0.928}{2} = \frac{1.834}{2} = 0.917 \approx 0.92$$

所以可得下列关系式：

$$d_p = d_2 = 0.92d \tag{6.16}$$

对于上述四个公称直径的螺纹，$\tan\beta$ 的平均值在粗牙螺纹为 0.050($\beta = 2°50'$)，在细牙螺纹为 0.038($\beta = 2°10'$)。要想取得 $\tan\beta$ 的平均值，必须先取 β 的平均值，即

$$\beta = \frac{2°50' + 2°10'}{2} = \frac{5°}{2} \tag{6.17}$$

取 $\tan\beta$ 的平均值得

$$\tan\beta=\frac{0.050+0.0378}{2}=0.044 \tag{6.18}$$

综合式(6.17)和式(6.18)可得 $\tan\beta$ 的平均值

$$\tan\beta=0.044(\beta=2°30') \tag{6.19}$$

G. Junker 给出了 μ_s 和 μ_w 的数据，见表 6.2。拧紧扭矩是以预紧应力的平均值为准来计算的，因此，摩擦因数的值是表 6.2 中数据的平均值，取 $\mu_s=\mu_w=0.15$。

表 6.2　$\mu_s=\mu_w$ 时求得的摩擦因数 μ_{sw} 的值

表面状态		润滑状态		
螺 栓	螺 母	无润滑	油润滑	MoS_2
锰磷酸盐	无处理	0.14 ～ 0.18	0.14* ～ 0.15	0.10 ～ 0.11
无处理		0.14 ～ 0.18	0.14* ～ 0.17	0.10 ～ 0.12
锌磷酸盐		0.14 ～ 0.21	0.14* ～ 0.17	0.10 ～ 0.12
镀锌(约厚 8 μm)		0.125 ～ 0.18	0.125 ～ 0.17	——
镀铬(约厚 8 μm)		0.08 ～ 0.12	0.08 ～ 0.11	——
镀锌(约厚 8 μm)	镀锌(约厚 8 μm)	0.125 ～ 0.17	0.14 ～ 0.19	——
镀铬(约厚 7 μm)	镀铬(约厚 7 μm)	0.08 ～ 0.12	0.10 ～ 0.15	——

* 使用套筒扳手和动力扳手时，由于拧进速度大，摩擦因数的最小值改为 0.125。

如果 $\tan\beta=0.44(\beta=2°30')$，$\mu_s=\mu_w=0.15$，$d_s=d_p=0.92d$，$d_w=1.3d$，则式(6.13)变为

$$T_f=F_f d(0.079+0.021+0.098)=0.198F_f d=0.2F_f d \tag{6.20}$$

$$\Downarrow \qquad \Downarrow \qquad \Downarrow$$

$$40\% \qquad 10\% \qquad 50\%$$

一般有

$$T_f=KF_f d \tag{6.21}$$

式中，K 为扭矩系数，$K=0.2$。

在式(6.20)中，用 % 表示的数字表明，在全部拧紧扭矩中，螺纹副摩擦所占部分为 40%，螺纹升角所占部分为 10%，支撑面摩擦所占部分为 50%。

假如预紧力 F_f 的值取为式(6.14)给出的预紧力平均值乘以标准有效截面积 A_s，则式(6.20)变为

$$T_f=0.070\left(1+\frac{1}{Q}\right)\sigma_y A_s d \tag{6.22}$$

在不要求计算过于严密的情况下，用关系式 $d_s=0.88d$，则有

$$A_s=\frac{\pi}{4}d_s^2=\frac{\pi}{4}(0.88d)^2=0.606d^2 \tag{6.23}$$

把上式代入式(6.14)可得

$$T_f = 0.0425\left(1+\frac{1}{Q}\right)\sigma_y d^3 \qquad (6.24)$$

式(6.24)对于粗牙螺纹和细牙螺纹都适用。

6.3　用扭矩扳手拧紧

带有拧紧扭矩指示装置的扳手称为扭矩扳手。利用杆件的弯曲弹性和利用杆件的扭矩弹性扳手的实例,如图 6.3 所示。

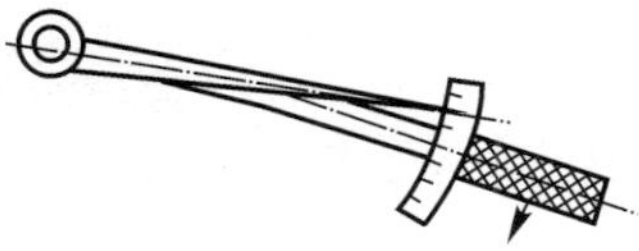

(a)

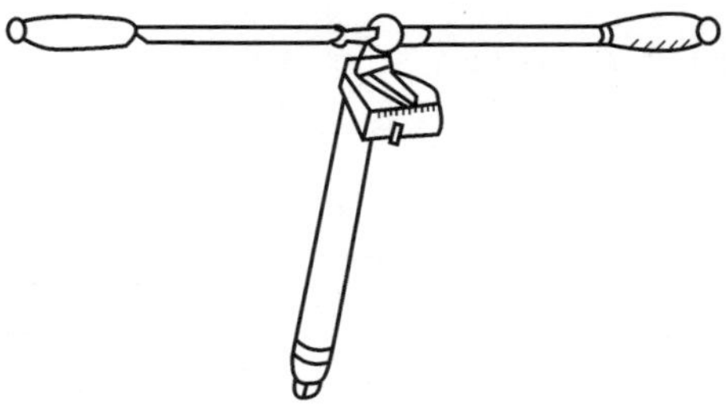

(b)

图 6.3　两种扭矩扳手

(a) 弯曲式扭矩扳手；(b) 扭转式扭矩扳手

用扭矩扳手正规测定拧紧扭矩时,一般认为适用表 6.1 中的 $Q=1.4$。此外,扭矩扳手的需要指示值尽量采用式(6.22)的计算值。在式(6.22)中以 $Q=1.4$ 代入可得

$$T_f = 0.12\sigma_y A_s d \qquad (6.25)$$

例 6.1　一用 M8 普通六角螺栓(ISO 强度为 4.8)和普通型六角螺母构成的连接,螺栓和螺母都未经处理,油润滑。用扭矩扳手拧紧时,求预紧力的平均值 F_{fmean} 和扭矩扳手的需要扭矩指示值。

解　由表 2.13 有 $\sigma_y=\sigma_{smin}=32\times10^7$ Pa,由表 6.1 有 $Q=1.4$,由式(6.22)得

$$\sigma_{fmean}=0.35\left(1+\frac{1}{1.4}\right)\sigma_y=0.60\sigma_y=0.60\times32\times10^7\ \text{Pa}=19.2\times10^7\ \text{Pa}$$

由附表 1 得知 $A_s=36.6\ \text{mm}^2$,因此预紧力为

$$F_f=\sigma_{fmean}A_s=19.2\times10^7\ \text{Pa}\times36.6\ \text{mm}^2=7\,027.2\ \text{N}$$

由式(6.25)得拧紧扭矩为

$$T_f=0.12\times32\times10^7\ \text{Pa}\times36.6\ \text{mm}^2\times8\ \text{mm}=11.2\ \text{N}\cdot\text{m}$$

问题　例 6.1 的螺栓若为杆体细段的截面积 A_s 等于粗段截面积 $A\left(=\frac{\pi}{4}d^2\right)$ 的 60% 的易伸螺栓,求扭矩扳手的需要扭矩指示值。

对于 M4 ~ M39,M8×1 ~ M39×3 的 ISO 公制螺纹,ISO 强度为 4.8,6.8,8.8,10.9 及 12.9 的螺栓,用与例 6.1 相同的方法计算出的扭矩扳手的需要扭矩指示值 T_f 列于表 6.3 中。

表 6.3　ISO 米制螺纹的机螺钉类、螺柱和螺母用扭矩扳手拧紧时的拧紧扭矩需要指示值

单位:10 N·m

粗牙螺纹						细牙螺纹					
螺纹公称尺寸/mm	ISO 强度等级					螺纹公称尺寸 mm×mm	ISO 强度等级				
	4.8	6.8	8.8	10.9	12.9		4.8	6.8	8.8	10.9	12.9
	$\frac{\sigma_s}{10^7\ \mathrm{Pa}}$		$\frac{\sigma_{0.2}}{10^7\ \mathrm{Pa}}$				$\frac{\sigma_s}{10^7\ \mathrm{Pa}}$		$\frac{\sigma_{0.2}}{10^7\ \mathrm{Pa}}$		
	32	48	64	90	108		32	48	64	90	108
M4	0.13	0.20	0.27	0.38	0.45						
M5	0.27	0.41	0.55	0.77	0.92						
M6	0.46	0.70	0.93	1.30	1.57						
M7	0.78	1.17	1.55	2.2	2.6						
M8	1.12	1.68	2.2	3.2	3.8	M8×1	1.20	1.81	2.4	3.4	4.1
M10	2.2	3.3	4.5	6.3	7.5	M10×1.25	2.6	3.5	4.7	6.6	7.9
M12	3.9	5.8	7.8	10.9	13.1	M12×1.25	4.2	6.4	8.5	11.9	14.3
M14	6.2	9.3	12.4	17.5	21	M14×1.5	6.7	10.1	13.4	13.6	23
M16	9.6	14.4	19.2	27	32	M16×1.5	10.3	15.4	21	29	35
M18	13.3	20	27	37	45	M18×1.5	15.0	22	30	42	51
M20	18.8	28	38	53	64	M20×1.5	21	31	42	59	70
M22	26	38	51	72	87	M22×1.5	28	42	56	79	95
M24	33	49	65	92	110	M24×1.5	36	53	71	100	120
M27	49	74	99	139	167	M27×2	52	77	103	145	174
M30	65	97	129	182	220	M30×2	72	108	143	200	240
M33	83	132	176	250	300	M33×2	96	145	193	270	330
M36	113	169	230	320	380	M36×3	120	179	240	340	400
M39	146	220	290	410	490	M39×3	154	230	310	430	520

注:本表只适用于普通螺栓螺钉。

6.4　用扳手拧紧

按照式(6.24),螺纹连接所需要的拧紧扭矩与螺纹公称直径的三次方成正比。如果扳手长度与所适应的螺纹件螺纹公称直径的三次方成正比,则施加在扳手手指上的力为常值。

但 JIS 规定的扳手长度 M,如图 6.4 所示,与扳手开口宽度 B(与螺纹公称直径大致呈正比）大致是直线关系。因此，施加在扳手手柄上的力在小螺纹件很小，而在大螺纹件此力不加大就得不到需要的拧紧扭矩，也就是说，得不到需要的预紧力。

如图 6.4 所示，从扳手的一端到接近另一端的手把中心点的长度为 M_h，到螺纹件中心的长度为 M_b，并且有 $M_h = 7.8B$，$M_b = 0.5B$ 的关系，因此拧紧扭矩的半径为

$$M_h - M_b = (7.8 - 0.5)B = 7.3B \tag{6.26}$$

取 $B = 1.5d$，则

$$M_h - M_b = 7.3B = 7.3 \times 1.5d = 10.95d \approx 11d \tag{6.27}$$

即扳手手把中心是在距螺纹件中心约 11 倍螺纹公称直径的半径位置处。

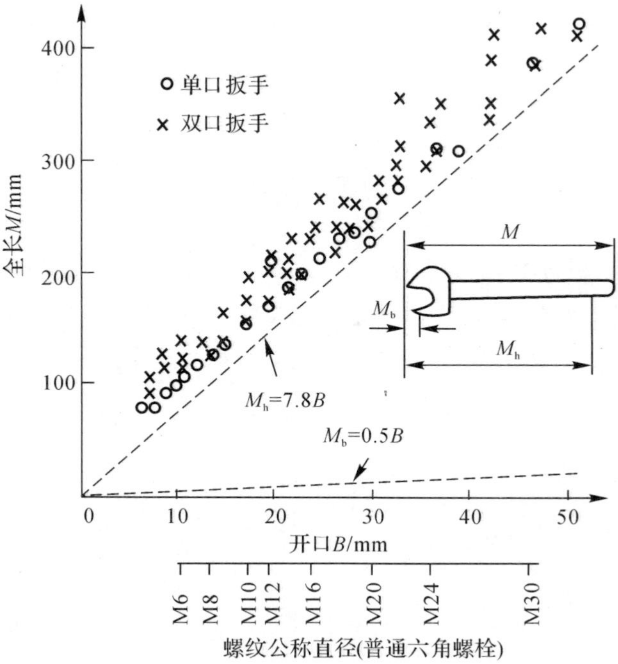

图 6.4　扳手开口与全长的关系

若用表 6.1 中的"长柄扳手人力拧紧"，则 $Q = 3$，而式(6.24) 变为

$$T_f = 0.057\sigma_y d^3 \tag{6.28}$$

若施加在扳手手把上的力为 F_h，则有

$$F_h = \frac{T_f}{M_h - M_b} = 0.0052\sigma_y d^2 \tag{6.29}$$

通常，对于广泛使用的 ISO 强度 6.4（与 JIS SS41 相当）的螺纹件，因为 $\sigma_y = \sigma_s$（最小）＝ 240 MPa，所以将此 σ_y 值代入式(6.29) 即得

$$F_h = 1.25d^2 \tag{6.30}$$

在表 6.4 中列出了用式(6.30) 计算出的需要加在扳手手把上的力 F_h 之值，并列举了保证该值的操作要领。以上指的是静力拧紧的情况，当利用惯性作用拧紧时，可得到更大的预紧力。

表 6.4　用标准扳手时低碳素钢(4.6,SS41)螺栓的拧紧

螺纹的公称尺寸	施加在扳手手把上的力 F_h/N	操作要领
M6	45	只加腕力
M8	70	加腕力和肘力
M10	130	加全手臂力(从肩膀起)
M12	180	加上半身力
M16	320	加全身力
M20	500	压上全身重量
M24	700	压上全身重量

6.5　测量螺栓伸长法

在螺纹连接体中,扳动螺母拧紧时,螺栓本体与螺栓所受预紧力 F_f 成比例地伸长。要预先将螺栓头部的顶面和螺纹部分端面加工成平行的两平面,然后用测微计来测量拧紧前后的螺栓本体的长度变化 ε_f。利用这种方法来控制螺栓中产生的预紧力 F_f。

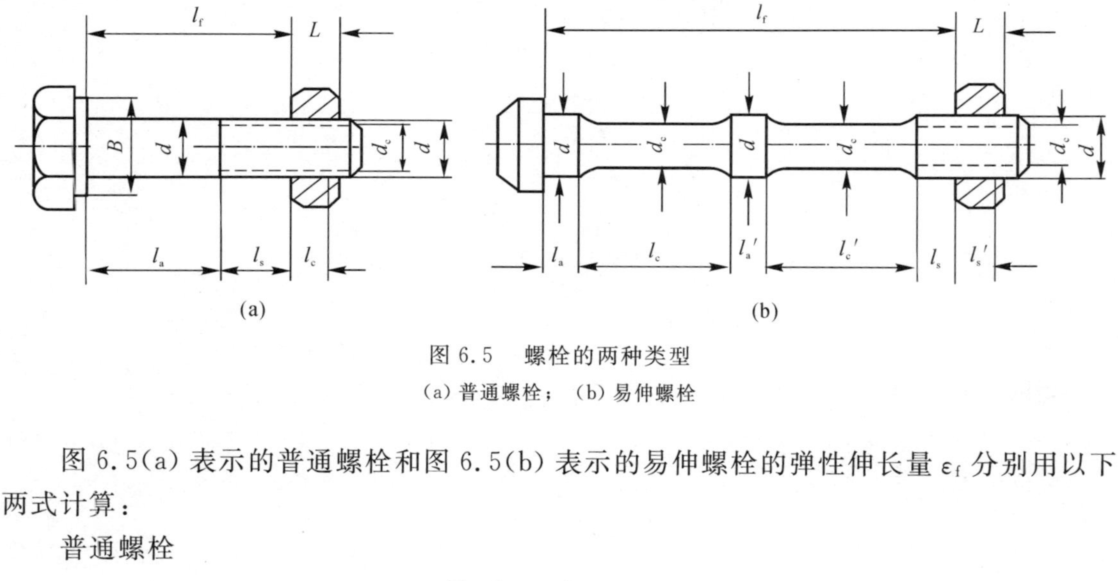

图 6.5　螺栓的两种类型

(a) 普通螺栓； (b) 易伸螺栓

图 6.5(a) 表示的普通螺栓和图 6.5(b) 表示的易伸螺栓的弹性伸长量 ε_f 分别用以下两式计算:

普通螺栓

$$\varepsilon_f = \frac{F_f}{E_b}\left(\frac{l_a}{A} + \frac{l_s}{A_s}\right) + (\varepsilon_b)_{x=L} \tag{6.31}$$

易伸螺栓

$$\varepsilon_f = \frac{F_f}{E_b}\left(\frac{l_a + l'_a}{A} + \frac{l_c + l'_c}{A_c} + \frac{l_s}{A_s}\right) + (\varepsilon_b)_{x=L} \tag{6.32}$$

式中,$A = \frac{\pi}{4}d^2$,(有效截面积) $A_c = \frac{\pi}{4}d_2^2$,$A_s = \frac{\pi}{4}d_\varepsilon^2$。　(6.33)

$(\varepsilon_b)_{x=L}$ 为旋合螺纹部分的弹性伸长量,如图 4.9 所示,由式(4.33) 求得为

$$(\varepsilon_b)_{x=L}=\int_0^L \frac{F}{A_b E_b}dx \tag{6.34}$$

式中,F 如图 4.8 所示。

在式(4.40) 中取 $F_b=F_f$,可得

$$F=\frac{F_f}{\sinh \lambda L}\sinh \lambda x \tag{6.35}$$

因此

$$(\varepsilon_b)_{x=L}=\frac{F_f}{E_b}\frac{1}{A_s}\frac{1}{\sinh \lambda L}\int_0^L \sinh \lambda x\,dx=\frac{F_f}{E_b}\frac{1}{A_s}\frac{\cosh \lambda L-1}{\lambda \sinh \lambda L} \tag{6.36}$$

现在设

$$l_s=\frac{\cosh \lambda L-1}{\lambda \sinh \lambda L} \tag{6.37}$$

则式(6.36) 变为$(\varepsilon_b)_{x=L}=(F_f/E_b)(l_s/A_s)$;将此关系代入式(6.31) 和式(6.32) 得

普通螺栓

$$\varepsilon_f=\frac{F_f}{E_b}\left(\frac{l_a}{A}+\frac{l_s+l_\varepsilon}{A_s}\right)+(\varepsilon_b)_{x=L} \tag{6.38}$$

易伸螺栓

$$\varepsilon_f=\frac{F_f}{E_b}\left(\frac{l_a+l'_a}{A}+\frac{l_c+l'_c}{A_c}+\frac{l_s+l_\varepsilon}{A_s}\right) \tag{6.39}$$

l_ε 代表一螺纹部分长度,此螺纹部分的有效截面积为 A_s,在承受单纯拉伸力 F_f 时,其弹性伸长量与螺栓旋合螺纹部分的弹性伸长量$(\varepsilon_b)_{x=L}$ 相等,因此 l_a 称为计算旋合螺纹部分弹性伸长量的等效长度。

式(6.38) 和式(6.39) 中的 F_f 值如下求得,即在表 6.1 中,用测量螺栓弹性伸长量的方法控制预紧力时,$Q=1.6$,所以式(6.22) 为

$$\sigma_{fmean}=0.35\left(1+\frac{1}{1.6}\right)\sigma_y=0.57\sigma_y \tag{6.40}$$

乘之以有效截面积 A_s 得

$$F_f=0.57\sigma_y A_s \tag{6.41}$$

例 6.2　在 M8(ISO 强度为 6.8) 的普通六角螺栓与普通型六角螺母(高度 $m=L=6.5$ mm,对边距离 $B=13$ mm) 的组合中,$l_a=18$ mm,$l_3=12$ mm,$A=\frac{\pi}{4}d^2=50.3$ mm²,$A_s=\frac{\pi}{4}d_s^2=36.6$ mm²,求预紧力 F_f 和螺栓的弹性伸长量。

解　因为

$$k_b=3.38,\quad k_n=4.87,\quad A_b=\frac{\pi}{4}d_2^2=40.6\ \text{mm}^2,\quad A_n=105\ \text{mm}^2$$

$$\tan \beta=\frac{P}{\pi d_2}=0.0553,\quad E_b=E_n=210\,000\ \text{MPa}$$

所以将这些数值代入式(4.38) 可得

$$\lambda=0.27$$

对应于此 λ,式(6.37) 给出的 l_s 为

$$l_s = \frac{\cosh(0.27 \times 6.5) - 1}{0.27\sinh(0.27 \times 6.5)} \times \frac{36.6}{40.6} = 2.25\ \text{mm}$$

由表 2.13 知 $\sigma_y = \sigma_s = 48 \times 10^7$ Pa,所以由式(6.41) 可得

$$F_f = 0.57 \times 48 \times 10^7\ \text{Pa} \times 36.6\ \text{mm}^2 = 10\,014\ \text{N}$$

若将 l_s,F_f 以及其他各值代入式(6.38),则螺栓的弹性伸长量 ε_f 为

普通螺栓

$$\varepsilon_f = \frac{10\,014}{21\,000} \times \left(\frac{18}{50.3} + \frac{12 + 2.25}{36.6}\right) = 0.036\ \text{mm} = 36\ \mu\text{m} \tag{6.42}$$

又 $l_s/d = (2.25/8) = 0.28$,所以此时

$$l_s = 3d \tag{6.43}$$

6.6 螺母转角法

螺母转角法是拧紧时通过测量螺母的转角以控制预紧力的一种方法。

如螺纹连接的拉伸弹簧常数为 K_t,被连接件的压缩弹簧常数为 K_c,则在螺栓中产生预紧力 F_f 的情况下,螺栓的弹性伸长量 ε_t 和被连接件的弹性压缩量 ε_c 分别为

$$\varepsilon_t = \frac{F_f}{K_t} \tag{6.44}$$

$$\varepsilon_c = \frac{F_f}{K_c} \tag{6.45}$$

因此,如螺距为 P(单头螺纹),则螺母的转角

$$\varphi = 360° \frac{\varepsilon_t + \varepsilon_c}{P} = 360° \frac{F_f}{P}\left(\frac{1}{K_t} + \frac{1}{K_c}\right) \tag{6.46}$$

由表 6.1,用螺母转角法控制预紧力时,$Q = 2$,因此由式(6.22) 得

$$\sigma_{\text{fmean}} = 0.35\left(1 + \frac{1}{2}\right)\sigma_y = 0.525\sigma_y \tag{6.47}$$

由此得预紧力

$$F_f = \sigma_{\text{fmean}} A_s = 0.525\sigma_y A_s \tag{6.48}$$

例 6.3 用M8普通六角螺栓和普通型六角螺母(K_t=257 000 N/mm)紧固的被连接件(厚度为 15 mm 的两块钢板,K_c = 960 000 N/mm),求所需螺母转角。其中,螺栓 ISO 强度为 6.8。

解 由表 2.13 知 $\sigma_y = \sigma_s = 48 \times 10^7$ Pa。由附表 1 查得 $A_3 = A_s = 36.6\ \text{mm}^2$,于是由式(6.48) 得

$$F_f = 0.525 \times 48 \times 10^7\ \text{Pa} \times 36.6\ \text{mm}^2 = 9\,223\ \text{N}$$

因为 M8 螺纹的螺距 $P = 1.25$ mm,所以由式(6.46) 得

$$\varphi = 360° \times \frac{9\,223}{1.25}\left(\frac{1}{257\,000} + \frac{1}{960\,000}\right) = 13°$$

螺母转角法的缺点是确定拧紧的开始位置比较困难。由图 6.6 中曲线 a 与 b 之间的差

异可预想到，在螺栓螺母最初拧紧时，由于接触部分(螺纹面、支撑面、结合面)的粗糙度波动、形状误差等的影响，会产生局部塑形变形。因此按弹簧常数计算出来的角度过大而使螺母拧紧过多。由于这个原因，把达到一定的低拧紧扭矩值处作为拧紧的开始位置，然后反复拧紧和松开，待接触表面磨合以后再测定需要的螺母转角，这种操作上的窍门是很有必要掌握的。

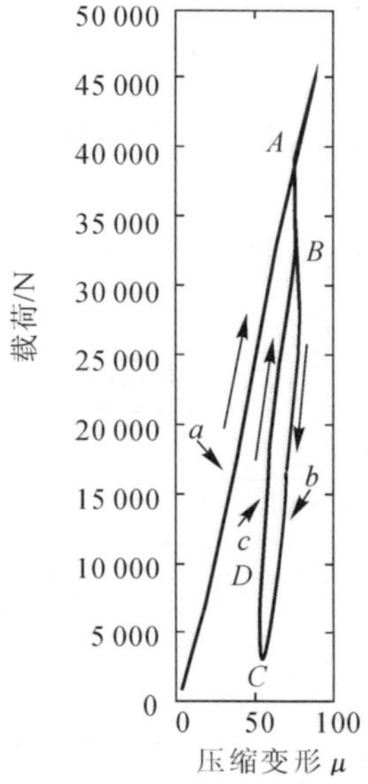

图 6.6　载荷与压缩变形记录的例子

第七章 考虑塑性变形的 MJ 螺纹连接静强度计算

7.1 载荷对螺纹承载影响的规律

螺栓、螺母均采用 300M 高强度钢，选取 300M 钢应力-应变值定义材料属性，具体数值见表 7.1。

表 7.1 300M 钢应力-应变值

σ/MPa	ε_{pl}	σ/MPa	ε_{pl}
1 000	0	1 725	0.006 375
1 340	0.000 8	1 782	0.008 59
1 530	0.002 35	1 830	0.010 85
1 650	0.004 25		

7.1.1 螺栓、螺母材料均为 300M 钢

螺纹啮合为完整的 20 扣，加载载荷值分别为 500 kN，600 kN，700 kN，750 kN，800 kN，900 kN 及 1 000 kN，前 5 扣螺纹牙各自所承受的轴向载荷如图 7.1 所示。

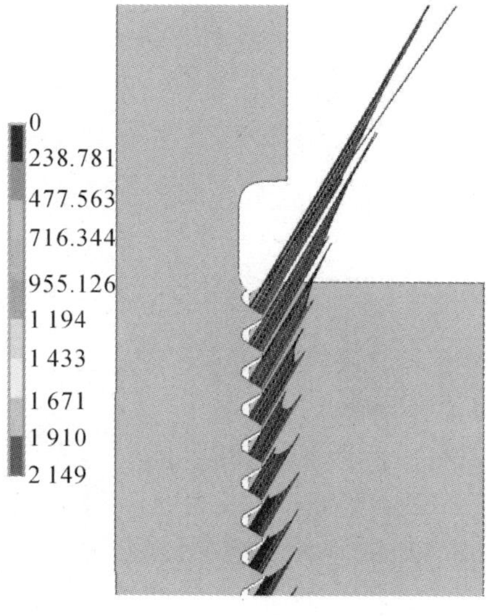

图 7.1 各扣螺纹牙承受载荷图

由于单个螺纹牙上所承受的载荷在接触面上也是不均匀的，所以仅计算单个螺纹牙承受的平均载荷，具体数值见表 7.2。

表 7.2　啮合为 20 扣时，前 5 扣螺纹牙在不同载荷下承担的轴向载荷 单位：kN

加载载荷 螺纹牙序号	500	600	700	750	800	900	1 000
1	97.197	103.932	99.890	100.102	98.850	92.886	90.159
2	66.484	79.769	91.141	94.595	97.547	93.878	86.416
3	45.239	56.273	67.902	72.451	78.292	87.544	87.151
4	32.366	40.670	50.324	55.022	59.049	69.576	78.459
5	25.926	31.434	39.056	43.061	46.641	55.402	64.597
5 扣总和	267.212	312.078	348.313	365.231	380.379	399.286	406.782
5 扣占总载荷比例	53.44%	52.01%	49.76%	48.70%	47.55%	44.37%	40.68%

啮合为完整的 20 扣，在不同载荷作用下，螺纹牙沿着轴向剪切面的剪切应力云图如图7.2～图 7.8 所示。

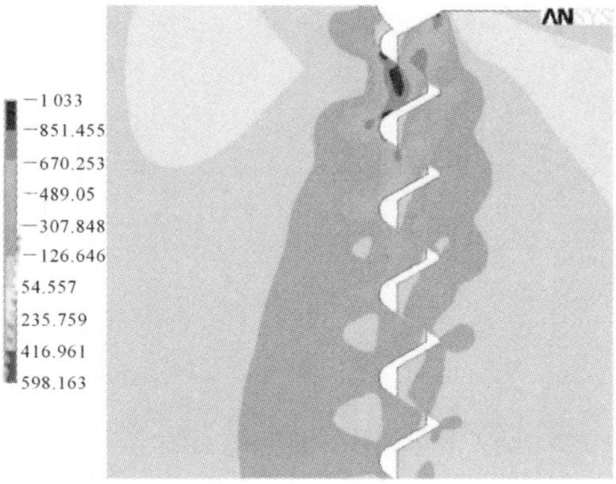

图 7.2　载荷为 500 kN 时前 5 扣螺纹牙剪切应力云图

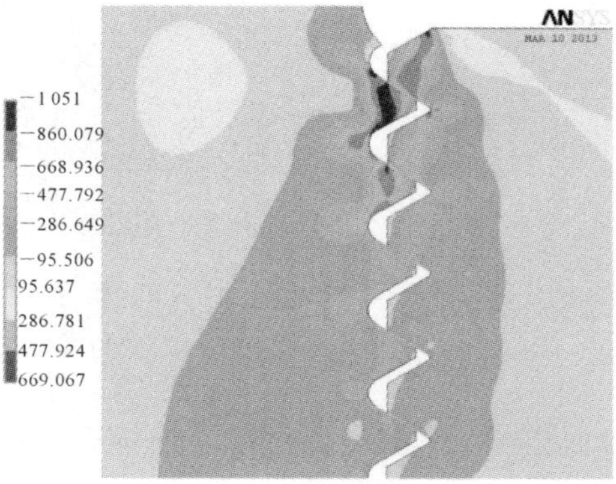

图 7.3　载荷为 600 kN 时前 5 扣螺纹牙剪切应力云图

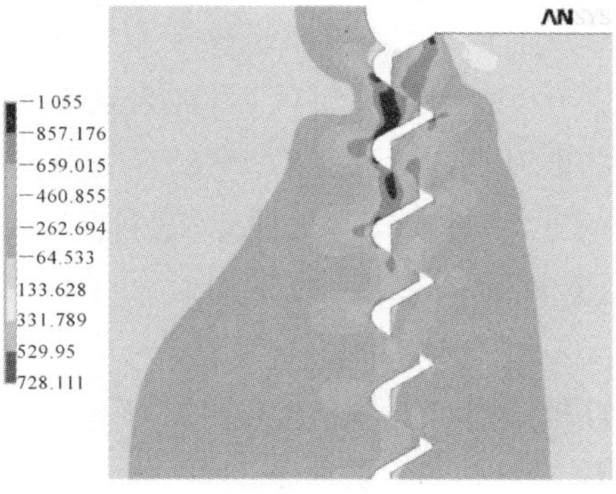

图 7.4　载荷为 700 kN 时前 5 扣螺纹牙剪切应力云图

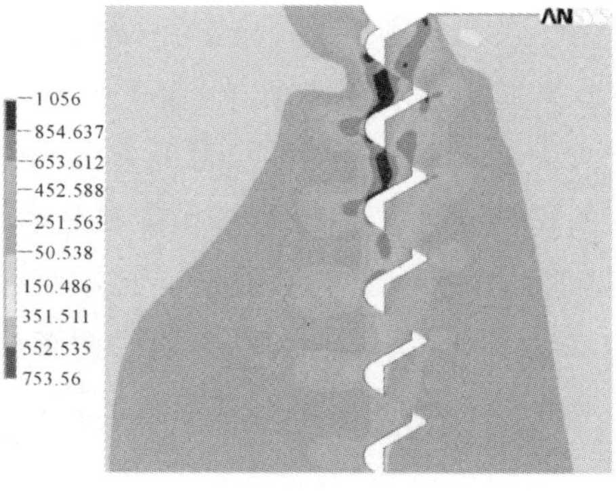

图 7.5　载荷为 750 kN 时前 5 扣螺纹牙剪切应力云图

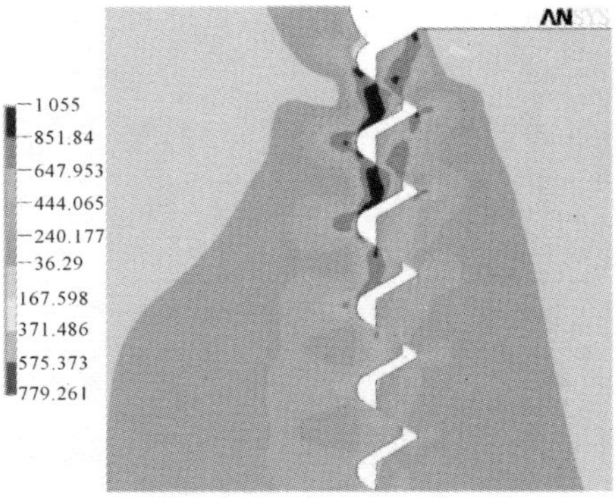

图 7.6　载荷为 800 kN 时前 5 扣螺纹牙剪切应力云图

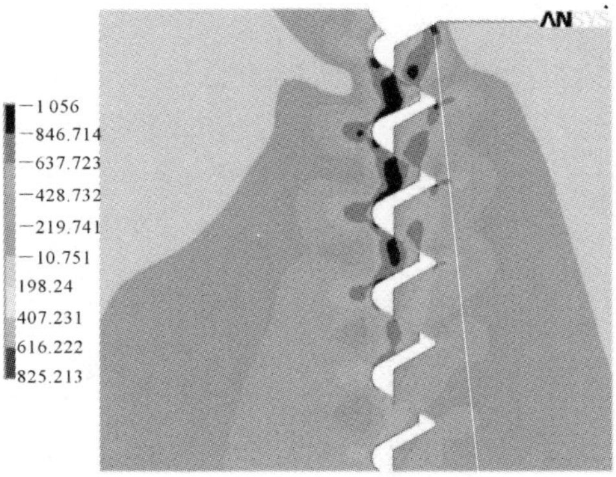

图 7.7　载荷为 900 kN 时前 5 扣螺纹牙剪切应力云图

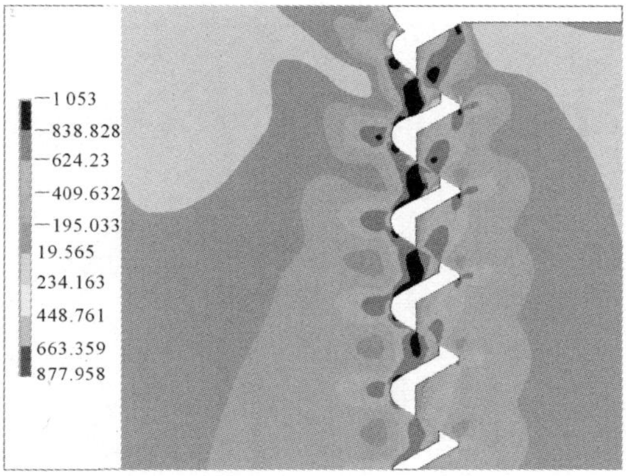

图 7.8　载荷为 1 000 kN 时前 5 扣螺纹牙剪切应力云图

通过剪切应力云图可以看出，随着载荷的增大，螺纹牙剪切屈服的区域增多，发生剪切屈服的螺栓螺纹牙数目也逐渐增多，并且螺纹牙间相互接触的区域逐渐减小；随着载荷的增大，螺母螺纹牙也开始发生剪切屈服，由于 MJ 螺纹的螺母螺纹牙的受剪面积大于螺栓的受剪面积，因此相同啮合位置的螺栓螺纹牙的剪切应力大于螺母螺纹牙的剪切应力。螺栓第 1 扣螺纹牙承受的载荷先增大，然后基本保持稳定；螺栓第 2 扣螺纹牙在第 1 扣螺纹牙承载稳定状态时或略有减小，随着外载荷增大而增大，达到最大值后，随着载荷的继续增大而略有减小，存在载荷再分配的过程。这样的载荷再分配对应着螺纹牙体发生了相应的塑性变形。螺栓第 3 扣螺纹牙和第 2 扣螺纹牙的轴向承载变化规律相类似。

一般地，载荷基本上被前 5 扣螺纹牙所承受；随着载荷的增大，前 5 扣螺纹牙承担的载荷逐渐增大，但是占总载荷的比例有所减小。

螺纹牙啮合为完整的 20 扣，载荷由 500 kN 增加到 1 000 kN 时，在有限元计算的应力云图的剪切面上选择剪切应力最大的区域，得到该扣螺纹牙在该载荷下的最大剪切应力，前 5 扣螺纹牙的最大剪切应力的具体数值见表 7.3。

表 7.3　啮合为 20 扣时,前 5 扣螺纹牙在不同位载荷下的剪切应力最大值

单位:MPa

螺纹牙序号 \ 加载载荷/kN	500	600	700	750	800	900	1 000
1	1 033	1 051	1 055	1 056	1 056	1 053	1 050
2	780	906	1 022	1 040	1 046	1 054	1 053
3	537	728	830	886	914	1 029	1 052
4	415	570	622	679	704	871	1 001
5	313	408	485	524	567	698	863

啮合为完整的 20 扣,前 5 扣螺纹牙受载荷的影响曲线如图 7.9 所示。

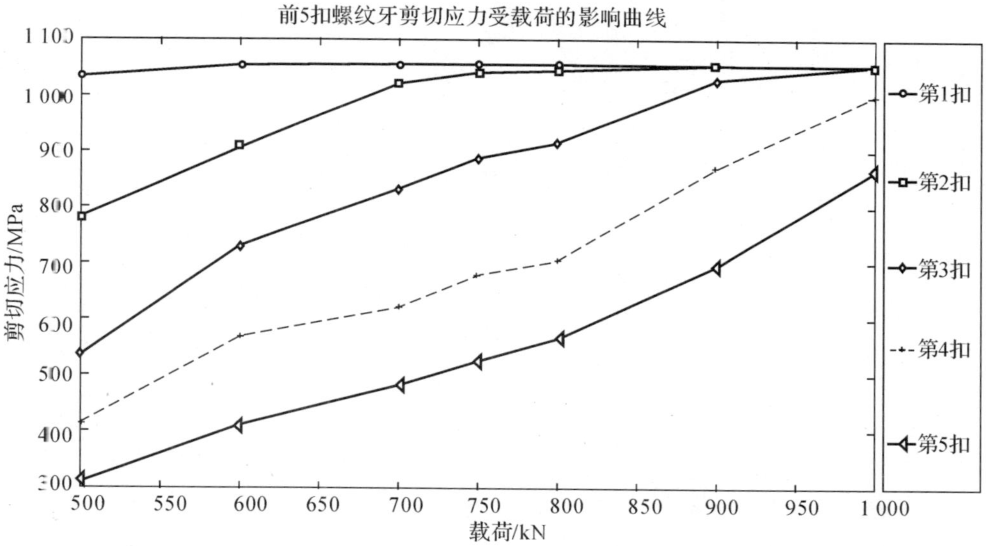

图 7.9　前 5 扣螺纹牙剪切应力受载荷的影响曲线

从图 7.9 可见,随着载荷的增加,各扣螺纹牙上的剪切应力值增大;越往上的螺纹牙,其剪切应力受载荷的影响越明显。在第 1 扣螺纹牙剪切应力值到达该材料的剪切屈服应力值时,其剪切应力不再增加,而其他扣螺纹牙剪切应力值增加,有一个载荷重新分配的过程。

7.1.2　螺栓材料为 300M 钢,螺母材料为 30CrMnSiA

对于螺栓材料为 300M、螺母材料为 30CrMnSiA 的螺纹连接,由于 300M 强度远高于 30CrMnSiA,因此主要考虑螺母螺纹牙的承载规律及剪切应力。选取 30CrMnSiA 真实应力/塑性应变值定义材料属性[36],具体数值见表 7.4。

表 7.4　30CrMnSiA 应力主应变值

σ/MPa	ε_{pl}	σ/MPa	ε_{pl}
784	0	1 018.5	0.010 80
883	0.000 19	1 027.1	0.014 76
998.3	0.002 91	1 035.8	0.018 72
1 006.9	0.006 86	1 041.5	0.022 69

各扣螺纹牙的接触应力云图如图 7.10 所示。

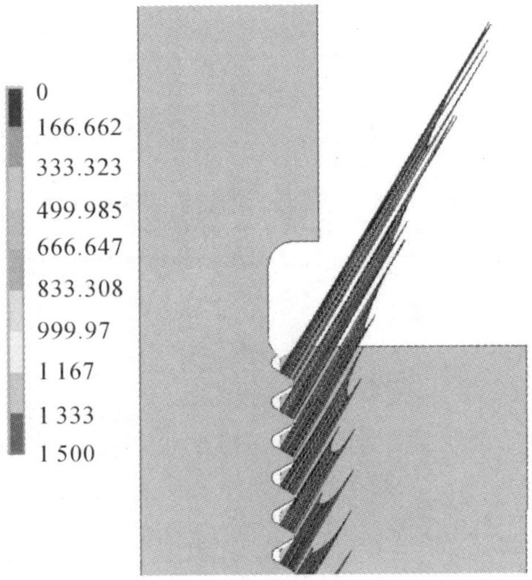

图 7.10　螺纹牙接触应力云图

内、外螺纹啮合为完整的 20 扣，加载载荷分别为 500 kN，600 kN，650 kN，700 kN，800 kN，900 kN，不同载荷下前 5 扣螺纹牙承担的轴向载荷见表 7.5。

表 7.5　啮合 20 扣，前 5 扣螺纹牙在不同载荷下承担的轴向载荷　　单位：kN

加载载荷 螺纹牙序号	500	600	650	700	800	900
1	85.759	87.792	88.480	87.857	83.836	83.836
2	65.302	75.132	78.378	80.339	83.001	81.411
3	47.011	57.138	61.422	65.345	74.841	74.841
4	34.002	43.096	47.098	50.613	63.339	63.339
5	26.459	33.511	37.608	40.655	52.688	52.688
前 5 扣总和	260.533	296.669	312.986	324.809	357.705	356.115
前 5 扣占总载荷的比例	53.17%	50.45%	49.13%	47.35%	45.63%	40.38%

内、外螺纹啮合为完整的 20 扣，前 5 扣螺纹牙在不同载荷下的剪切应力云图如图

7.11～图 7.16 所示。

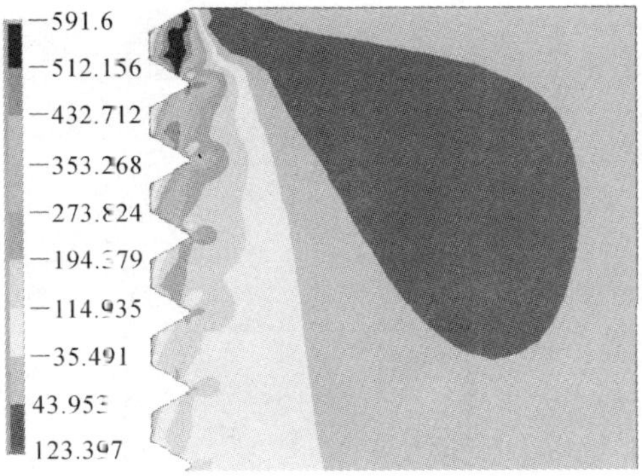

图 7.11　载荷为 500 kN 时螺母前 5 扣螺纹牙剪切应力云图

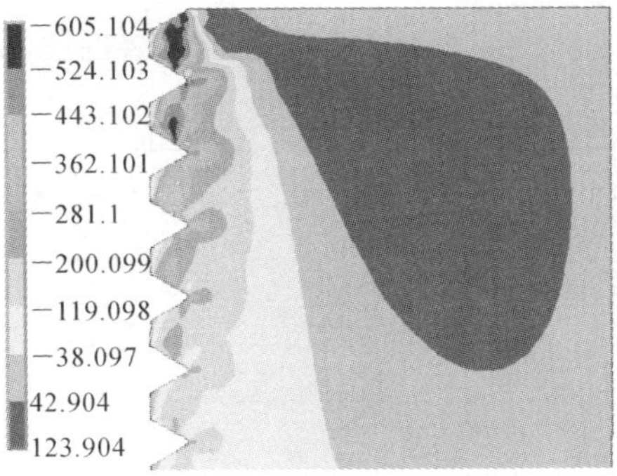

图 7.12　载荷为 600 kN 时螺母前 5 扣螺纹牙剪切应力云图

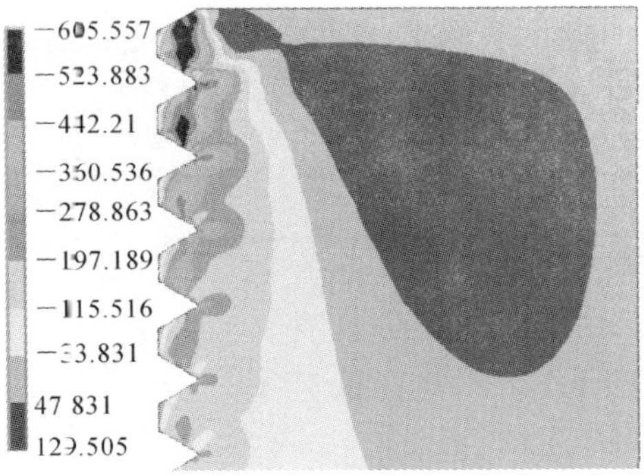

图 7.13　载荷为 650 kN 时螺母前 5 扣螺纹牙剪切应力云图

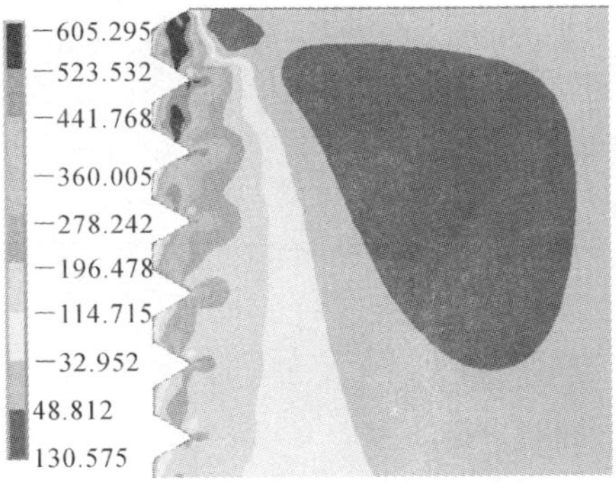

图 7.14　载荷为 700 kN 时螺母前 5 扣螺纹牙剪切应力云图

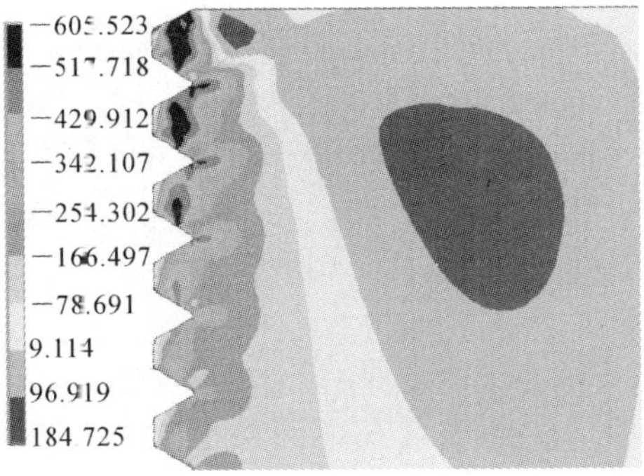

图 7.15　载荷为 800 kN 时螺母前 5 扣螺纹牙剪切应力云图

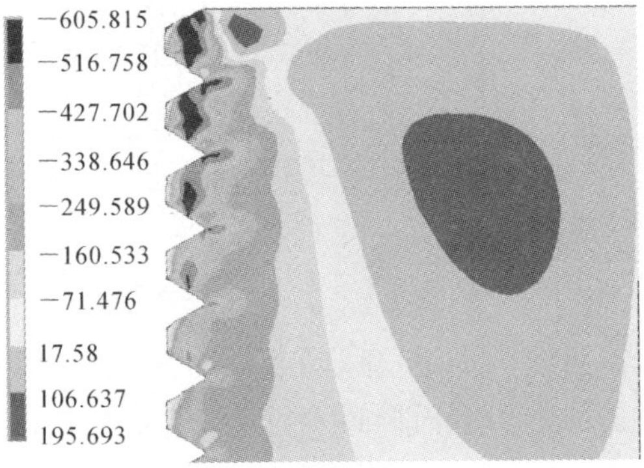

图 7.16　载荷为 900 kN 时螺母前 5 扣螺纹牙剪切应力云图

当螺栓为 300M，螺母为 30CrMnSiA 时，啮合相同的扣数，当载荷增大时，前 5 扣螺纹牙承担的载荷增大，但是占总载荷的比例减小；在相同的载荷下，螺母为 30CrMnSiA 的螺纹连接前 5 扣螺纹牙承担的载荷大于螺母是 300M 的螺纹连接，但是在前 5 扣螺纹牙的载荷分配中，螺母为 30CrMnSiA 的载荷分配更为均匀。

螺纹牙啮合为完整的 20 扣，载荷由 500 kN 增加到 900 kN 时，前 5 扣螺纹牙的剪切应力见表 7.6。

表 7.6　啮合 20 扣，螺母前 5 扣螺纹牙在不同载荷下的剪切应力最大值

单位：MPa

螺纹序号＼加载载荷/kN	500	600	650	700	800	900
1	589	604	605	605	606	606
2	506	563	583	589	603	603
3	390	472	494	527	575	596
4	284	359	406	438	501	547
5	244	302	329	357	422	486

啮合为完整的 20 扣，前 5 扣螺纹牙受载荷的影响曲线如图 7.17 所示。

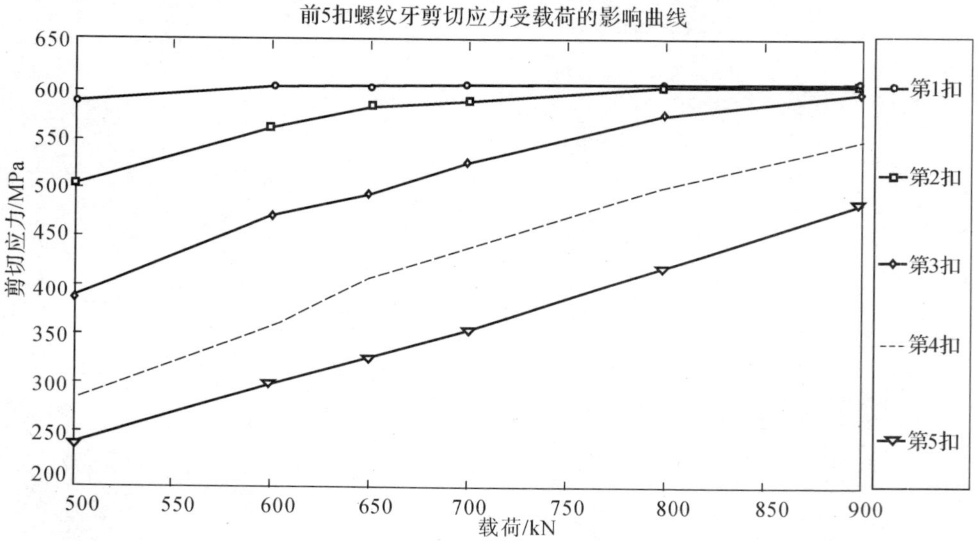

图 7.17　啮合为 20 扣，前 5 扣螺纹牙剪切应力受载荷的影响曲线

从图 7.17 可见，随着载荷的增加，第 1 扣螺纹牙的剪切应力基本不变，其他各扣螺纹牙上的剪切应力值逐渐增大；越往上的螺纹牙，其剪切应力受载荷的影响越明显。在第 1 扣螺纹牙剪切应力值到达该材料的剪切屈服应力值时，其剪切应力不再增加，而其他扣螺纹牙剪切应力值增加，存在载荷重新分配的过程。

7.2　螺纹牙轴向载荷受啮合扣数的影响

按照 600 kN 的加载载荷，啮合扣数分别为 20 扣、18 扣、15 扣、12 扣、10 扣、8 扣进行啮合，不同啮合扣数下前 5 扣螺纹牙承担的轴向载荷见表 7.7。

表 7.7　载荷为 600 kN 时，前 5 扣螺纹牙在不同啮合扣数下承担的轴向载荷

单位：kN

螺纹牙序号 \ 啮合扣数	20 扣	18 扣	15 扣	12 扣	10 扣	8 扣
1	87.792	87.447	87.917	88.197	88.839	89.431
2	75.132	75.226	76.948	81.648	85.321	86.991
3	57.138	57.104	60.833	68.526	77.290	85.488
4	43.096	44.490	47.850	55.860	66.449	83.011
5	33.511	35.256	39.642	47.315	57.536	77.675
前 5 扣承载总和	296.669	299.523	313.19	341.546	375.435	422.596
前 5 扣承载占总载的比例	50.45%	50.94%	53.26%	58.09%	63.85%	71.87%

载荷为 600 kN 时，啮合扣数分别为 20 扣、18 扣、15 扣、12 扣、10 扣、8 扣，前 5 扣螺纹牙的剪切应力云图如图 7.18～图 7.23 所示。

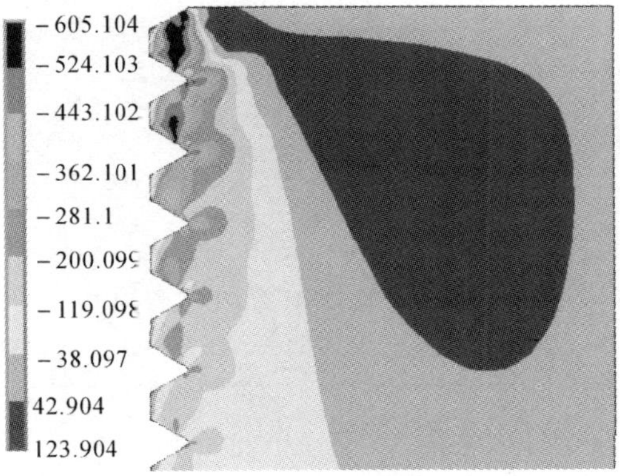

图 7.18　啮合为 20 扣时前 5 扣螺纹牙剪切应力云图

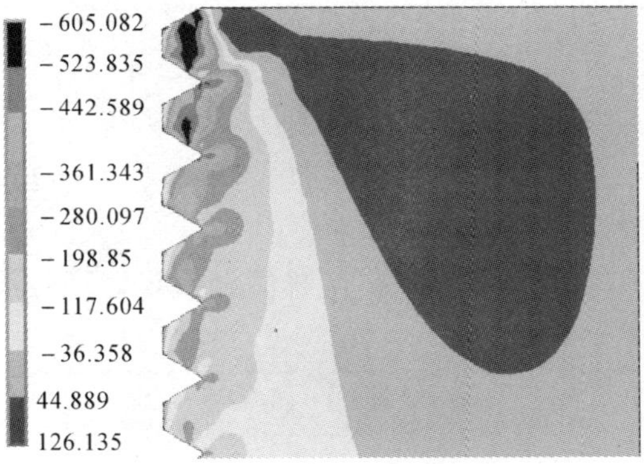

图 7.19　啮合为 18 扣时前 5 扣螺纹牙剪切应力云图

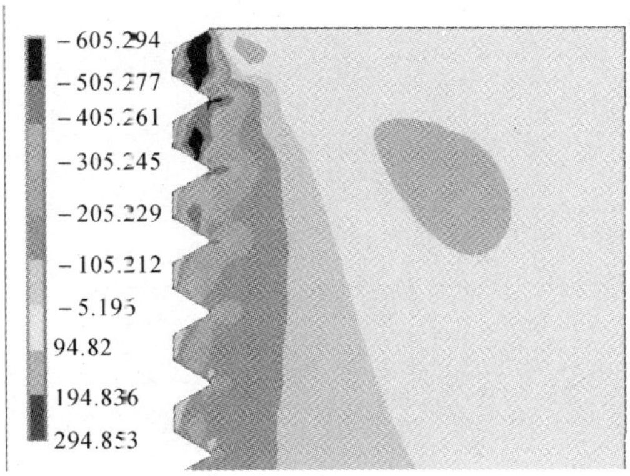

图 7.20　啮合为 15 扣时前 5 扣螺纹牙剪切应力云图

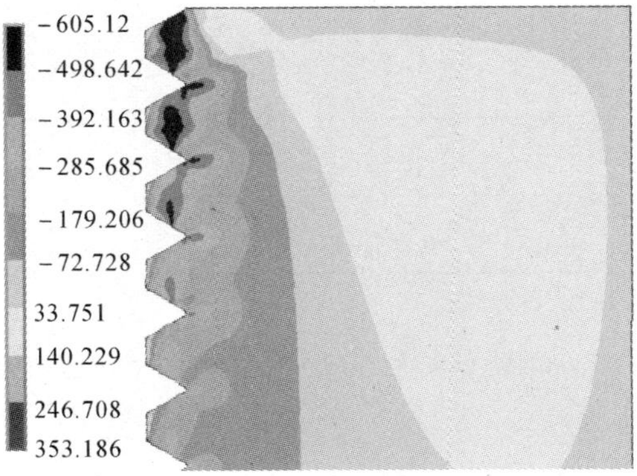

图 7.21　啮合为 12 扣时前 5 扣螺纹牙剪切应力云图

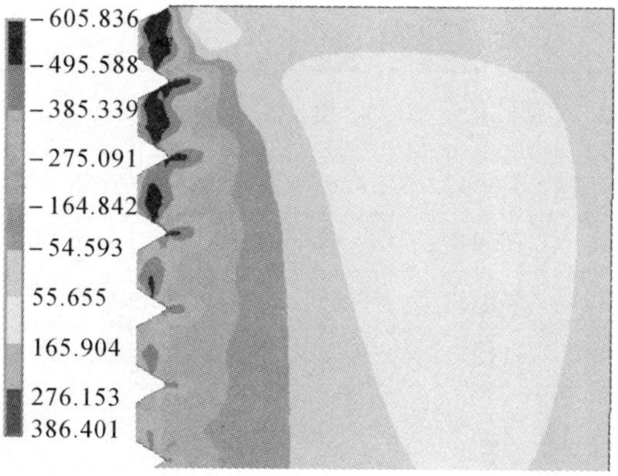

图 7.22　啮合为 10 扣时前 5 扣螺纹牙剪切应力云图

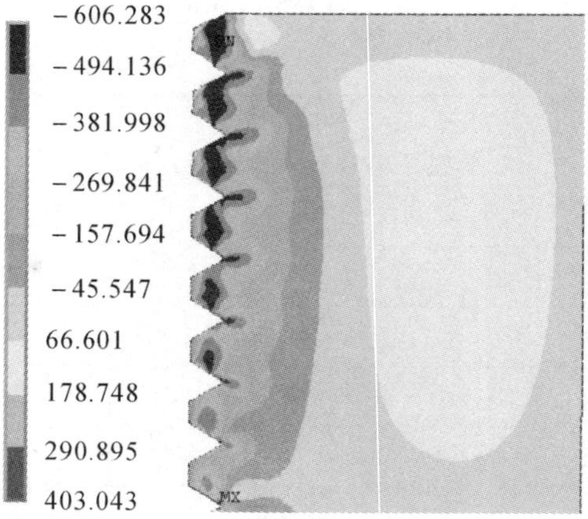

图 7.23　啮合为 8 扣时前 5 扣螺纹牙剪切应力云图

在载荷相同的情况下，随着螺纹啮合扣数的减小，前 5 扣螺纹牙承担的轴向载荷逐渐增大，前 5 扣螺纹牙承担的载荷占总载荷的比例也在增大；第 1 扣螺纹牙承担的载荷增长不明显，越靠上（螺母自由端面）的螺纹牙承担的载荷增长幅度越大。在相同载荷及啮合扣数下，螺母为 30CrMnSiA 的螺纹连接前 5 扣螺纹牙承担的轴向载荷大于螺母为 300M 的螺纹连接，并且载荷分配更为均匀。

按照 600 kN 的加载载荷，啮合扣数分别为 20 扣、15 扣、10 扣、8 扣，前 5 扣螺纹牙的剪切应力见表 7.8。

表 7.8　载荷为 600 kN 时，不同啮合扣数下前 5 扣螺纹牙的剪切应力值

单位：MPa

啮合扣数 / 螺纹序号	20 扣	18 扣	15 扣	12 扣	10 扣	8 扣
1	604	605	605	605	605	606
2	563	568	578	593	603	606
3	472	480	494	538	577	605
4	359	372	394	473	535	603
5	302	328	358	398	494	583

加载载荷为 600 kN 时，螺母前 5 扣螺纹牙剪切应力受啮合扣数的影响曲线如图 7.24 所示。

从图 7.24 可见，随着啮合扣数的减小，第 1 扣螺纹牙剪切应力基本不变，其他各扣螺纹牙上的剪切应力值增大；越往上的螺纹牙，其剪切应力受啮合扣数的影响越明显。

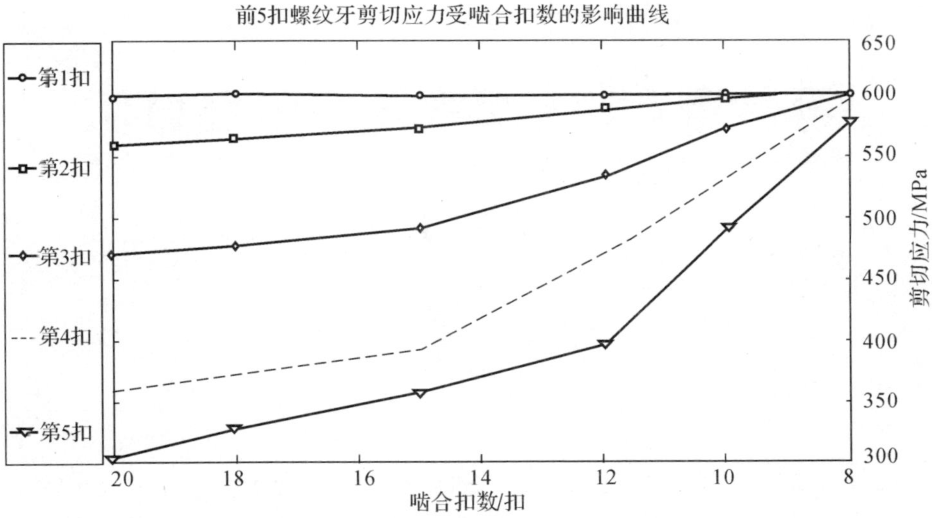

图 7.24　载荷为 600 kN 时，前 5 扣螺纹牙剪切应力受啮合扣数的影响曲线

7.3　高强度 MJ 螺栓的滞后破坏

抗拉强度在 1 200 MPa 以上的合金钢淬火回火后使用时，应注意滞后破坏问题。这类材料在常温下受静拉伸载荷或弯曲载荷时，一定时间后，外观上几乎没有塑性变形而缺口部分突然出现破坏现象[1]。

这就是镀铬零件发生与被称为氢脆性同属一类的现象，未经电镀的零件也会发生。以下所述是一般情况下发生的滞后破坏的特性。

(1)在水中比在空气中容易发生；

(2)在有油漆类、表面被覆剂等明显处，隔断了与水的接触而有防止效果；

(3)即使采用真空脱气炼钢也不能有效防止；

(4)在水中，从室温到 80%之间，温度越高越容易发生；

(5)抗拉强度在 1 200 MPa 以上时开始发生，强度越高越容易发生；

(6)应力集中程度越高越容易发生；

(7)成分元素中添加 Ni，Mo 等有一定的防止效果。

第八章　MJ 螺纹连接强度试验

8.1　夹具设计

8.1.1　设计过程

本章以典型的 MJ42×1.5－4h6h 为例，对整个试验过程进行了详细的论述，目的是获得螺栓 MJ42×1.5－4h6h 外螺纹、螺母 MJ42×1.5－4H5H 内螺纹的连接强度。

螺栓、螺母、垫片和垫板的详细几何尺寸如图 8.1～图 8.5 所示。

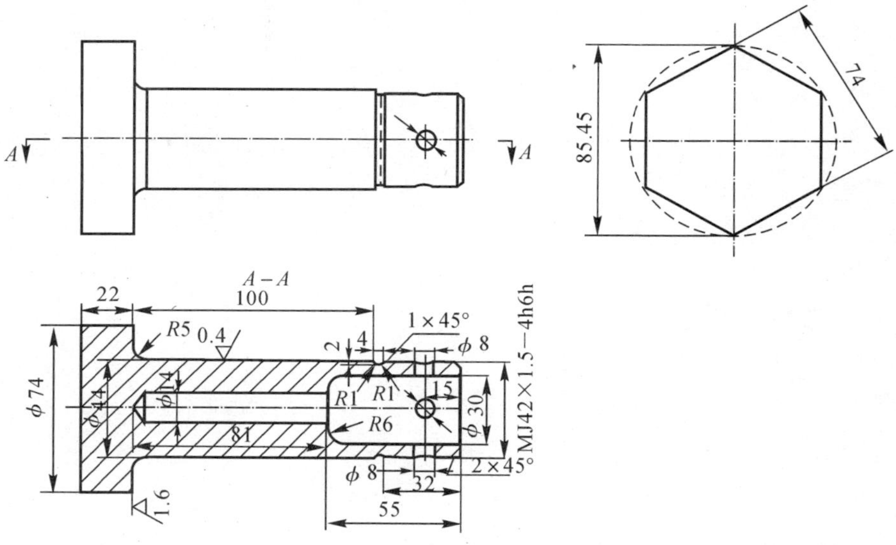

图 8.1　螺栓图

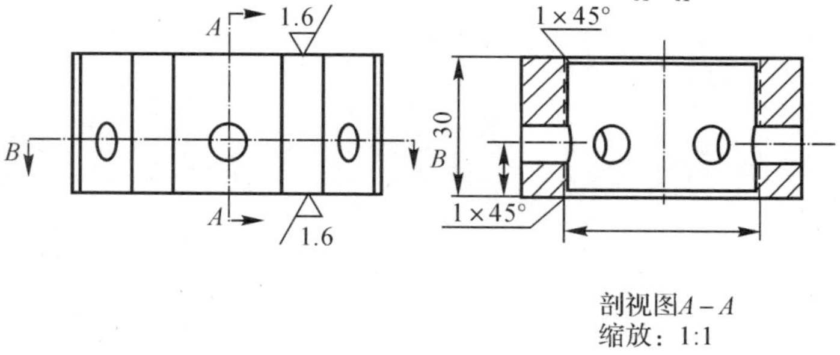

图 8.2　螺母图

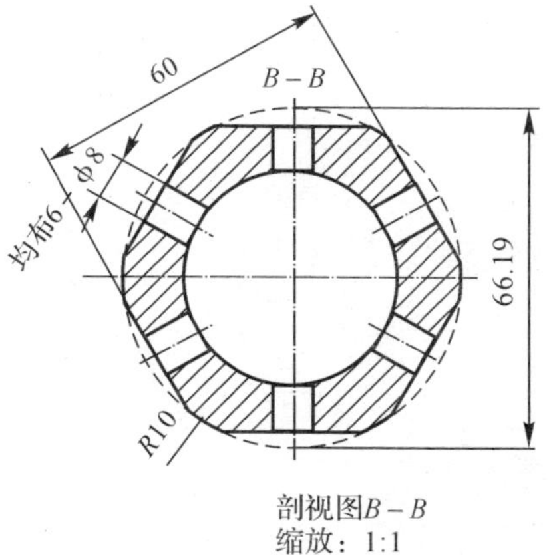

续图 8.2　螺母图

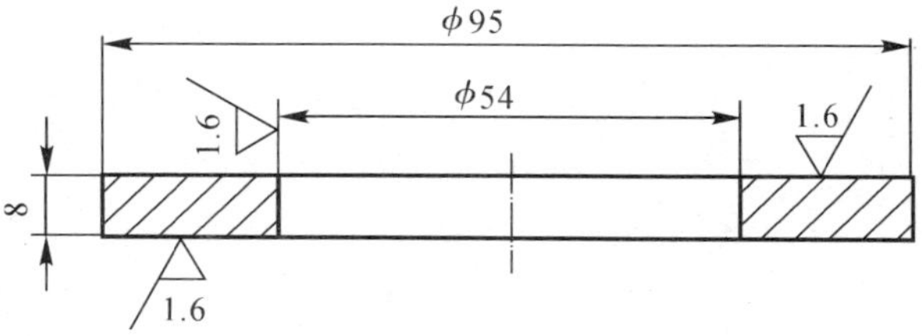

图 8.3　垫板图

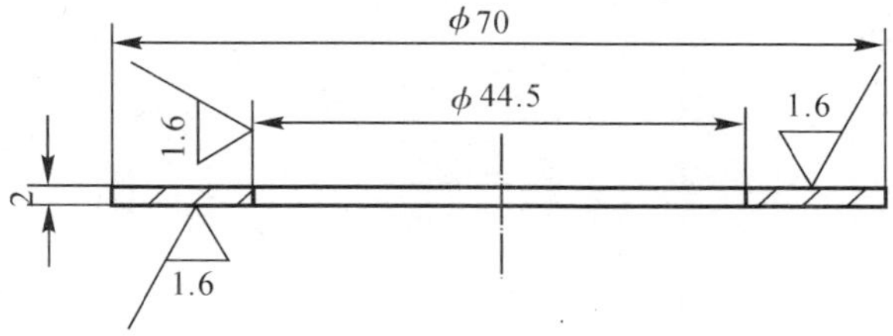

图 8.4　垫片图

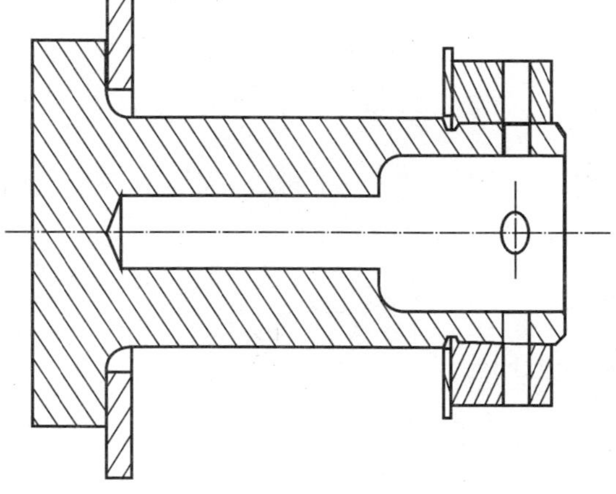

图 8.5　螺栓、螺母、垫片及垫板装配图

MJ 螺栓抗拉性能使用最小破坏拉力($p_{\min}$)表示,标准规定是通过理论计算和试验修正得到

$$p_{\min}=\sigma_b\times A_s \tag{8.1}$$

式中 σ_b—— 螺栓材料的抗拉强度;

A_s—— 螺栓螺纹的抗拉应力截面积。

对于 MJ 外螺纹结构

$$A_s=\frac{\pi}{4}d_{1\max}^2\left[2-\left(\frac{d_1}{d_2}\right)^2\right] \tag{8.2}$$

式中 $d_{1\max}$——MJ 外螺纹最大小径;

d_2—— 螺纹中径的基本尺寸。

300M 高强度钢的抗拉强度 $\sigma_b=1\ 963$ MPa,根据标准[13]GJB3.1A—2003 及本书所研究的螺栓结构,将图 8.1 所示的螺栓尺寸代入式(8.2),可得

$$A_s=\frac{\pi}{4}d_3^2\left[2-\left(\frac{d_3}{d_2}\right)^2\right]-\frac{\pi}{4}D_0^2=\frac{\pi}{4}\times 40.268^2\times\left[2-\left(\frac{40.268}{41.026}\right)^2\right]-\frac{\pi}{4}\times 30^2=$$

$$1\ 320.158\ \text{mm}^2-706.858\ \text{mm}^2=613.300\ \text{mm}^2$$

将 A_s 的结果代入式(8.1),得到

$$p_{\min}=\sigma_b\times A_s=1\ 963\ \text{MPa}\times 613.3\ \text{mm}^2=1\ 203\ 907.9\ \text{N}\approx 1\ 204\ \text{kN}$$

根据相关标准[22],将夹具的结构设计为典型的插入式拉伸结构,形状如图 8.6 所示,

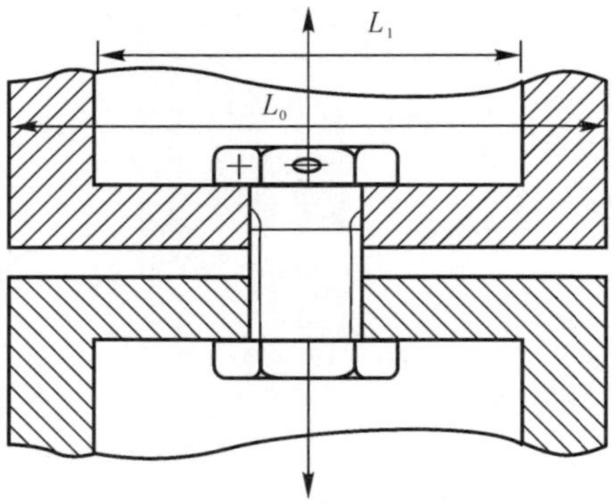

图 8.6 插入式拉伸夹具示意图

夹具材料取 40Cr,其抗拉强度 $\sigma_b\geqslant 980$ MPa,屈服强度 $\sigma_s\geqslant 785$ MPa,夹具的最小承载面积

$$A_{\min}=\frac{p_{\min}}{\sigma_{s40Cr}} \tag{8.3}$$

将 $p_{\min}$ 以及 40Cr 的屈服强度 σ_{s40Cr} 代入式(8.3),有

$$A_{\min}=\frac{1\ 204\ 000\ \text{N}}{785\ \text{MPa}}=1\ 533.758\ \text{mm}^2\approx 1\ 534\ \text{mm}^2$$

取安全系数为 1.5,则夹具的承载面积

$$A=1.5A_{\min}=1.5\times 1\ 534\ \text{mm}^2=2\ 301\ \text{mm}^2 \tag{8.4}$$

夹具是成对使用的，上夹具及下夹具均长约为 0.5 m，夹具直径大约为 300 mm，具体的确定过程如下：

设夹具夹持端的直径为 D_j，则有

$$\frac{\pi}{4}D_j^2 = A$$

所以

$$D_j = \sqrt{\frac{4A}{\pi}} = \sqrt{\frac{4 \times 2\ 301}{\pi}} = 54.127\ \mathrm{mm} \tag{8.5}$$

由于夹具夹持试样部分尺寸较大，为了削弱夹具夹持端与试样夹持端过渡尺寸剧烈变化引起的应力集中效应，且考虑到试验机所能夹持试样的最大直径为 72 mm，故取 $D_j = 70$ mm。取 $L_0 = 240$ mm，$L_1 = 130$ mm，则试样夹持端的承载面积

$$A_{\varepsilon f} = L_0^2 - L_1^2 = 240^2\ \mathrm{mm}^2 - 130^2\ \mathrm{mm}^2 = 40\ 700\ \mathrm{mm}^2 > 2\ 301\ \mathrm{mm}^2$$

考虑到试样安装端由于开槽存在应力集中，且要为试验过程中装卸螺栓预留作业空间，因此夹具试样夹持端就取该尺寸，增大安全系数，避免夹具在试验过程中局部发生塑性变形，影响试验的精度。夹具的具体细节见图 8.7 和图 8.8。

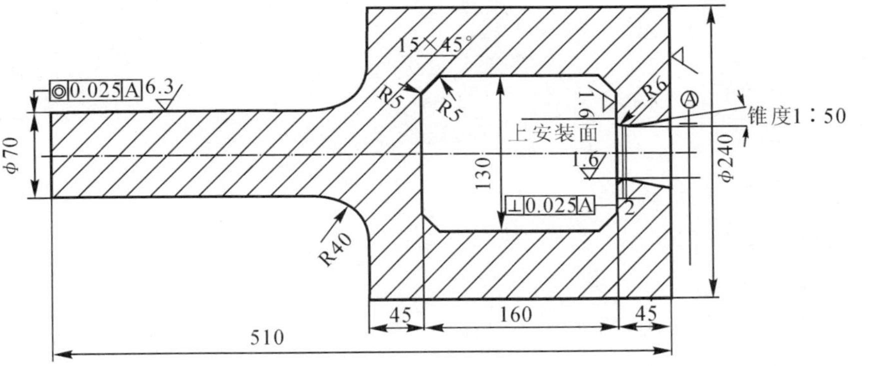

图 8.7　上夹具图

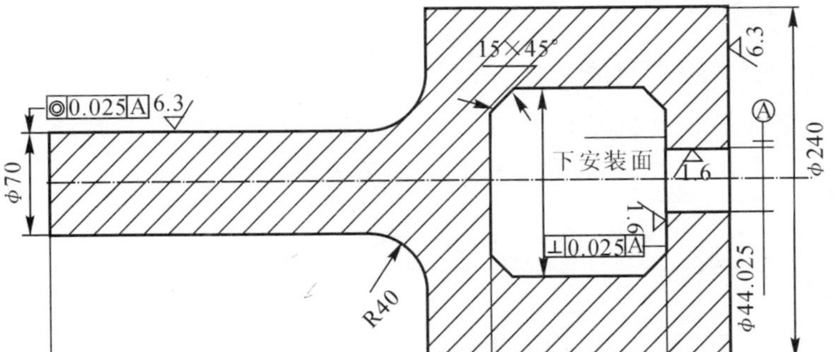

图 8.8　下夹具图

8.1.2 有限元强度校核

对夹具受力情况进行有限元分析[37-38]，具体分析结果如图 8.9 所示。

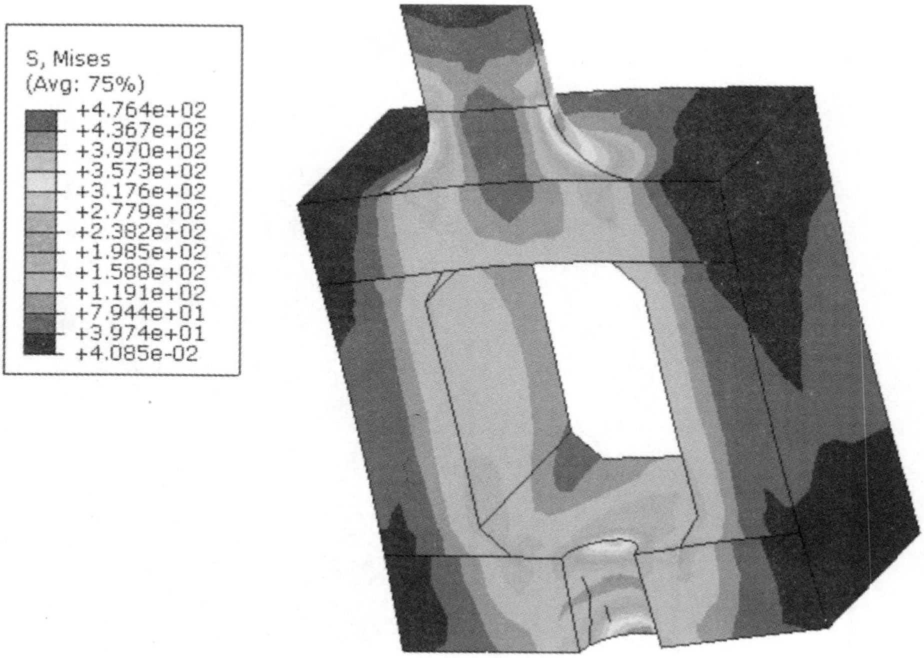

图 8.9　夹具有限元分析应力云图

通过应力云图可以看出，应力最大的部位为夹持端与试样安装端的过渡段及试样安装孔的上、下表面，但是最大应力为 476.4 MPa，小于 40Cr 的屈服强度 785 MPa，因此夹具尺寸合理，强度满足使用要求。

8.1.3 试验方案设计

由于试验过程中试样有可能从退刀槽处断裂而无法得到 MJ42 螺纹连接结构的连接强度，同时，为了与有限元分析进行对比，具体试验方案按照表 8.1 执行。

表 8.1　试验方案

组号	螺栓数量 / 个	啮合扣数 / 扣
1,2,3,4	2	20
1,2,3,4	1	15
1,2,3,4	1	10
1,2,3,4	2	6

8.2 试验过程注意事项

应缓慢平稳地对试样施加载荷，由于试验螺栓的直径超过了 GJB715.23A—2008 表格所列的最大直径 30 mm，因此采用的加载速度为(700±70) MPa/min，为了安全起见，采用加载速率为 1.5 mm/min 模拟准静态加载状态。试样夹持，尽可能保证试样受力是沿着轴线方向的。

8.2.1 具体试验步骤

(1) 确认试验设备的精度参数满足试验要求，设备处于检定的有效期内，操作人员具备上岗条件。

(2) 详细检查螺栓、螺母、垫片及垫板质量[23]，若有可见裂纹和明显缺陷则进行单独分组编号、拍照，然后再对剩余正常试样进行分组编号、拍照，在试验记录表上记录螺栓、螺母、垫片及垫板的生产标号(零件铝牌上的编号)。

(3) 检查上、下夹具是否对中，若不对中，进行相应调整；安装试样[21,40]，确保试样几何轴线和上、下夹具轴线的同轴度符合 GJB 715.23A—2008《紧固件试验方法 拉伸强度》的要求。

(4) 将设备置于“位移控制”模式，控制作动筒运动到使上、下夹具相距约 3 mm 的位置。

(5) 顺时针旋紧螺母到试验指定位置(螺母止动孔同螺栓止动孔重合)，并在螺母上做位置标记，然后将螺母逆时针旋转约 60°。

(6) 设备置于“载荷控制模式”，并预加载到 40 kN，待预加载荷稳定后，设备置于“位移控制”模式。

(7) 扭力扳手调到“300 N·m”，然后顺时针扳拧螺母到试验指定位置，设定设备位移保护及载荷保护。

(8) 设定加载速度(弹性段加载速度为 5 kN/s，进入塑性后加载速度为 2 kN/s，本试验以 1 200 MPa 为弹性、塑性段的分界线)，进行加载，直至试样破坏。

(9) 记录试样的破坏载荷、破坏部位及破坏后的形貌，输出载荷、位移数据，给破坏试样拍照后卸载至 0 kN，将设备置于“位移控制”模式，拆卸螺栓。

(10) 安装下一个待试验的螺栓。

8.2.2 试验过程

设备及设备检定结果如图 8.10 和图 8.11 所示。

图 8.10　试验设备照片

由于试样较多，现在只在每组试验中取一个试样，将其破坏后的照片陈列如图 8.11 和图 8.12 所示。

图 8.11　螺栓 300M、螺母 300M、啮合 20 扣破坏后的照片

图 8.12　螺栓 300M、螺母 30CrMnSiA、啮合 15 扣破坏后的照片

8.3　试验结果及分析

8.3.1　试验结果

典型件的试验结果见表 8.2。

表 8.2　典型件的试验结果

序号	螺栓材料	螺母材料	啮合扣数/扣	破坏载荷/kN	破坏部位	备注
1	300M	300M	20	1 127	退刀槽(靠近六角头端)	
2	300M	300M	20	1 135	退刀槽(靠近六角头端)	
3	300M	300M	15	918.3	螺栓螺纹牙(剪切破坏)，螺母螺纹牙有损坏	

续 表

序号	螺栓材料	螺母材料	啮合扣数/扣	破坏载荷/kN	破坏部位	备注
4	300M	300M	10	780	螺栓螺纹牙(剪切破坏),螺母螺纹牙有损伤	
5	300M	300M	6	570.6	螺栓螺纹牙(剪切破坏),螺母螺纹也有损伤	
6	300M	300M	6	585.4	螺栓螺纹牙(剪切破坏)	
7	300M	30CrMnSiA	20	1 087	螺母螺纹牙(剪切破坏)	
8	300M	30CrMnSiA	20	1 040	螺母螺纹牙(剪切破坏)	
9	300M	30CrMnSiA	15	892.7	螺母螺纹牙(剪切破坏)	
10	300M	30CrMnSiA	10	716.3	螺母螺纹牙(剪切破坏)	
11	300M	30CrMnSiA	6	501.5	螺母螺纹牙(剪切破坏),螺栓螺纹牙一侧有破坏	
12	300M	30CrMnSiA	6	492.8	螺母螺纹牙(剪切破坏)	

通过表 8.2 的试验结果可以看出,当螺栓材料为 300M 高强度钢,螺母材料为 300M 高强度钢时的螺纹连接强度高于螺栓材料为 300M 高强度钢,螺母材料为 30CrMnSiA 时的螺纹连接强度。螺母材料强度相对于螺栓材料强度较低时,螺纹连接强度取决于螺母材料的强度。

8.3.2 有限元破坏载荷计算

当螺栓材料为 300M 钢,螺母材料为 30CrMnSiA,啮合 20 扣时,当载荷达到 500 kN 时,第 1 扣螺纹牙在剪切面开始失效,当载荷达到 1 040 kN 时,螺母前 3 扣螺纹牙在剪切面失效,发生破坏,剪切应力云图如图 8.13 所示。

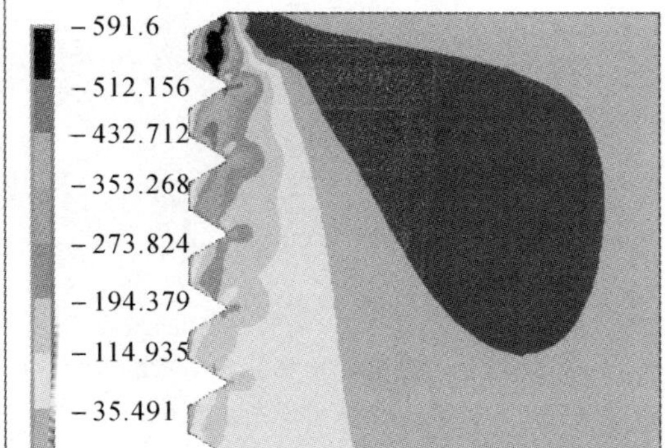

(a)

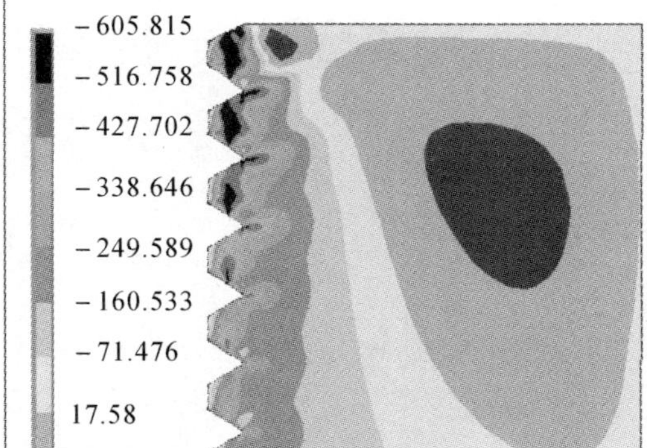

(b)

图 8.13　螺栓为 300M,螺母为 30CrMnSiA,啮合 20 扣螺母螺纹牙剪切应力云图

(a)载荷为 500 kN 时螺母螺纹牙剪切应力；(b)载荷为 1 040 kN 时螺母螺纹牙剪切应力

啮合 15 扣，当载荷达到 400 kN 时，螺母第 1 扣螺纹牙在剪切面开始失效，当载荷达到800 kN时，螺母前 3 扣螺纹牙在剪切面失效，发生破坏，剪切应力云图如图 8.14 所示。

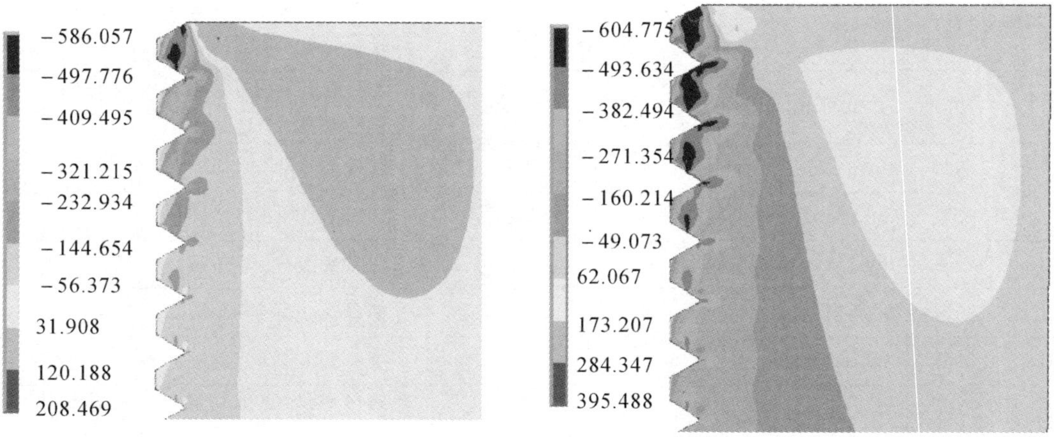

(a) (b)

图 8.14 螺栓为 300M，螺母为 30CrMnSiA，啮合 15 扣螺母螺纹牙剪切应力云图

(a)载荷为 400 kN 时螺母螺纹牙剪切应力；(b)载荷为 800 kN 时螺母螺纹牙剪切应力

啮合 10 扣，当载荷达到 300 kN 时，螺母第 1 扣螺纹牙在剪切面开始失效，当载荷达到 650 kN 时，螺母前 4 扣螺纹牙在剪切面失效，发生破坏。剪切应力云图如图 8.15 所示。

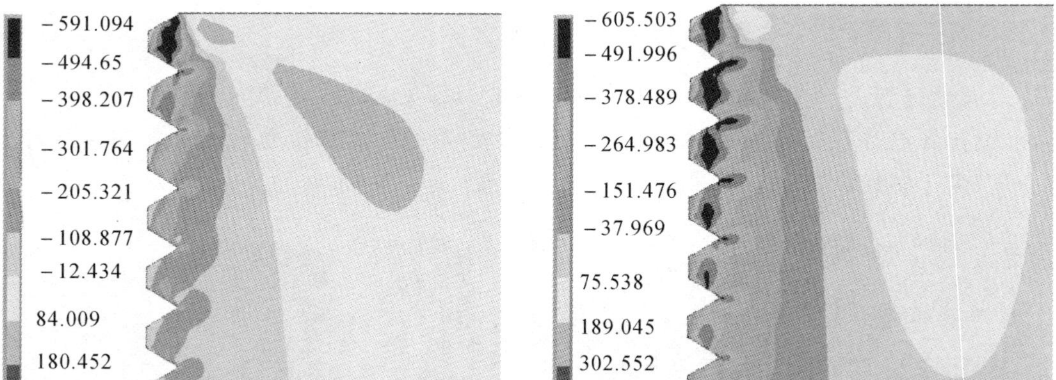

(a) (b)

图 8.15 螺栓为 300M，螺母为 30CrMnSiA，啮合 10 扣螺母螺纹牙剪切应力云图

(a)载荷为 300 kN 时螺母螺纹牙剪切应力；(b)载荷为 650 kN 时螺母螺纹牙剪切应力

啮合 6 扣，当载荷达到 250 kN 时，螺母第 1 扣螺纹牙在剪切面开始失效，当载荷达到 460 kN 时，螺母前 3 扣螺纹牙在剪切面失效，发生破坏，剪切应力云图如图 8.16 所示。

当螺栓、螺母均为 300M 高强度钢时，计算结果如图 8.17～图 8.20 所示。

啮合 20 扣，当载荷为 600 kN 时，螺栓第 1 扣螺纹牙在剪切面开始失效，当载荷为 1 050 kN时，螺栓前 3 扣螺纹牙在其剪切面失效，发生破坏。

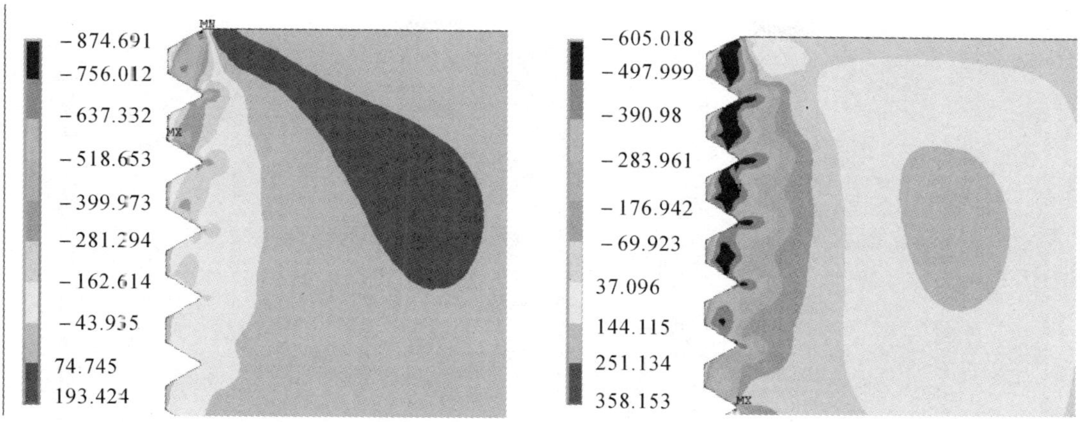

(a)　　(b)

图 8.16　螺栓为 300M，螺母为 30CrMnSiA，啮合 6 扣螺母螺纹牙剪切应力云图

(a)载荷为 250 kN 时螺母螺纹牙剪切应力；(b)载荷为 460 kN 时螺母螺纹牙剪切应力

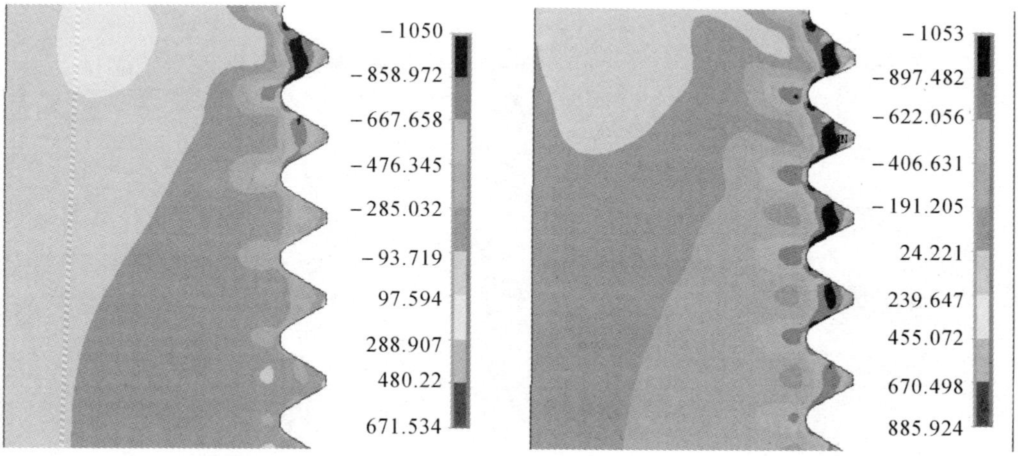

(a)　　(b)

图 8.17　螺栓、螺母材料均为 300M，啮合 20 扣螺栓螺纹牙剪切应力云图

(a)载荷为 600 kN 时螺栓螺纹牙剪切应力；(b)载荷为 1 050 kN 时螺栓螺纹牙剪切应力

啮合 15 扣，当载荷为 450 kN 时，螺栓第 1 扣螺纹牙在剪切面开始失效，当载荷达到 825 kN 时，螺栓前 3 扣螺纹牙在其剪切面失效，发生破坏。

啮合 10 扣，当载荷为 400 kN 时，螺栓第 1 扣螺纹牙在剪切面开始失效，当载荷为 680 kN 时，螺栓前 3 扣螺纹牙在其剪切面失效，发生破坏。

啮合 6 扣，当载荷为 300 kN 时，螺纹第 1 扣螺纹牙在剪切面开始失效，当载荷为 480 kN 时，螺栓前 3 扣螺纹牙在其剪切面失效，发生破坏。

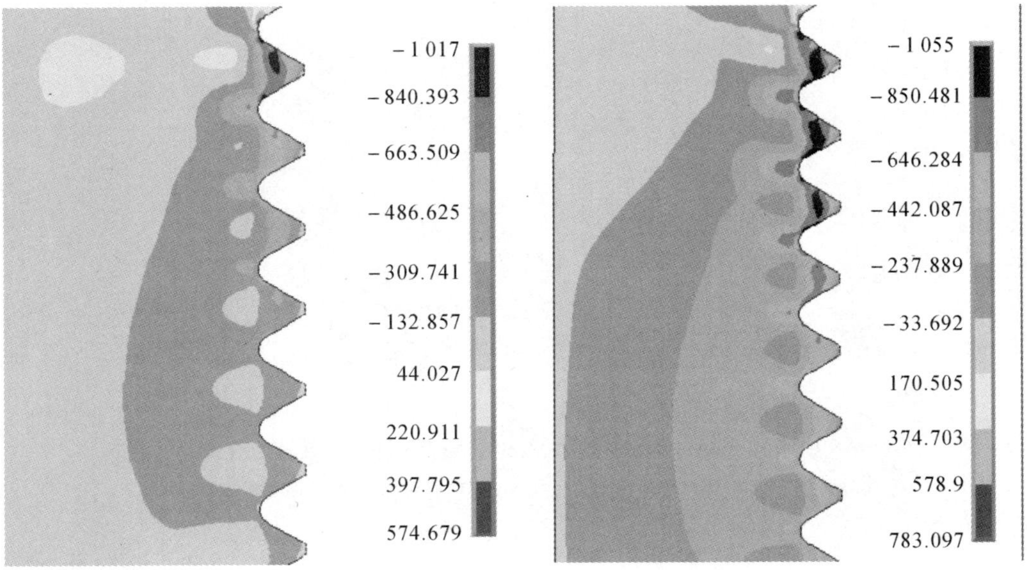

(a) (b)

图 8.18 螺栓、螺母材料均为 300M，啮合 15 扣螺栓螺纹牙剪切应力云图

(a)载荷为 450 kN 时螺栓螺纹牙剪切应力；(b)载荷为 825 kN 时螺栓螺纹牙剪切应力

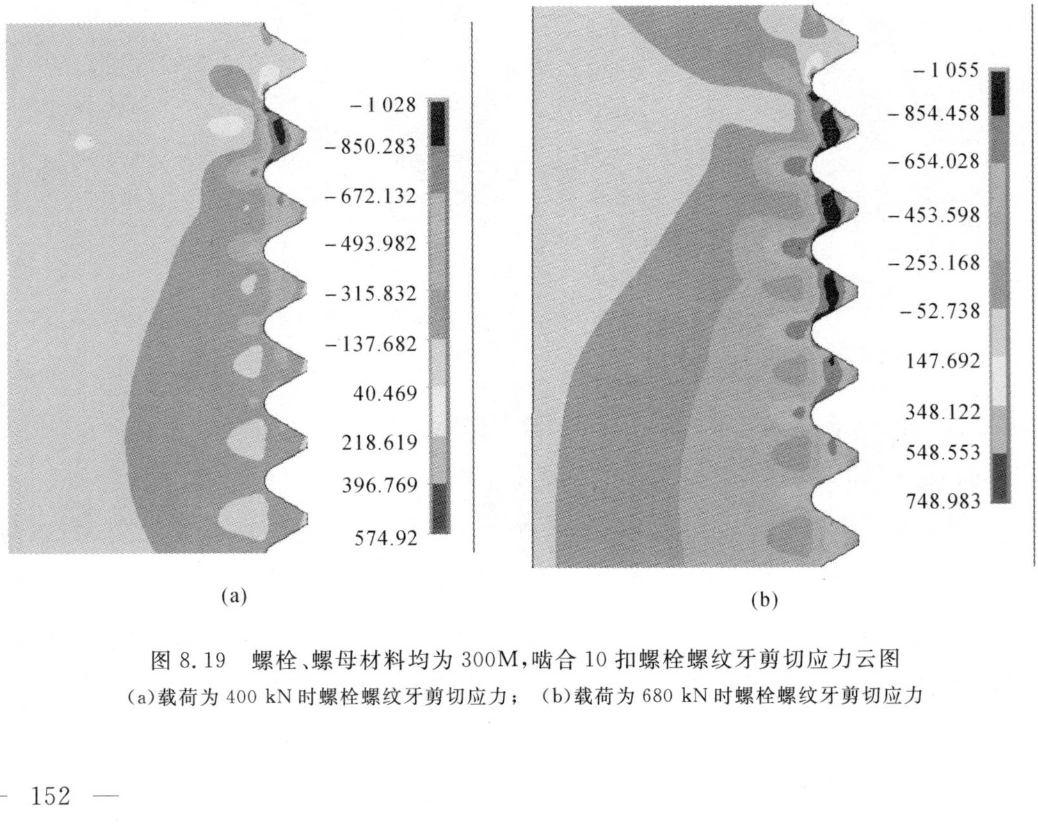

(a) (b)

图 8.19 螺栓、螺母材料均为 300M，啮合 10 扣螺栓螺纹牙剪切应力云图

(a)载荷为 400 kN 时螺栓螺纹牙剪切应力；(b)载荷为 680 kN 时螺栓螺纹牙剪切应力

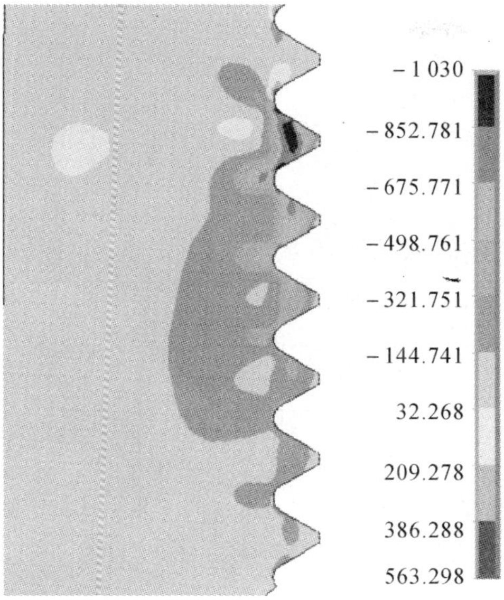

(a)

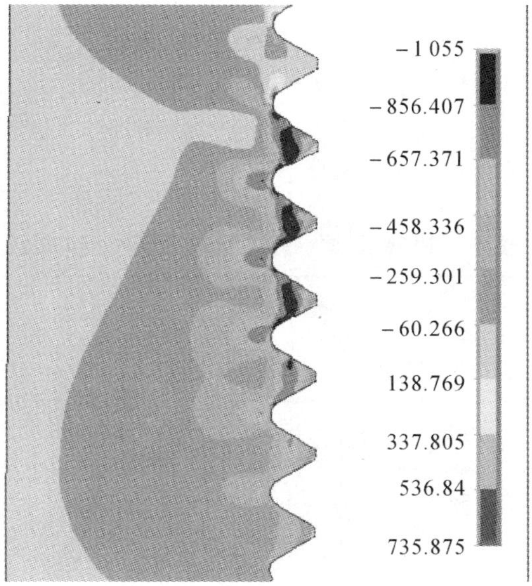

(b)

图 8.20　螺栓、螺母材料均为 300M，啮合 6 扣螺栓螺纹牙剪切应力云图

(a)载荷为 300 kN 时螺栓螺纹牙剪切应力；(b)载荷为 480 kN 时螺栓螺纹牙剪切应力

弹塑性有限元分析结果和试验结果的对比见表 8.3。

表 8.3　弹塑性有限元分析结果与试验结果对比

啮合扣数/扣	螺栓、螺母材料均为 300M			螺栓材料为 300M，螺母材料为 30CrMnSiA		
	试验载荷/kN	计算载荷/kN	相对误差	试验载荷/kN	计算载荷/kN	相对误差
20	1 050	1 131	7.2%	1 040	1 063.5	2.2%
15	825	918.3	10.2%	800	892.7	10.4%
10	680	780	12.8%	650	716.3	9.3%
6	480	578	17.0%	460	501.5	8.1%

8.3.3　结果分析

针对典型件承载能力试验要求，完成了试验方案设计，确保了所有典型试样的强度试验，得到了预期螺纹破坏模式和载荷，同时在弹塑性范围内进行有限元计算，得到了试样破坏载荷。对比分析表明，当啮合扣数满扣时，有限元计算得到的破坏载荷与试验得到的破坏载荷非常接近，当螺栓为 300M，螺母为 30CrMnSiA，有限元计算结果与试验结果相对误差为 2.2%，当螺栓、螺母均为 300M 钢时，相对误差为 7.2%；随着啮合扣数的减小，相对误差会稍微增大，但满足强度设计要求。

附　　表

附表 1　机螺钉类、螺栓及螺母用公制螺纹的有效截面积直径 d_s 和有效截面积 A_s 的值

粗牙螺纹			细牙螺纹		
螺纹公称尺寸	d_s/mm	A_s/mm^2	螺纹公称尺寸	d_s/mm	A_s/mm^2
M3	2.53	5.03	—	—	—
(M3.5)	2.94	6.78	—	—	—
M4	3.34	8.78	—	—	—
(M4.5)	3.80	11.3	—	—	—
M5	4.25	14.2	—	—	—
M6	5.06	20.1	—	—	—
(M7)	6.06	23.9	—	—	—
M8	6.83	26.6	M8×1	7.06	39.2
M10	8.59	53.0	M10×1.25	8.83	61.2
M12	10.36	84.3	M12×1.25	10.83	92.1
(M14)	12.12	115	(M14×1.25)	12.59	125
M16	14.12	157	M16×1.5	14.59	167
(M18)	15.65	192	(M18×1.5)	16.59	216
M20	17.65	245	M20×1.5	18.59	272
M22	19.65	303	(M22×1.5)	20.59	333
M24	21.19	353	M24×2	22.12	384
(M27)	24.19	459	(M27×2)	25.12	496
M30	26.72	561	M30×2	28.12	621
M33	29.72	694	(M33×2)	31.12	761
M36	32.25	817	M36×3	33.19	865
(M39)	35.25	976	(M39×3)	36.19	1 030

注：$d_s = d - 0.938\,2P$；

$A_s = \frac{\pi}{4}\left(\frac{d_s + d_s}{2}\right)^2 = \frac{\pi}{4}(d - 0.938\,2P)^2$；

括号中的公称尺寸尽可能不用。

附表 2　MJ 螺纹的螺距(导程)和牙侧角极限偏差

公称直径 $D(d)$/mm	螺距 P/mm	外螺纹		内螺纹	
		$\Delta P/\mu m$	$\Delta\alpha$	$\Delta P/\mu m$	$\Delta\alpha$
1.6	0.35	9.2	1°45′	12.2	2°19′
1.8	0.35	9.2	1°45′	12.2	2°19′
2	0.4	9.7	1°37′	12.9	2°8′
2.2	0.45	10.4	1°32′	13.9	2°2′
2.5	0.35	9.2	1°45′	12.2	2°19′
	0.45	10.4	1°32′	13.9	2°2′
3	0.35	9.7	1°50′	12.0	2°27′
	0.5	11.1	1°28′	14.5	1°55′
3.5	0.35	9.7	1°50′	12.0	2°27′
	0.5	11.1	1°21′	14.5	1°48′
4	0.5	11.1	1°28′	14.5	1°56′
	0.7	12.9	1°13′	17.3	1°38′
4.5	0.5	11.1	1°28′	14.5	1°55′
	0.75	12.9	1°8′	17.3	1°32′
5	0.5	11.1	1°28′	14.5	1°55′
	0.8	13.9	1°9′	18.5	1°32′
5.5	0.5	11.1	1°28′	14.5	1°55′
6	0.75	14.5	1°17′	19.6	1°44′
	1	16.4	1°5′	21.9	1°27′
7	0.75	14.5	1°17′	19.6	1°44′
	1	16.4	1°5′	21.9	1°27′
8	0.75	14.5	1°17′	19.6	1°44′
	1	16.4	1°5′	21.9	1°27′
	1.25	17.3	0°55′	23.1	1°13′
9	0.75	14.5	1°17′	19.6	1°44′
	1	16.4	1°5′	21.9	1°27′
	1.25	17.3	0°55′	23.1	1°13′

续 表

公称直径 D(d)/mm	螺距 P/mm	外螺纹		内螺纹	
		ΔP/μm	Δα	ΔP/μm	Δα
10	0.75	14.5	1°17′	19.6	1°44′
	1	16.4	1°5′	21.9	1°27′
	1.25	17.3	0°55′	23.1	1°13′
	1.5	19.6	0°52′	25.9	1°8′
11	0.75	14.5	1°17′	19.6	1°44′
	1	16.4	1°5′	21.9	1°27′
	1.25	17.3	0°55′	23.1	1°13′
	1.5	19.6	0°52′	25.9	1°8′
12	1	17.3	1°9′	23.1	1°32′
	1.25	19.6	1°2′	25.9	1°22′
	1.5	20.8	0°55′	27.3	1°12′
	1.75	21.9	0°50′	28.9	1°5′
14	1	17.3	1°9′	23.1	1°32′
	1.25	19.6	1°2′	25.9	1°22′
	1.5	20.8	0°55′	27.3	1°12′
	2	23.1	0°46′	30.5	1°
15	1	17.3	1°9′	23.1	1°32′
	1.5	20.8	0°55′	27.3	1°12′
16	1	17.3	1°9′	23.1	1°32′
	1.5	20.8	0°55′	27.3	1°12′
	2	23.1	0°46′	30.5	1°
17	1	17.3	1°9′	23.1	1°32′
	1.5	20.8	0°55′	27.3	1°12′
18	1	17.3	1°9′	23.1	1°32′
	1.5	20.8	0°55′	27.3	1°12′
	2	23.1	0°46′	30.5	1°
	2.5	24.5	0°39′	32.3	0°51′

续表

公称直径 $D(d)$/mm	螺距 P/mm	外螺纹		内螺纹	
		$\Delta P/\mu m$	$\Delta\alpha$	$\Delta P/\mu m$	$\Delta\alpha$
20	1	17.3	1°9′	23.1	1°32′
	1.5	20.8	0°55′	27.3	1°12′
	2	23.1	0°46′	30.5	1°
	2.5	24.5	0°39′	32.3	0°51′
22	1	17.3	1°9′	23.1	1°32′
	1.5	20.8	0°55′	27.3	1°12′
	2	23.1	0°46′	30.5	1°
	2.5	24.5	0°39′	32.3	0°51′
24	1	18.5	1°13′	24.5	1°37′
	1.5	21.9	0°58′	28.9	1°16′
	2	24.5	0°49′	32.3	1°4′
	3	28.9	0°38′	39.3	0°52′
25	1	18.5	1°13′	24.5	1°37′
	1.5	21.9	0°58′	28.9	1°16′
	2	24.5	0°49′	32.3	1°4′
26	1.5	21.9	0°58′	28.9	1°16′
27	1	18.5	1°13′	24.5	1°37′
	1.5	21.9	0°58′	28.9	1°16′
	2	24.5	0°49′	32.3	1°4′
	3	28.9	0°38′	39.3	0°52′
28	1	18.5	1°13′	24.5	1°37′
	1.5	21.9	0°58′	28.9	1°16′
	2	24.5	0°49′	32.3	1°4′
30	1	18.5	1°13′	24.5	1°37′
	1.5	21.9	0°58′	28.9	1°16′
	2	24.5	0°49′	32.3	1°4′
	3	28.9	0°38′	39.3	0°52′
	3.5	30.5	0°35′	41.6	0°47′
32	1.5	21.9	0°58′	28.9	1°16′
	2	24.5	0°49′	32.3	1°4′

续 表

公称直径 $D(d)$/mm	螺距 P/mm	外螺纹		内螺纹	
		$\Delta P/\mu m$	$\Delta\alpha$	$\Delta P/\mu m$	$\Delta\alpha$
33	1.5	21.9	0°58′	28.9	1°16′
	2	24.5	0°49′	32.3	1°4′
	3	28.9	0°38′	39.3	0°52′
	3.5	30.5	0°35′	41.6	0°47′
35	1.5	21.9	0°58′	28.9	1°16′
	2	24.5	0°49′	32.3	1°4′
36	1.5	21.9	0°58′	28.9	1°16′
	2	24.5	0°49′	32.3	1°4′
	3	28.9	0°38′	39.3	0°52′
	4	32.3	0°32′	43.9	0°44′
38	1.5	21.9	0°58′	28.9	1°16′
39	1.5	21.9	0°58′	28.9	1°16′
	2	24.5	0°49′	32.3	1°4′
	3	28.9	0°38′	39.3	0°52′
	4	32.3	0°32′	43.9	0°44′
40	1.5	21.9	0°58′	28.9	1°16′
	2	24.5	0°49′	32.3	1°4′
	3	28.9	0°38′	39.3	0°52′
42	1.5	21.9	0°58′	28.9	1°16′
	2	24.5	0°49′	32.3	1°4′
	3	28.9	0°38′	39.3	0°52′
	4	32.3	0°32′	43.9	0°44′
	4.5	34.6	0°31′	46.2	0°41′
45	1.5	21.9	0°58′	28.9	1°16′
	2	24.5	0°49′	32.3	1°4′
	3	28.9	0°38′	39.3	0°52′
	4	32.3	0°32′	43.9	0°44′
	4.5	34.6	0°31′	46.2	0°41′

续表

公称直径 $D(d)$/mm	螺距 P/mm	外螺纹		内螺纹	
		$\Delta P/\mu m$	$\Delta\alpha$	$\Delta P/\mu m$	$\Delta\alpha$
48	1.5	23.1	1°1′	30.5	1°21′
	2	25.9	0°51′	34.6	1°8′
	3	30.5	0°40′	41.6	0°55′
	4	34.6	0°34′	46.2	0°46′
	5	36.9	0°29′	49	0°39′
50	1.5	23.1	1°1′	30.5	1°21′
	2	25.9	0°51′	34.6	1°8′
	3	30.5	0°40′	41.6	0°55′
52	1.5	23.1	1°1′	30.5	1°21′
	2	25.9	0°51′	34.6	1°8′
	3	30.5	0°40′	41.6	0°55′
	4	34.6	0°34′	46.2	0°46′
	5	36.9	0°29′	49	0°39′
55	1.5	23.1	1°1′	30.5	1°21′
	2	25.9	0°51′	34.6	1°8′
	3	30.5	0°40′	41.6	0°55′
	4	34.6	0°34′	46.2	0°46′
56	1.5	23.1	1°1′	30.5	1°21′
	2	25.9	0°51′	34.6	1°8′
	3	30.5	0°40′	41.6	0°55′
	4	34.6	0°34′	46.2	0°46′
	5.5	39.3	0°28′	51.7	0°37′
58	1.5	23.1	1°1′	30.5	1°21′
	2	25.9	0°51′	34.6	1°8′
	3	30.5	0°40′	41.6	0°55′
	4	34.6	0°34′	46.2	0°46′

续 表

公称直径 $D(d)$/mm	螺距 P/mm	外螺纹		内螺纹	
		$\Delta P/\mu m$	$\Delta\alpha$	$\Delta P/\mu m$	$\Delta\alpha$
60	1.5	23.1	1°1′	30.5	1°21′
	2	25.9	0°51′	34.6	1°8′
	3	30.5	0°40′	41.6	0°55′
	4	34.6	0°34′	46.2	0°46′
	5.5	39.3	0°28′	51.7	0°37′
62	1.5	23.1	1°1′	30.5	1°21′
	2	25.9	0°51′	34.6	1°8′
	3	30.5	0°40′	41.6	0°55′
	4	34.6	0°34′	46.2	0°46′
64	1.5	23.1	1°1′	30.5	1°21′
	2	25.9	0°51′	34.6	1°8′
	3	30.5	0°40′	41.6	0°55′
	4	34.6	0°34′	46.2	0°46′
	6	41.6	0°28′	54.5	0°36′
65	1.5	23.1	1°1′	30.5	1°21′
	2	25.9	0°51′	34.6	1°8′
	3	30.5	0°40′	41.6	0°55′
	4	34.6	0°34′	46.2	0°46′
68	1.5	23.1	1°1′	30.5	1°21′
	2	25.9	0°51′	34.6	1°8′
	3	30.5	0°40′	41.6	0°55′
	4	34.6	0°34′	46.2	0°46′
	6	41.6	0°28′	54.5	0°36′
70	1.5	23.1	1°1′	30.5	1°21′
	2	25.9	0°51′	34.6	1°8′
	3	30.5	0°40′	41.6	0°55′
	4	34.6	0°34′	46.2	0°46′
	6	41.6	0°28′	54.5	0°36′

续表

公称直径 $D(d)$/mm	螺距 P/mm	外螺纹		内螺纹	
		$\Delta P/\mu m$	$\Delta\alpha$	$\Delta P/\mu m$	$\Delta\alpha$
72	1.5	23.1	1°1′	30.5	1°21′
	2	25.9	0°51′	34.6	1°8′
	3	30.5	0°40′	41.6	0°55′
	4	34.6	0°34′	46.2	0°46′
	6	41.6	0°28′	54.5	0°36′
75	1.5	23.1	1°1′	30.5	1°21′
	2	25.9	0°51′	34.6	1°8′
	3	30.5	0°40′	41.6	0°55′
	4	34.6	0°34′	46.2	0°46′
76	1.5	23.1	1°1′	30.5	1°21′
	3	30.5	0°40′	41.6	0°55′
	4	34.6	0°34′	46.2	0°46′
	6	41.6	0°28′	54.5	0°36′
78	1.5	23.1	1°1′	30.5	1°21′
	2	25.9	0°51′	34.6	1°8′
	3	30.5	0°40′	41.6	0°55′
80	1.5	23.1	1°1′	30.5	1°21′
	2	25.9	0°51′	34.6	1°8′
	3	30.5	0°40′	41.6	0°55′
	4	34.6	0°34′	46.2	0°46′
	6	41.6	0°28′	54.5	0°36′
82	1.5	23.1	1°1′	30.5	1°21′
	2	25.9	0°51′	34.6	1°8′
	3	30.5	0°40′	41.6	0°55′
85	1.5	23.1	1°1′	30.5	1°21′
	2	25.9	0°51′	34.6	1°8′
	3	30.5	0°40′	41.6	0°55′
	4	34.6	0°34′	46.2	0°46′
	6	41.6	0°28′	54.5	0°36′

续 表

公称直径 $D(d)$/mm	螺距 P/mm	外螺纹		内螺纹	
		$\Delta P/\mu$m	$\Delta\alpha$	$\Delta P/\mu$m	$\Delta\alpha$
88	1.5	23.1	1°1′	30.5	1°21′
90	1.5	23.1	1°1′	30.5	1°21′
	2	25.9	0°51′	34.6	1°8′
	3	30.5	0°40′	41.6	0°55′
	4	34.6	0°34′	46.2	0°46′
	6	41.6	0°28′	54.5	0°36′
92	1.5	24.5	1°4′	32.3	1°25′
95	1.5	24.5	1°4′	32.3	1°25′
	2	27.3	0°54′	36.9	1°13′
	3	32.3	0°43′	43.9	0°58′
	4	36.9	0°37′	49	0°49′
	6	43.9	0°29′	57.7	0°38′
98	1.5	24.5	1°4′	32.3	1°25′
100	1.5	24.5	1°4′	32.3	1°25′
	2	27.3	0°54′	36.9	1°13′
	3	32.3	0°43′	43.9	0°58′
	4	36.9	0°37′	49	0°49′
	6	43.9	0°29′	57.7	0°38′
102	1.5	24.5	1°4′	32.3	1°25′
105	1.5	24.5	1°4′	32.3	1°25′
	2	27.3	0°54′	36.9	1°13′
	3	32.3	0°43′	43.9	0°58′
	4	36.9	0°37′	49	0°49′
	6	43.9	0°29′	57.7	0°38′
108	1.5	24.5	1°4′	32.3	1°25′
110	1.5	24.5	1°4′	32.3	1°25′
	2	27.3	0°54′	36.9	1°13′
	3	32.3	0°43′	43.9	0°58′
	4	36.9	0°37′	49	0°49′
	6	43.9	0°29′	57.7	0°38′

续表

公称直径 $D(d)$/mm	螺距 P/mm	外螺纹		内螺纹	
		$\Delta P/\mu m$	$\Delta\alpha$	$\Delta P/\mu m$	$\Delta\alpha$
112	1.5	24.5	1°4′	32.3	1°25′
115	1.5	24.5	1°4′	32.3	1°25′
	2	27.3	0°54′	36.9	1°13′
	3	32.3	0°43′	43.9	0°58′
	4	36.9	0°37′	49	0°49′
	6	43.9	0°29′	57.7	0°38′
118	1.5	24.5	1°4′	32.3	1°25′
120	1.5	24.5	1°4′	32.3	1°25′
	2	27.3	0°54′	36.9	1°13′
	3	32.3	0°43′	43.9	0°58′
	4	36.9	0°37′	49	0°49′
	6	43.9	0°29′	57.7	0°38′
125	1.5	24.5	1°4′	32.3	1°25′
	2	27.3	0°54′	36.9	1°13′
	3	32.3	0°43′	43.9	0°58′
	4	36.9	0°37′	49	0°49′
	6	43.9	0°29′	57.7	0°38′
130	1.5	24.5	1°4′	32.3	1°25′
	2	27.3	0°54′	36.9	1°13′
	3	32.3	0°43′	43.9	0°58′
	4	36.9	0°37′	49	0°49′
	6	43.9	0°29′	57.7	0°38′
135	1.5	24.5	1°4′	32.3	1°25′
	2	27.3	0°54′	36.9	1°13′
	3	32.3	0°43′	43.9	0°58′
	4	36.9	0°37′	49	0°49′
	6	43.9	0°29′	57.7	0°38′

续表

公称直径 $D(d)$/mm	螺距 P/mm	外螺纹		内螺纹	
		$\Delta P/\mu$m	$\Delta\alpha$	$\Delta P/\mu$m	$\Delta\alpha$
140	1.5	24.5	1°4′	32.3	1°25′
	2	27.3	0°54′	36.9	1°13′
	3	32.3	0°43′	43.9	0°58′
	4	36.9	0°37′	49	0°49′
	6	43.9	0°29′	57.7	0°38′
145	1.5	24.5	1°4′	32.3	1°25′
	2	27.3	0°54′	36.9	1°13′
	3	32.3	0°43′	43.9	0°58′
	4	36.9	0°37′	49	0°49′
	6	43.9	0°29′	57.7	0°38′
150	1.5	24.5	1°4′	32.3	1°25′
	2	27.3	0°54′	36.9	1°13′
	3	32.3	0°43′	43.9	0°58′
	4	36.9	0°37′	49	0°49′
	6	43.9	0°29′	57.7	0°38′
155	3	32.3	0°43′	43.9	0°58′
	4	36.9	0°37′	49	0°49′
	6	43.9	0°29′	57.7	0°38′
160	3	32.3	0°43′	43.9	0°58′
	4	36.9	0°37′	49	0°49′
	6	43.9	0°29′	57.7	0°38′
165	3	32.3	0°43′	43.9	0°58′
	4	36.9	0°37′	49	0°49′
	6	43.9	0°29′	57.7	0°38′
170	3	32.3	0°43′	43.9	0°58′
	4	36.9	0°37′	49	0°49′
	6	43.9	0°29′	57.7	0°38′
175	3	32.3	0°43′	43.9	0°58′
	4	36.9	0°37′	49	0°49′
	6	43.9	0°29′	57.7	0°38′

续表

公称直径 $D(d)$/mm	螺距 P/mm	外螺纹		内螺纹	
		$\Delta P/\mu m$	$\Delta\alpha$	$\Delta P/\mu m$	$\Delta\alpha$
180	3	32.3	0°43′	43.9	0°58′
	4	36.9	0°37′	49	0°49′
	6	43.9	0°29′	57.7	0°38′
185	3	36.9	0°49′	49	1°5′
	4	41.6	0°41′	54.5	0°54′
	6	46.2	0°31′	61.2	0°40′
190	3	36.9	0°49′	49	1°5′
	4	41.6	0°41′	54.5	0°54′
	6	46.2	0°31′	61.2	0°40′
195	3	36.9	0°49′	49	1°5′
	4	41.6	0°41′	54.5	0°54′
	6	46.2	0°31′	61.2	0°40′
200	3	36.9	0°49′	49	1°5′
	4	41.6	0°41′	54.5	0°54′
	6	46.2	0°31′	61.2	0°40′
205	3	36.9	0°49′	49	1°5′
	4	41.6	0°41′	54.5	0°54′
	6	46.2	0°31′	61.2	0°40′
210	3	36.9	0°49′	49	1°5′
	4	41.6	0°41′	54.5	0°54′
	6	46.2	0°31′	61.2	0°40′
215	3	36.9	0°49′	49	1°5′
	4	41.6	0°41′	54.5	0°54′
	6	46.2	0°31′	61.2	0°40′
220	3	36.9	0°49′	49	1°5′
	4	41.6	0°41′	54.5	0°54′
	6	46.2	0°31′	61.2	0°40′
225	3	36.9	0°49′	49	1°5′
	4	41.6	0°41′	54.5	0°54′
	6	46.2	0°31′	61.2	0°40′

续 表

公称直径 $D(d)$/mm	螺距 P/mm	外螺纹		内螺纹	
		$\Delta P/\mu m$	$\Delta\alpha$	$\Delta P/\mu m$	$\Delta\alpha$
230	3	36.9	0°49′	49	1°5′
	4	41.6	0°41′	54.5	0°54′
	6	46.2	0°31′	61.2	0°40′
235	3	36.9	0°49′	49	1°5′
	4	41.6	0°41′	54.5	0°54′
	6	46.2	0°31′	61.2	0°40′
240	3	36.9	0°49′	49	1°5′
	4	41.6	0°41′	54.5	0°54′
	6	46.2	0°31′	61.2	0°40′
245	3	36.9	0°49′	49	1°5′
	4	41.6	0°41′	54.5	0°54′
	6	46.2	0°31′	61.2	0°40′
250	3	36.9	0°49′	49	1°5′
	4	41.6	0°41′	54.5	0°54′
	6	46.2	0°31′	61.2	0°40′
255	4	41.6	0°41′	54.5	0°54′
	6	46.2	0°31′	61.2	0°40′
260	4	41.6	0°41′	54.5	0°54′
	6	46.2	0°31′	61.2	0°40′
265	4	41.6	0°41′	54.5	0°54′
	6	46.2	0°31′	61.2	0°40′
270	4	41.6	0°41′	54.5	0°54′
	6	46.2	0°31′	61.2	0°40′
275	4	41.6	0°41′	54.5	0°54′
	6	46.2	0°31′	61.2	0°40′
280	4	41.6	0°41′	54.5	0°54′
	6	46.2	0°31′	61.2	0°40′
285	4	41.6	0°41′	54.5	0°54′
	6	46.2	0°31′	61.2	0°40′

续 表

公称直径 $D(d)$/mm	螺距 P/mm	外螺纹		内螺纹	
		$\Delta P/\mu$m	$\Delta\alpha$	$\Delta P/\mu$m	$\Delta\alpha$
290	4	41.6	0°41′	54.5	0°54′
	6	46.2	0°31′	61.2	0°40′
295	4	41.6	0°41′	54.5	0°54′
	6	46.2	0°31′	61.2	0°40′
300	4	41.6	0°41′	54.5	0°54′
	6	46.2	0°31′	61.2	0°40′

附表 3　4h6h 外螺纹的极限尺寸　　单位：mm

螺纹标记	大径 d			中径 d_2			小径 d_1		
	max	min	T_d 6h	max	min	T_{d_2} 4h	max	min	T_{d_1}
MJ1.6×0.35－4h6h	1.600	1.515	0.085	1.373	1.333	0.040	1.196	1.135	0.061
MJ1.8×0.35－4h6h	1.800	1.715	0.085	1.573	1.533	0.040	1.396	1.335	0.061
MJ2×0.4－4h6h	2.000	1.905	0.095	1.740	1.698	0.042	1.538	1.472	0.066
MJ2.2×0.45－4h6h	2.200	2.100	0.100	1.908	1.863	0.045	1.680	1.608	0.072
MJ2.5×0.35－4h6h	2.500	2.415	0.085	2.273	2.233	0.040	2.096	2.035	0.061
MJ2.5×0.45－4h6h	2.500	2.400	0.100	2.208	2.163	0.045	1.980	1.908	0.072
MJ3×0.35－4h6h	3.000	2.915	0.085	2.773	2.731	0.042	2.596	2.533	0.063
MJ3×0.5－4h6h	3.000	2.894	0.106	2.675	2.627	0.048	2.423	2.345	0.078
MJ3.5×0.35－4h6h	3.500	3.415	0.085	3.273	3.231	0.042	3.096	3.033	0.063
MJ3.5×0.6－4h6h	3.500	3.375	0.125	3.110	3.057	0.053	2.807	2.718	0.089
MJ4×0.5－4h6h	4.000	3.894	0.106	3.675	3.627	0.048	3.423	3.345	0.078
MJ4×0.7－4h6h	4.000	3.860	0.140	3.545	3.489	0.056	3.152	3.094	0.098
MJ4.5×0.5－4h6h	4.500	4.394	0.106	4.175	4.127	0.048	3.923	3.845	0.078
MJ4.5×0.75－4h6h	4.500	4.360	0.140	4.013	3.957	0.056	3.634	3.533	0.101
MJ5×0.5－4h6h	5.000	4.894	0.106	4.675	4.627	0.048	4.423	4.345	0.078
MJ5×0.8－4h6h	5.000	4.850	0.150	4.480	4.420	0.060	4.076	3.968	0.108
MJ5.5×0.5－4h6h	5.500	5.394	0.106	5.175	5.127	0.048	4.923	43845	0.078
MJ6×0.75－4h6h	6.000	5.860	0.140	5.513	5.450	0.063	5.134	5.026	0.108
MJ6×1－4h6h	6.000	5.820	0.180	5.350	5.279	0.071	4.845	4.713	0.132
MJ7×0.75－4h6h	7.000	6.860	0.140	6.513	6.450	0.063	6.134	6.026	0.108

续 表

螺纹标记	大径 d			中径 d_2			小径 d_1		
	max	min	T_d 6h	max	min	T_{d_2} 4h	max	min	T_{d_1}
MJ7×1－4h6h	7.000	6.820	0.180	6.350	6.279	0.071	5.845	5.713	0.132
MJ8×0.75－4h6h	8.000	7.850	0.140	7.513	7.450	0.063	7.134	7.026	0.108
MJ8×1－4h6h	8.000	7.820	0.180	7.350	7.279	0.071	6.845	6.713	0.132
MJ8×1.25－4h6h	8.000	7.788	0.212	7.188	7.113	0.075	6.557	6.406	0.151
MJ9×0.75－4h6h	9.000	8.860	0.140	8.513	8.450	0.063	8.134	8.026	0.108
MJ9×1－4h6h	9.000	8.820	0.180	8.350	8.279	0.071	7.845	7.713	0.132
MJ9×1.25－4h6h	9.000	8.788	0.212	8.188	8.113	0.075	7.557	7.406	0.151
MJ10×0.75－4h6h	10.000	9.860	0.140	9.513	9.450	0.063	9.134	9.026	0.108
MJ10×1－4h6h	10.000	9.820	0.180	9.350	9.279	0.071	8.845	8.713	0.132
MJ10×1.25－4h6h	10.000	9.788	0.212	9.188	9.113	0.075	8.557	8.406	0.151
MJ10×1. 5－4h6h	10.000	9.764	0.236	9.026	8.941	0.085	8.268	8.092	0.176
MJ11×0.75－4h6h	11.000	10.860	0.140	10.513	10.450	0.063	10.134	10.026	0.108
MJ11×1－4h6h	11.000	10.820	0.180	10.350	10.279	0.071	9.845	9.713	0.132
MJ11×1.25－4h6h	11.000	10.788	0.212	10.188	10.113	0.075	9.557	9.406	0.151
MJ11×1.5－4h6h	11.000	10.764	0.236	10.026	9.941	0.085	9.268	9.092	0.176
MJ12×1－4h6h	12.000	11.820	0.180	11.350	22.275	0.075	10.845	10.709	0.136
MJ12×1.25－4h6h	12.000	11.788	0.212	11.188	11.103	0.085	10.557	10.396	0.161
MJ12×1.5－4h6h	12.000	11.764	0.236	11.026	10.936	0.090	10.268	10.087	0.181
MJ12×1.75－4h6h	12.000	11.735	0.265	10.863	10.768	0.095	9.979	9.778	0.201
MJ14×1－4h6h	14.000	13.820	0.180	13.350	13.275	0.075	12.845	12.709	0.136
MJ14×1.25－4h6h	14.000	13.788	0.212	13.188	13.103	0.085	12.557	12.396	0.161
MJ14×1.5－4h6h	14.000	13.764	0.236	13.026	12.936	0.090	12.268	12.087	0.181
MJ14×2－4h6h	14.000	13.720	0.280	12.701	12.601	0.100	11.691	11.469	0.222
MJ15×1－4h6h	15.000	14.820	0.180	14.350	14.275	0.075	13.845	13.709	0.136
MJ15×1.5－4h6h	15.000	14.764	0.236	14.026	13.936	0.090	13.268	13.087	0.181
MJ16×1－4h6h	16.000	15.820	0.180	15.350	15.275	0.075	14.845	14.709	0.136
MJ16×1.5－4h6h	16.000	15.764	0.236	15.026	14.936	0.090	14.268	14.087	0.181
MJ16×2－4h6h	16.000	15.720	0.280	14.701	14.601	0.100	13.691	13.469	0.222
MJ17×1－4h6h	17.000	16.820	0.180	16.350	16.275	0.075	15.845	15.709	0.136
MJ17×1.5－4h6h	17.000	16.764	0.236	16.026	15.936	0.090	15.268	15.087	0.181

续表

螺纹标记	大径 d			中径 d_2			小径 d_1		
	max	min	T_d6h	max	min	T_{d_2}4h	max	min	T_{d_1}
MJ18×1－4h6h	18.000	17.820	0.180	17.350	17.275	0.075	16.845	16.709	0.136
MJ18×1.5－4h6h	18.000	17.764	0.236	17.026	16.936	0.090	16.268	16.087	0.181
MJ18×2－4h6h	18.000	17.720	0.280	16.701	16.601	0.100	15.691	15.469	0.222
MJ18×2.5－4h6h	18.000	17.665	0.335	16.375	16.270	0.106	15.113	14.856	0.257
MJ20×1－4h6h	20.000	19.820	0.180	19.350	19.275	0.075	18.845	18.709	0.136
MJ20×1.5－4h6h	20.000	19.764	0.236	19.026	28.936	0.090	18.268	18.087	0.181
MJ20×2－4h6h	20.000	19.720	0.280	18.701	18.601	0.100	17.691	17.469	0.222
MJ20×2.5－4h6h	20.000	19.665	0.335	18.376	18.270	0.106	17.113	16.856	0.257
MJ22×1－4h6h	22.000	21.820	0.180	21.350	21.275	0.075	20.845	20.709	0.136
MJ22×1.5－4h6h	22.000	21.764	0.236	21.026	20.936	0.090	20.268	20.087	0.181
MJ22×2－4h6h	22.000	21.720	0.280	20.701	20.601	0.100	19.691	19.469	0.222
MJ22×2.5－4h6h	22.000	21.665	0.335	20.376	20.270	0.106	19.113	18.856	0.257
MJ24×1－4h6h	24.000	23.820	0.180	23.350	23.270	0.080	22.845	22.704	0.141
MJ24×1.5－4h6h	24.000	23.764	0.236	23.026	22.931	0.095	22.268	22.082	0.186
MJ24×2－4h6h	24.000	23.720	0.280	22.701	22.595	0.106	21.691	21.464	0.227
MJ24×3－4h6h	24.000	23.625	0.375	22.051	21.926	0.125	20.536	20.229	0.307
MJ25×1－4h6h	25.000	24.820	0.180	24.350	24.270	0.080	23.845	23.704	0.141
MJ25×1.5－4h6h	25.000	24.764	0.236	24.026	23.931	0.095	23.268	23.082	0.186
MJ25×2－4h6h	25.000	24.720	0.280	23.701	23.595	0.106	22.691	22.464	0.227
MJ26×1.5－4h6h	26.000	25.764	0.236	25.026	24.931	0.095	24.268	24.082	0.186
MJ27×1－4h6h	27.000	26.820	0.180	26.350	26.270	0.080	25.845	25.704	0.141
MJ27×1.5－4h6h	27.000	26.764	0.236	26.026	25.931	0.095	25.268	25.082	0.186
MJ27×2－4h6h	27.000	26.720	0.280	25.701	25.595	0.106	24.691	24.464	0.227
MJ27×3－4h6h	27.000	26.625	0.375	25.051	24.926	0.125	23.536	23.229	0.307
MJ28×1－4h6h	28.000	27.820	0.180	27.350	27.270	0.080	26.845	26.704	0.141
MJ28×1.5－4h6h	28.000	27.764	0.236	27.026	26.931	0.095	26.268	26.082	0.186
MJ28×2－4h6h	28.000	27.720	0.280	26.701	26.595	0.106	25.691	25.464	0.227
MJ30×1－4h6h	30.000	29.820	0.180	29.350	29.270	0.080	28.845	28.704	0.141
MJ30×1.5－4h6h	30.000	29.764	0.236	29.026	28.931	0.095	28.268	28.082	0.186
MJ30×2－4h6h	30.000	29.720	0.280	28.701	28.595	0.106	27.691	27.464	0.227

续 表

螺纹标记	大径 d			中径 d_2			小径 d_1		
	max	min	T_d6h	max	min	T_{d_2}4h	max	min	T_{d_1}
MJ30×3－4h6h	30.000	29.625	0.375	28.051	27.926	0.125	26.536	26.229	0.307
MJ30×3.5－4h6h	30.000	29.575	0.425	27.727	27.595	0.132	25.959	25.615	0.344
MJ32×1.5－4h6h	32.000	31.764	0.236	31.026	30.931	0.095	30.268	30.082	0.141
MJ32×2－4h6h	32.000	31.720	0.280	30.701	30.595	0.106	29.691	29.464	0.186
MJ33×1.5－4h6h	33.000	32.764	0.375	32.026	31.931	0.095	31.268	31.082	0.186
MJ33×2－4h6h	33.000	32.720	0.425	31.701	31.595	0.106	30.691	30.464	0.227
MJ33×3－4h6h	33.000	32.625	0.236	31.051	30.926	0.125	29.536	29.229	0.307
MJ33×3.5－4h6h	33.000	32.575	0.280	30.727	30.595	0.132	28.959	28.615	0.344
MJ35×1.5－4h6h	35.000	34.764	0.236	34.026	33.931	0.095	33.268	33.082	0.186
MJ35×2－4h6h	35.000	34.720	0.280	33.701	33.595	0.106	32.691	32.464	0.227
MJ36×1.5－4h6h	36.000	35.764	0.236	35.026	34.931	0.095	34.268	34.082	0.186
MJ36×2－4h6h	36.000	35.720	0.280	34.701	34.595	0.106	33.691	33.464	0.227
MJ36×3－4h6h	36.000	35.625	0.375	34.051	33.926	0.125	32.536	32.229	0.307
MJ36×4－4h6h	36.000	35.525	0.475	33.402	33.262	0.140	31.381	30.999	0.382
MJ38×1.5－4h6h	38.000	37.764	0.236	37.026	36.926	0.095	36.268	36.082	0.186
MJ39×1.5－4h6h	39.000	38.764	0.236	38.026	37.931	0.095	37.268	37.082	0.186
MJ39×2－4h6h	39.000	38.720	0.280	37.701	37.595	0.106	36.691	36.464	0.227
MJ39×3－4h6h	39.000	38.625	0.375	37.051	36.926	0.125	35.536	35.229	0.307
MJ39×4－4h6h	39.000	38.525	0.475	36.402	36.262	0.140	34.381	33.999	0.382
MJ40×1.5－4h6h	40.000	39.764	0.236	39.026	38.931	0.095	38.268	38.082	0.186
MJ40×2－4h6h	40.000	39.720	0.280	38.701	38.595	0.106	37.691	37.464	0.227
MJ40×3－4h6h	40.000	39.625	0.375	38.051	37.926	0.125	36.536	36.229	0.307
MJ42×1.5－4h6h	42.000	41.764	0.236	41.026	40.931	0.095	40.268	40.082	0.186
MJ42×2－4h6h	42.000	41.720	0.280	40.701	40.595	0.106	39.691	39.464	0.227
MJ42×3－4h6h	42.000	41.625	0.375	40.051	39.926	0.125	38.536	38.229	0.307
MJ42×4－4h6h	42.000	41.525	0.475	39.402	39.262	0.140	37.381	40.082	0.382
MJ42×4.5－4h6h	42.000	41.500	0.500	39.077	38.927	0.150	36.804	36.381	0.423
MJ45×1.5－4h6h	45.000	44.764	0.236	44.026	43.931	0.095	43.268	43.082	0.186
MJ45×2－4h6h	45.000	44.720	0.280	43.701	43.595	0.106	42.691	42.464	0.227
MJ45×3－4h6h	45.000	44.625	0.375	43.051	42.926	0.125	41.536	41.229	0.307

续表

螺纹标记	大径 d			中径 d_2			小径 d_1		
	max	min	T_d6h	max	min	T_{d_2}4h	max	min	T_{d_1}
MJ45×4－4h6h	45.000	44.525	475	42.402	42.262	0.140	40.381	39.999	0.382
MJ45×4.5－4h6h	45.000	44.500	0.500	42.077	41.927	0.150	39.804	39.381	0.423
MJ48×1.5－4h6h	48.000	47.764	0.236	47.026	46.926	0.100	46.268	46.077	0.191
MJ48×2－4h6h	48.000	47.720	0.280	46.701	46.589	0.112	45.691	45.457	0.234
MJ48×3－4h6h	48.000	47.625	0.375	46.051	45.919	0.132	44.536	44.222	0.314
MJ48×4－4h6h	48.000	47.252	0.475	45.402	45.252	0.150	43.381	42.899	0.392
MJ48×5－4h6h	48.000	47.470	0.530	44.752	44.592	0.160	42.226	41.763	0.463
MJ50×1.5－4h6h	50.000	49.764	0.236	49.026	48.926	0.100	48.268	48.077	0.191
MJ50×2－4h6h	50.000	49.720	0.280	48.701	48.589	0.112	47.691	47.457	0.234
MJ50×3－4h6h	50.000	49.625	0.375	48.051	47.919	0.132	46.536	46.222	0.314
MJ52×1.5－4h6h	52.000	51.764	0.236	51.026	50.926	0.100	50.268	50.077	0.191
MJ52×2－4h6h	52.000	51.720	0.280	50.701	50.589	0.112	49.691	49.457	0.234
MJ52×3－4h6h	52.000	51.625	0.375	50.051	49.919	0.132	48.536	48.222	0.314
MJ52×4－4h6h	52.000	51.525	0.475	49.402	49.252	0.150	47.381	46.989	0.392
MJ52×5－4h6h	52.000	51.470	0.530	48.752	54.026	0.160	46.226	45.763	0.463
MJ55×1.5－4h6h	55.000	54.764	0.236	54.026	54.589	0.100	53.268	53.077	0.191
MJ55×2－4h6h	55.000	54.720	0.280	53.701	53.919	0.112	52.691	52.457	0.234
MJ55×3－4h6h	55.000	54.625	0.375	53.051	53.252	0.132	51.536	51.222	0.314
MJ55×4－4h6h	55.000	54.525	0.475	52.402	52.258	0.150	50.381	49.989	0.392
MJ56×1.5－4h6h	56.000	55.764	0.236	55.026	54.926	0.100	54.268	54.077	0.191
MJ56×2－4h6h	56.000	55.720	0.280	54.701	54.589	0.112	53.691	53.457	0.234
MJ56×3－4h6h	56.000	55.625	0.375	54.051	53.919	0.132	52.536	52.222	0.314
MJ56×4－4h6h	56.000	55.525	0.475	53.402	53.252	0.150	51.381	50.989	0.392
MJ56×5.5－4h6h	56.000	55.440	0.560	52.428	52.258	0.170	49.649	49.146	0.503
MJ58×1.5－4h6h	58.000	57.764	0.236	57.026	56.926	0.100	56.268	56.077	0.191
MJ58×2－4h6h	58.000	57.720	0.280	56.701	56.589	0.112	55.691	55.457	0.234
MJ58×3－4h6h	58.000	57.625	0.375	56.051	55.919	0.132	54.536	54.222	0.314
MJ58×4－4h6h	58.000	57.525	0.475	55.402	55.252	0.150	53.381	52.989	0.392
MJ60×1.5－4h6h	60.000	59.764	0.236	59.026	58.926	0.100	58.268	58.077	0.191
MJ60×2－4h6h	60.000	59.720	0.280	58.701	58.589	0.112	57.691	57.457	0.234

续 表

螺纹标记	大径 d			中径 d_2			小径 d_1		
	max	min	T_d6h	max	min	T_{d_2}4h	max	min	T_{d_1}
MJ60×3－4h6h	60.000	59.625	0.375	58.051	57.919	0.132	56.536	56.222	0.314
MJ60×4－4h6h	60.000	59.525	0.475	57.402	57.252	0.150	55.381	54.989	0.392
MJ60×5.5－4h6h	60.000	59.440	0.560	56.428	56.258	0.170	53.649	53.146	0.503
MJ62×1.5－4h6h	62.000	61.764	0.236	61.026	60.926	0.100	60.268	60.077	0.191
MJ62×2－4h6h	62.000	61.720	0.280	60.701	60.589	0.112	59.691	59.457	0.234
MJ62×3－4h6h	62.000	61.625	0.375	60.051	59.919	0.132	58.536	58.222	0.314
MJ62×4－4h6h	62.000	61.525	0.475	59.402	59.252	0.150	57.381	56.989	0.392
MJ64×1.5－4h6h	64.000	63.764	0.236	63.026	62.926	0.100	62.268	62.077	0.191
MJ64×2－4h6h	64.000	63.720	0.280	62.701	62.589	0.112	61.691	61.457	0.234
MJ64×3－4h6h	64.000	63.625	0.375	62.051	61.919	0.132	60.536	60.222	0.314
MJ64×4－4h6h	64.000	63.525	0.475	61.402	91.252	0.150	59.381	58.989	0.392
MJ64×6－4h6h	64.000	63.400	0.600	60.103	59.923	0.180	57.072	56.528	0.544
MJ65×1.5－4h6h	65.000	64.764	0.236	64.026	63.926	0.100	63.268	63.077	0.191
MJ65×2－4h6h	65.000	64.720	0.280	63.701	63.589	0.112	62.691	62.457	0.234
MJ65×3－4h6h	65.000	64.625	0.375	63.051	62.919	0.132	61.536	61.222	0.314
MJ65×4－4h6h	65.000	64.525	0.475	62.402	62.252	0.150	60.381	59.989	0.392
MJ68×1.5－4h6h	68.000	67.764	0.236	67.026	66.926	0.100	66.268	66.077	0.191
MJ68×2－4h6h	68.000	67.720	0.280	66.701	66.589	0.112	65.691	65.457	0.234
MJ68×3－4h6h	68.000	67.625	0.375	66.051	65.919	0.132	64.536	64.222	0.314
MJ68×4－4h6h	68.000	67.525	0.475	65.402	65.252	0.150	63.381	62.989	0.392
MJ68×6－4h6h	68.000	67.400	0.600	64.103	63.923	0.180	61.072	60.528	0.544
MJ70×1.5－4h6h	70.000	69.764	0.236	69.026	68.926	0.100	68.268	68.077	0.191
MJ70×2－4h6h	70.000	69.720	0.280	68.701	68.589	0.112	67.691	67.457	0.234
MJ70×3－4h6h	70.000	69.625	0.375	68.051	67.919	0.132	66.536	66.222	0.314
MJ70×4－4h6h	70.000	69.525	0.475	67.402	67.252	0.150	65.381	64.989	0.392
MJ70×6－4h6h	70.000	69.400	0.600	66.103	66.923	0.180	63.072	62.528	0.544
MJ72×1.5－4h6h	72.000	71.764	0.236	71.026	70.926	0.100	70.268	70.077	0.191
MJ72×2－4h6h	72.000	71.720	0.280	70.701	70.589	0.112	69.691	69.457	0.234
MJ72×3－4h6h	72.000	71.625	0.375	70.051	69.919	0.132	68.536	68.222	0.314
MJ72×4－4h6h	72.000	71.525	0.475	69.402	69.252	0.150	67.381	66.989	0.392

续 表

螺纹标记	大径 d			中径 d_2			小径 d_1		
	max	min	T_d6h	max	min	T_{d_2}4h	max	min	T_{d_1}
MJ72×6－4h6h	72.000	71.400	0.600	68.103	67.923	0.180	65.072	64.528	0.544
MJ75×1.5－4h6h	75.000	74.764	0.236	74.026	73.926	0.100	73.268	73.077	0.191
MJ75×2－4h6h	75.000	74.720	0.280	73.701	73.589	0.112	72.691	72.457	0.234
MJ75×3－4h6h	75.000	74.625	0.375	73.051	72.919	0.132	71.536	71.222	0.314
MJ75×4－4h6h	75.000	74.525	0.475	72.402	72.252	0.150	70.381	69.989	0.392
MJ76×1.5－4h6h	76.000	75.764	0.236	75.026	74.926	0.100	74.268	74.077	0.191
MJ76×3－4h6h	76.000	75.625	0.375	74.051	73.919	0.132	72.536	72.222	0.314
MJ76×4－4h6h	76.000	75.525	0.475	72.402	73.252	0.150	70.381	70.989	0.392
MJ76×6－4h6h	76.000	75.400	0.600	72.103	71.923	0.180	69.072	68.528	0.544
MJ78×1.5－4h6h	78.000	77.764	0.236	77.026	76.926	0.100	76.268	76.077	0.191
MJ78×2－4h6h	78.000	77.720	0.280	76.701	76.589	0.112	75.691	75.457	0.234
MJ78×3－4h6h	78.000	77.625	0.375	76.051	75.919	0.132	74.536	74.222	0.314
MJ80×1.5－4h6h	80.000	79.764	0.236	79.026	78.926	0.100	78.268	78.077	0.191
MJ80×2－4h6h	80.000	79.720	0.280	78.701	78.589	0.112	77.691	77.457	0.234
MJ80×3－4h6h	80.000	79.625	0.375	78.051	77.919	0.132	76.536	76.222	0.314
MJ80×4－4h6h	80.000	79.525	0.475	77.402	77.252	0.150	75.381	74.989	0.392
MJ80×6－4h6h	80.000	79.400	0.600	76.103	75.923	0.180	73.072	72.528	0.544
MJ82×1.5－4h6h	82.000	81.764	0.236	81.026	80.926	0.100	80.268	80.077	0.191
MJ82×2－4h6h	82.000	81.720	0.280	80.701	80.589	0.112	79.691	79.457	0.234
MJ82×3－4h6h	82.000	81.625	0.375	80.051	79.919	0.132	78.536	78.222	0.314
MJ85×1.5－4h6h	85.000	84.764	0.236	84.026	83.926	0.100	83.268	83.077	0.191
MJ85×2－4h6h	85.000	84.720	0.280	83.701	83.589	0.112	82.694	82.457	0.234
MJ85×3－4h6h	85.000	84.625	0.375	83.051	82.919	0.132	81.536	81.222	0.314
MJ85×4－4h6h	85.000	84.525	0.475	82.402	82.252	0.150	80.381	79.989	0.392
MJ85×6－4h6h	85.000	84.400	0.600	81.103	80.923	0.180	78.072	77.528	0.544
MJ88×1.5－4h6h	88.000	87.764	0.236	87.026	86.926	0.100	86.268	86.077	0.191
MJ90×1.5－4h6h	90.000	89.764	0.236	89.026	88.926	0.100	88.268	88.077	0.191
MJ90×2－4h6h	90.000	89.720	0.280	88.701	88.589	0.112	87.691	87.457	0.234
MJ90×3－4h6h	90.000	89.625	0.375	88.051	87.919	0.132	86.536	86.222	0.314
MJ90×4－4h6h	90.000	89.525	0.475	87.402	87.252	0.150	85.381	84.989	0.392

续 表

螺纹标记	大径 d			中径 d_2			小径 d_1		
	max	min	T_d6h	max	min	T_{d_2}4h	max	min	T_{d_1}
MJ90×6－4h6h	90.000	89.400	0.600	86.103	95.923	0.180	83.072	82.528	0.544
MJ92×1.5－4h6h	92.000	91.764	0.236	91.026	90.920	0.106	90.268	90.071	0.197
MJ95×1.5－4h6h	95.000	94.764	0.236	94.026	93.920	0.106	93.268	93.071	0.197
MJ95×2－4h6h	95.000	94.720	0.280	93.701	93.583	0.118	92.691	92.451	0.240
MJ95×3－4h6h	95.000	94.625	0.375	93.051	92.911	0.140	91.536	91.214	0.322
MJ95×4－4h6h	95.000	94.525	0.475	92.402	92.242	0.160	90.381	89.979	0.402
MJ95×6－4h6h	95.000	94.400	0.600	91.103	90.913	0.190	88.072	87.518	0.554
MJ98×1.5－4h6h	98.000	97.764	0.236	97.026	96.920	0.106	96.268	96.071	0.197
MJ100×1.5－4h6h	100.000	99.764	0.236	99.026	98.920	0.106	98.268	98.071	0.197
MJ100×2－4h6h	100.000	99.720	0.280	98.701	98.583	0.118	97.691	97.451	0.240
MJ100×3－4h6h	100.000	99.625	0.375	98.051	97.911	0.140	96.536	96.214	0.322
MJ100×4－4h6h	100.000	99.525	0.475	97.402	97.242	0.160	95.381	94.979	0.402
MJ100×6－4h6h	100.000	99.400	0.600	96.103	95.913	0.190	93.072	92.518	0.554

注：外螺纹小径的最大值 $d_{1\max} = d_{2\max} - 0.505\,18P$；

外螺纹小径的最小值 $d_{1\min} = d_{2\min} - 0.565\,80P$。

附表 4　4g6g 外螺纹极限尺寸　　单位：mm

螺纹标记	大径 d			中径 d_2			小径 d_1		
	max	min	T_d6g	max	min	T_{d_2}4g	max	min	T_{d_1}
MJ1.6×0.35－4g6g	1.581	1.496	0.085	1.354	1.314	0.040	1.177	1.116	0.061
MJ1.8×0.35－4g6g	1.781	1.696	0.085	1.554	1.514	0.040	1.377	1.316	0.061
MJ2×0.4－4g6g	1.981	1.886	0.095	1.721	1.679	0.042	1.519	1.453	0.066
MJ2.2×0.45－4g6g	2.180	2.080	0.100	1.888	1.843	0.045	1.660	1.588	0.072
MJ2.5×0.35－4g6g	2.481	2.396	0.085	2.254	2.214	0.040	2.077	2.016	0.061
MJ2.5×0.45－4g6g	2.480	2.380	0.100	2.188	2.143	0.045	1.960	1.888	0.072
MJ3×0.35－4g6g	2.981	2.896	0.085	2.754	2.712	0.042	2.577	2.514	0.063
MJ3×0.5－4g6g	2.980	2.874	0.106	2.655	2.607	0.048	2.402	2.213	0.078
MJ3.5×0.35－4g6g	3.481	3.396	0.085	3.254	3.212	0.042	3.077	3.014	0.063
MJ3.5×0.6－4g6g	3.479	3.354	0.125	3.089	3.036	0.053	2.786	2.697	0.089
MJ4×0.5－4g6g	3.980	3.874	0.106	3.655	3.607	0.048	3.402	3.324	0.078
MJ4×0.7－4g6g	3.978	3.838	0.140	3.523	3.467	0.056	3.169	3.071	0.098

续表

螺纹标记	大径 d			中径 d_2			小径 d_1		
	max	min	T_d 6g	max	min	T_{d_2} 4g	max	min	T_{d_1}
MJ4.5×0.5－4g6g	4.480	4.374	0.106	4.155	4.107	0.048	3.902	3.824	0.078
MJ4.5×0.75－4g6g	4.478	4.338	0.140	3.991	3.935	0.056	3.612	3.511	0.101
MJ5×0.5－4g6g	4.980	4.874	0.106	4.655	4.607	0.048	4.402	4.324	0.078
MJ5×0.8－4g6g	4.976	4.826	0.150	4.456	4.396	0.060	4.052	3.944	0.108
MJ5.5×0.5－4g6g	5.480	5.374	0.106	5.155	5.107	0.048	4.902	4.824	0.078
MJ6×0.75－4g6g	5.978	5.838	0.140	5.491	5.428	0.063	5.112	5.004	0.108
MJ6×1－4g6g	5.974	5.794	0.180	5.324	5.253	0.071	4.819	4.687	0.132
MJ7×0.75－4g6g	6.978	6.838	0.140	6.491	6.423	0.063	6.112	6.004	0.108
MJ7×1－4g6g	6.974	6.794	0.180	6.324	6.253	0.071	5.819	5.687	0.132
MJ8×0.75－4g6g	7.978	7.838	0.140	7.491	7.428	0.063	7.112	7.004	0.108
MJ8×1－4g6g	7.974	7.794	0.180	7.324	7.253	0.071	6.819	6.687	0.132
MJ8×1.25－4g6g	7.972	7.760	0.212	7.160	7.085	0.075	6.529	6.378	0.151
MJ9×0.75－4g6g	8.978	8.838	0.140	8.491	8.428	0.063	8.112	8.004	0.108
MJ9×1－4g6g	8.974	8.794	0.180	8.324	8.253	0.071	7.819	7.687	0.132
MJ9×1.25－4g6g	8.972	8.760	0.212	8.160	8.085	0.075	7.529	7.378	0.151
MJ10×0.75－4g6g	9.978	9.838	0.140	9.491	9.428	0.063	9.112	9.004	0.108
MJ10×1－4g6g	9.974	9.794	0.180	9.324	9.258	0.071	8.819	8.687	0.132
MJ10×1.25－4g6g	9.972	9.760	0.212	9.160	9.085	0.075	8.529	8.378	0.151
MJ10×1.5－4g6g	9.968	9.732	0.236	9.994	9.909	0.085	8.236	8.060	0.176
MJ11×0.75－4g6g	10.978	10.838	0.140	10.491	10.428	0.063	10.112	10.004	0.108
MJ11×1－4g6g	10.974	10.794	0.180	10.324	10.253	0.071	9.819	9.687	0.132
MJ11×1.25－4g6g	10.972	10.760	0.212	10.160	10.085	0.075	9.529	9.378	0.151
MJ11×1.5－4g6g	10.968	10.732	0.236	9.994	9.909	0.085	9.236	9.060	0.176
MJ12×1－4g6g	11.974	11.794	0.180	11.324	11.249	0.075	10819	10.683	0.136
MJ12×1.25－4g6g	11.972	11.760	0.212	11.160	11.075	0.085	10529	10.368	0.161
MJ12×1.5－4g6g	11.968	11.732	0.236	10.994	10.904	0.090	10236	10.055	0.181
MJ12×1.75－4g6g	11.966	11.701	0.265	10.829	10.734	0.095	9.945	9.744	0.201
MJ14×1－4g6g	13.974	13.794	0.180	13.324	13.249	0.075	12.819	12.683	0.136
MJ14×1.25－4g6g	13.972	13.760	0.212	13.160	13.075	0.085	12.529	12.368	0.161
MJ14×1.5－4g6g	13.968	13.732	0.236	12.994	12.904	0.090	12.236	12.055	0.181

续 表

螺纹标记	大径 d			中径 d_2			小径 d_1		
	max	min	T_d 6g	max	min	T_{d_2} 4g	max	min	T_{d_1}
MJ14×2－4g6g	13.962	13.682	0.280	12.663	12.563	0.100	11.653	11.431	0.222
MJ15×1－4g6g	14.974	14.794	0.180	14.324	14.249	0.075	13.819	13.683	0.136
MJ15×1.5－4g6g	14.968	14.732	0.236	13.994	13.904	0.090	13.236	13.055	0.181
MJ16×1－4g6g	15.974	15.794	0.180	15.324	15.249	0.075	14.819	14.683	0.136
MJ16×1.5－4g6g	15.968	15.732	0.236	14.994	14.904	0.090	14.236	14.055	0.181
MJ16×2－4g6g	15.962	15.682	0.280	14.663	14.563	0.100	13.653	13.431	0.222
MJ17×1－4g6g	16.974	16.794	0.180	16.324	16.249	0.075	15.819	15.683	0.136
MJ17×1.5－4g6g	16.968	16.732	0.236	15.994	15.904	0.090	15.236	15.055	0.181
MJ18×1－4g6g	17.974	17.794	0.180	17.324	17.249	0.075	16.819	16.683	0.136
MJ18×1.5－4g6g	17.968	17.732	0.236	16.994	16.904	0.090	16.236	16.055	0.181
MJ18×2－4g6g	17.962	17.682	0.280	16.663	16.563	0.100	15.653	15.431	0.222
MJ18×2.5－4g6g	17.958	17.623	0.335	16.324	16.228	0.106	15.071	14.814	0.257
MJ20×1－4g6g	19.974	19.794	0.180	19.324	19.249	0.075	18.819	18.683	0.136
MJ20×1.5－4g6g	19.968	19.732	0.236	18.994	18.904	0.090	18.236	18.055	0.181
MJ20×2－4g6g	19.962	19.682	0.280	18.663	18.563	0.100	17.653	17.431	0.222
MJ20×2.5－4g6g	19.958	19.623	0.335	18.334	18.228	0.106	17.071	16.814	0.257
MJ22×1－4g6g	21.974	21.794	0.180	21.324	21.249	0.075	20.819	20.683	0.136
MJ22×1.5－4g6g	21.968	21.732	0.236	20.994	20.904	0.090	20.236	20.055	0.181
MJ22×2－4g6g	21.962	21.682	0.280	20.663	20.563	0.100	19.653	19.431	0.222
MJ22×2.5－4g6g	21.958	21.623	0.335	20.334	20.228	0.106	19.071	18.814	0.257
MJ24×1－4g6g	23.974	23.794	0.180	23.324	23.244	0.080	22.819	22.678	0.141
MJ24×1.5－4g6g	23.968	23.732	0.236	22.994	22.899	0.095	22.236	22.050	0.186
MJ24×2－4g6g	23.962	23.682	0.280	22.663	22.557	0.106	21.653	21.425	0.227
MJ24×3－4g6g	23.952	23.577	0.375	22.003	21.878	0.125	20.488	20.181	0.307
MJ25×1－4g6g	24.974	24.794	0.180	24.324	24.244	0.080	23.819	23.678	0.141
MJ25×1.5－4g6g	24.968	24.732	0.236	23.994	23.899	0.095	23.236	23.050	0.186
MJ25×2－4g6g	24.962	24.682	0.280	23.663	23.557	0.106	22.653	22.425	0.227
MJ26×1.5－4g6g	25.968	25.732	0.236	24.994	24.899	0.095	24.236	24.050	0.186
MJ27×1－4g6g	26.974	26.794	0.180	26.324	26.244	0.080	25.819	25.678	0.141
MJ27×1.5－4g6g	26.968	26.732	0.236	25.994	25.899	0.095	25.236	25.050	0.186

续表

螺纹标记	大径 d			中径 d_2			小径 d_1		
	max	min	T_d6g	max	min	T_{d_2}4g	max	min	T_{d_1}
MJ27×2－4g6g	26.962	26.682	0.280	25.663	25.557	0.106	24.653	24.425	0.227
MJ27×3－4g6g	26.952	26.577	0.375	25.003	24.878	0.125	23.488	23.181	0.307
MJ28×1－4g6g	27.974	27.794	0.180	27.324	27.244	0.080	26.819	26.678	0.141
MJ28×1.5－4g6g	27.968	27.732	0.236	26.994	26.899	0.095	26.236	26.050	0.186
MJ28×2－4g6g	27.962	27.682	0.280	26.663	26.557	0.106	25.653	25.425	0.227
MJ30×1－4g6g	29.974	29.794	0.180	29.324	29.244	0.080	28.819	28.678	0.141
MJ30×1.5－4g6g	29.968	29.732	0.236	28.994	28.899	0.095	28.236	28.050	0.186
MJ30×2－4g6g	29.962	29.682	0.280	28.663	28.557	0.106	27.653	27.425	0.227
MJ30×3－4g6g	29.952	29.577	0.375	28.003	27.878	0.125	26.488	26.181	0.307
MJ30×3.5－4g6g	29.947	29.522	0.425	27.674	27.542	0.132	25.906	25.562	0.344
MJ32×1.5－4g6g	31.968	31.732	0.236	30.994	30.899	0.095	30.236	30.050	0.141
MJ32×2－4g6g	31.962	31.682	0.280	30.663	30.557	0.106	29.653	29.425	0.186
MJ33×1.5－4g6g	32.968	32.732	0.375	31.994	31.899	0.095	31.236	31.050	0.186
MJ33×2－4g6g	32.962	32.682	0.425	31.663	31.557	0.106	30.653	30.425	0.227
MJ33×3－4g6g	32.952	32.577	0.236	31.003	30.878	0.125	29.488	29.181	0.307
MJ33×3.5－4g6g	32.947	32.522	0.280	30.674	30.542	0.132	28.906	28.562	0.344
MJ35×1.5－4g6g	34.968	34.732	0.236	33.994	33.899	0.095	33.236	33.050	0.186
MJ35×2－4g6g	34.962	34.682	0.280	33.663	33.557	0.106	32.653	32.425	0.227
MJ36×1.5－4g6g	35.968	35.732	0.236	34.994	34.899	0.095	34.236	34.050	0.186
MJ36×2－4g6g	35.962	35.682	0.280	34.663	34.557	0.106	33.653	33.425	0.227
MJ36×3－4g6g	35.952	35.577	0.375	34.003	33.878	0.125	32.488	32.181	0.307
MJ36×4－4g6g	35.940	35.465	0.475	33.342	33.202	0.140	31.321	30.929	0.382
MJ38×1.5－4g6g	37.968	37.732	0.236	36.994	36.899	0.095	36.236	36.050	0.186
MJ39×1.5－4g6g	38.968	38.732	0.236	37.994	37.899	0.095	37.236	37.050	0.186
MJ39×2－4g6g	38.962	38.682	0.280	37.663	37.557	0.106	36.653	36.425	0.227
MJ39×3－4g6g	38.952	38.577	0.375	37.003	36.878	0.125	35.488	35.181	0.307
MJ39×4－4g6g	38.940	38.465	0.475	36.342	36.202	0.140	34.321	33.929	0.382
MJ40×1.5－4g6g	39.968	39.732	0.236	38.994	38.899	0.095	38.236	38.050	0.186
MJ40×2－4g6g	39.962	39.682	0.280	38.663	38.557	0.106	37.653	37.425	0.227
MJ40×3－4g6g	39.952	39.577	0.375	38.003	37.878	0.125	36.488	36.181	0.307

续 表

螺纹标记	大径 d			中径 d_2			小径 d_1		
	max	min	T_d 6g	max	min	T_{d_2} 4g	max	min	T_{d_1}
MJ42×1.5－4g6g	41.968	41.732	0.236	40.994	40.899	0.095	40.236	40.050	0.186
MJ42×2－4g6g	41.962	41.682	0.280	40.663	40.557	0.106	39.653	39.425	0.227
MJ42×3－4g6g	41.952	41.577	0.375	40.003	39.878	0.125	38.488	38.181	0.307
MJ42×4－4g6g	41.940	41.465	0.475	39.342	39.202	0.140	37.321	36.929	0.382
MJ42×4.5－4g6g	41.937	41.437	0.500	39.014	38.864	0.150	36.741	36.318	0.423
MJ45×1.5－4g6g	44.968	44.732	0.236	43.994	43.899	0.095	43.236	43.050	0.186
MJ45×2－4g6g	44.962	44.682	0.280	43.663	43.557	0.106	42.653	42.425	0.227
MJ45×3－4g6g	44.952	44.577	0.375	43.003	42.878	0.125	41.488	41.181	0.307
MJ45×4－4g6g	44.940	44.465	475	42.342	42.202	0.140	40.321	30.929	0.382
MJ45×4.5－4g6g	44.937	44.437	0.500	42.014	41.864	0.150	39.741	39.318	0.423
MJ48×1.5－4g6g	47.968	47.732	0.236	46.994	46.894	0.100	46.236	46.045	0.191
MJ48×2－4g6g	47.962	47.682	0.280	46.663	46.551	0.112	45.653	45.419	0.234
MJ48×3－4g6g	47.952	47.577	0.375	46.003	45.871	0.132	44.488	44.174	0.314
MJ48×4－4g6g	47.940	47.465	0.475	45.342	45.192	0.150	43.321	42.929	0.392
MJ48×5－4g6g	47.929	47.399	0.530	44.681	44.521	0.160	42.155	41.692	0.463
MJ50×1.5－4g6g	49.968	49.732	0.236	48.994	48.894	0.100	48.236	48.045	0.191
MJ50×2－4g6g	49.962	49.682	0.280	48.663	48.551	0.112	47.653	47.419	0.234
MJ50×3－4g6g	49.952	49.577	0.375	48.003	47.871	0.132	46.488	46.174	0.314
MJ52×1.5－4g6g	51.968	51.732	0.236	50.994	50.894	0.100	50.236	50.045	0.191
MJ52×2－4g6g	51.962	51.682	0.280	50.663	50.551	0.112	49.653	49.419	0.234
MJ52×3－4g6g	51.952	51.577	0.375	50.003	49.871	0.132	48.488	48.174	0.314
MJ52×4－4g6g	51.940	51.465	0.475	49.342	49.192	0.150	47.321	46.929	0.392
MJ52×5－4g6g	51.929	51.399	0.530	46.681	48.521	0.160	46.155	45.692	0.463
MJ55×1.5－4g6g	54.968	54.732	0.236	53.994	53.894	0.100	53.236	53.045	0.191
MJ55×2－4g6g	54.962	54.682	0.280	53.663	53.551	0.112	52.653	52.419	0.234
MJ55×3－4g6g	54.952	54.577	0.375	53.003	52.871	0.132	51.488	51.174	0.314
MJ55×4－4g6g	54.940	54.465	0.475	52.342	52.192	0.150	50.321	49.929	0.392
MJ56×1.5－4g6g	55.968	55.732	0.236	54.994	54.894	0.100	54.236	54.045	0.191
MJ56×2－4g6g	55.962	55.682	0.280	54.663	54.551	0.112	53.653	53.419	0.234
MJ56×3－4g6g	55.952	55.577	0.375	54.003	53.871	0.132	52.488	52.174	0.314

续表

螺纹标记	大径 d			中径 d_2			小径 d_1		
	max	min	T_d6g	max	min	T_{d_2}4g	max	min	T_{d_1}
MJ56×4－4g6g	55.940	55.465	0.475	53.342	53.192	0.150	51.321	50.929	0.392
MJ56×5.5－4g6g	55.925	55.365	0.560	52.353	52.183	0.170	49.574	49.074	0.503
MJ58×1.5－4g6g	57.968	57.732	0.236	56.994	56.894	0.100	56.236	56.045	0.191
MJ58×2－4g6g	57.962	57.682	0.280	56.663	56.551	0.112	55.653	55.419	0.234
MJ58×3－4g6g	57.952	57.577	0.375	56.003	55.871	0.132	54.488	54.174	0.314
MJ58×4－4g6g	57.940	57.465	0.475	55.342	55.192	0.150	53.321	52.929	0.392
MJ60×1.5－4g6g	59.968	59.732	0.236	58.994	58.894	0.100	58.236	58.045	0.191
MJ60×2－4g6g	59.962	59.682	0.280	58.663	58.551	0.112	57.653	57.419	0.234
MJ60×3－4g6g	59.952	59.577	0.375	58.003	57.871	0.132	56.488	56.174	0.314
MJ60×4－4g6g	59.940	59.465	0.475	57.342	57.192	0.150	55.321	54.929	0.392
MJ60×5.5－4g6g	59.925	59.365	0.560	56.353	56.183	0.170	53.574	53.071	0.503
MJ62×1.5－4g6g	61.968	61.732	0.236	60.994	60.894	0.100	60.236	60.045	0.191
MJ62×2－4g6g	61.962	61.682	0.280	60.663	60.551	0.112	59.653	59.419	0.234
MJ62×3－4g6g	61.952	61.577	0.375	60.003	59.871	0.132	58.488	58.174	0.314
MJ62×4－4g6g	61.940	61.465	0.475	59.342	59.192	0.150	57.321	56.929	0.392
MJ64×1.5－4g6g	63.968	63.732	0.236	62.994	62.894	0.100	62.236	62.045	0.191
MJ64×2－4g6g	63.962	63.682	0.280	62.663	62.551	0.112	61.653	61.419	0.234
MJ64×3－4g6g	63.952	63.577	0.375	62.003	61.871	0.132	60.488	60.174	0.314
MJ64×4－4g6g	63.940	63.465	0.475	61.342	61.192	0.150	59.321	58.929	0.392
MJ64×6－4g6g	63.920	63.320	0.600	60.023	59.843	0.180	56.992	56.488	0.544
MJ65×1.5－4g6g	64.968	64.732	0.236	63.994	63.894	0.100	63.236	63.045	0.191
MJ65×2－4g6g	64.962	64.682	0.280	63.663	63.551	0.112	62.653	62.419	0.234
MJ65×3－4g6g	64.952	64.577	0.375	63.003	62.871	0.132	61.488	61.174	0.314
MJ65×4－4g6g	64.940	64.465	0.475	62.342	62.192	0.150	60.321	59.929	0.392
MJ68×1.5－4g6g	67.968	67.732	0.236	66.994	66.894	0.100	66.236	66.045	0.191
MJ68×2－4g6g	67.962	67.682	0.280	66.663	66.551	0.112	65.653	65.419	0.234
MJ68×3－4g6g	67.952	67.577	0.375	66.003	65.871	0.132	64.488	64.174	0.314
MJ68×4－4g6g	67.940	67.465	0.475	65.342	65.192	0.150	63.321	62.929	0.392
MJ68×6－4g6g	67.920	67.320	0.600	64.023	63.843	0.180	60.992	60.488	0.544
MJ70×1.5－4g6g	69.968	69.732	0.236	68.994	68.894	0.100	68.236	68.045	0.191

续 表

螺纹标记	大径 d			中径 d_2			小径 d_1		
	max	min	T_d6g	max	min	T_{d_2} 4g	max	min	T_{d_1}
MJ70×2－4g6g	69.962	69.682	0.280	68.663	68.551	0.112	67.653	67.419	0.234
MJ70×3－4g6g	69.952	69.577	0.375	68.003	67.871	0.132	66.488	66.174	0.314
MJ70×4－4g6g	69.940	69.465	0.475	67.342	67.192	0.150	65.321	64.929	0.392
MJ70×6－4g6g	69.920	69.320	0.600	66.023	65.843	0.180	62.992	62.448	0.544
MJ72×1.5－4g6g	71.968	71.732	0.236	70.994	70.894	0.100	70.236	70.045	0.191
MJ72×2－4g6g	71.962	71.682	0.280	70.663	70.551	0.112	69.653	69.419	0.234
MJ72×3－4g6g	71.952	71.577	0.375	70.003	69.871	0.132	68.488	68.174	0.314
MJ72×4－4g6g	71.940	71.465	0.475	69.342	69.192	0.150	67.321	66.929	0.392
MJ72×6－4g6g	71.920	71.320	0.600	68.023	67.843	0.180	64.992	64.448	0.544
MJ75×1.5－4g6g	74.968	74.732	0.236	73.994	73.894	0.100	73.236	73.045	0.191
MJ75×2－4g6g	74.962	74.682	0.280	73.663	73.551	0.112	72.653	72.419	0.234
MJ75×3－4g6g	74.952	74.577	0.375	73.003	72.871	0.132	71.488	71.174	0.314
MJ75×4－4g6g	74.940	74.465	0.475	72.342	72.192	0.150	70.321	69.929	0.392
MJ76×1.5－4g6g	75.968	75.732	0.236	74.994	74.894	0.100	74.236	74.045	0.191
MJ76×3－4g6g	75.952	75.577	0.375	74.003	73.871	0.132	72.488	72.174	0.314
MJ76×4－4g6g	75.940	75.465	0.475	73.342	73.192	0.150	71.321	70.929	0.392
MJ76×6－4g6g	75.920	75.320	0.600	72.023	71.843	0.180	68.992	68.448	0.544
MJ78×1.5－4g6g	77.968	77.732	0.236	76.996	76.894	0.100	76.236	76.045	0.191
MJ78×2－4g6g	77.962	77.682	0.280	76.663	76.551	0.112	75.653	75.419	0.234
MJ78×3－4g6g	77.952	77.577	0.375	76.003	75.871	0.132	74.488	75.174	0.314
MJ80×1.5－4g6g	79.968	79.732	0.236	78.994	78.894	0.100	78.236	78.045	0.191
MJ80×2－4g6g	79.962	79.682	0.280	78.663	78.551	0.112	77.653	77.419	0.234
MJ80×3－4g6g	79.962	79.577	0.375	78.003	77.871	0.132	76.488	76.174	0.314
MJ80×4－4g6g	79.940	79.465	0.475	77.342	77.192	0.150	75.321	74.929	0.392
MJ80×6－4g6g	79.920	79.320	0.600	76.023	75.843	0.180	72.992	72.448	0.544
MJ82×1.5－4g6g	81.968	81.732	0.236	80.994	80.891	0.100	80.236	80.045	0.191
MJ82×2－4g6g	81.962	81.682	0.280	80.663	80.551	0.112	79.653	79.419	0.234
MJ82×3－4g6g	81.952	81.577	0.375	80.003	79.871	0.132	78.488	78.174	0.314
MJ85×1.5－4g6g	84.968	84.732	0.236	83.994	83.894	0.100	83.236	83.045	0.191
MJ85×2－4g6g	84.962	84.682	0.280	83.663	83.551	0.112	82.653	82.419	0.234

续表

螺纹标记	大径 d			中径 d_2			小径 d_1		
	max	min	T_d6g	max	min	T_{d_2} 4g	max	min	T_{d_1}
MJ85×3－4g6g	84.952	84.577	0.375	83.003	82.871	0.132	81.488	81.174	0.314
MJ85×4－4g6g	84.940	84.465	0.475	82.342	82.192	0.150	80.321	79.929	0.392
MJ85×6－4g6g	84.920	84.320	0.600	81.023	80.843	0.180	77.992	77.448	0.544
MJ88×1.5－4g6g	87.968	87.732	0.236	86.994	86.894	0.100	86.236	86.045	0.191
MJ90×1.5－4g6g	89.968	89.732	0.236	88.994	88.984	0.100	88.236	88.045	0.191
MJ90×2－4g6g	89.962	89.682	0.280	88.663	88.551	0.112	87.653	87.419	0.234
MJ90×3－4g6g	89.952	89.577	0.375	88.003	87.871	0.132	86.488	86.174	0.314
MJ90×4－4g6g	89.940	89.465	0.475	87.342	87.192	0.150	85.321	84.929	0.392
MJ90×6－4g6g	89.920	89.320	0.600	86.023	85.843	0.180	82.992	82.448	0.544
MJ92×1.5－4g6g	91.968	91.732	0.236	90.994	90.888	0.106	90.236	90.039	0.197
MJ95×1.5－4g6g	94.968	94.732	0.236	93.994	93.888	0.106	93.236	93.039	0.197
MJ95×2－4g6g	94.962	94.682	0.280	93.663	93.545	0.118	92.653	92.413	0.240
MJ95×3－4g6g	94.952	94.577	0.375	93.003	92.863	0.140	91.488	91.166	0.322
MJ95×4－4g6g	94.940	94.465	0.475	92.342	92.182	0.160	90.321	89.919	0.402
MJ95×6－4g6g	94.920	94.320	0.600	91.023	90.833	0.190	87.992	87.438	0.554
MJ98×1.5－4g6g	97.968	97.732	0.236	96.994	96.888	0.106	96.236	96.039	0.197
MJ100×1.5－4g6g	99.968	99.732	0.236	98.994	98.888	0.106	98.236	98.039	0.197
MJ100×2－4g6g	99.962	99.682	0.280	98.663	98.545	0.118	97.653	97.413	0.240
MJ100×3－4g6g	99.952	99.577	0.375	98.003	97.863	0.140	96.488	96.166	0.322
MJ100×4－4g6g	99.940	99.465	0.475	97.342	97.182	0.160	95.321	94.919	0.402
MJ100×6－4g6g	99.920	99.320	0.600	96.023	95.833	0.190	92.992	92.438	0.554

注：外螺纹小径的最大值 $d_{1\max} = d_{2\max} - 0.505\,18P$；

外螺纹小径的最小值 $d_{1\min} = d_{2\min} - 0.565\,80P$。

附表 5　内螺纹极限尺寸

单位：mm

螺纹标记	大径 D_3	中径 D_2			小径 D_1		
	max	max	min	T_{D_2} 4H	max	min	T_{D_1} 6H
MJ1.6×0.35－4H6H	1.704	1.426	1.373	0.053	1.359	1.259	0.100
MJ1.8×0.35－4H6H	1.904	1.626	1.573	0.053	1.559	1.459	0.100
MJ2×0.4－4H6H	2.114	1.796	1.74	0.056	1.722	1.610	0.112
MJ2.2×0.45－4H6H	2.325	1.986	1.908	0.060	1.887	1.762	0.125

续表

螺纹标记	大径 D_3	中径 D_2			小径 D_1		
	max	max	min	T_{D_2} 4H	max	min	T_{D_1} 6H
MJ2.5×0.35-4H6H	2.604	2.326	2.273	0.053	2.259	2.159	0.100
MJ2.5×0.45-4H6H	2.625	2.268	2.208	0.060	2.187	2.062	0.125
MJ3×0.35-4H6H	3.107	2.829	2.773	0.056	2.759	2.659	0.100
MJ3×0.5-4H6H	3.135	2.738	2.675	0.063	2.653	2.513	0.140
MJ3.5×0.35-4H6H	3.607	3.329	3.273	0.056	3.259	3.159	0.100
MJ3.5×0.6-4H6H	3.658	3.181	3.11	0.071	3.075	2.915	0.160
MJ4×0.5-4H6H	4.135	3.738	3.675	0.063	3.653	3.513	0.140
MJ4×0.7-4H6H	4.176	3.62	3.545	0.075	3.498	3.318	0.180
MJ4.5×0.5-4H6H	4.635	4.238	4.175	0.063	4.153	4.013	0.140
MJ4.5×0.75-4H6H	4.683	4.088	4.013	0.075	3.959	3.769	0.190
MJ5×0.5-4H6H	5.135	4.738	4.675	0.063	4.653	4.513	0.140
MJ5×0.8-4H6H	5.195	4.56	4.48	0.080	4.421	4.221	0.200
MJ5.5×0.5-4H6H	5.635	5.238	5.175	0.063	5.153	5.013	0.140
MJ6×0.75-4H5H	6.193	5.598	5.513	0.085	5.419	5.269	0.150
MJ6×1-4H5H	6.239	5.445	5.350	0.095	5.216	5.026	0.190
MJ7×0.75-4H5H	7.193	6.598	6.513	0.085	6.419	6.269	0.150
MJ7×1-4H5H	7.239	6.445	6.35	0.095	6.216	6.026	0.190
MJ8×0.75-4H5H	8.193	7.598	7.513	0.085	7.419	7.269	0.150
MJ8×1-4H5H	8.239	7.445	7.35	0.095	7.216	7.026	0.190
MJ8×1.25-4H5H	8.280	7.288	7.188	0.100	6.994	6.782	0.212
MJ9×0.75-4H5H	9.193	8.598	8.513	0.085	8.419	8.269	0.150
MJ9×1-4H5H	9.239	8.445	8.350	0.095	8.216	8.026	0.190
MJ9×1.25-4H5H	9.280	8.288	8.188	0.100	7.994	7.782	0.212
MJ10×0.75-4H5H	10.193	9.598	9.513	9.216	9.419	9.269	0.150
MJ10×1-4H5H	10.239	9.445	9.350	0.095	9.216	9.026	0.190
MJ10×1.25-4H5H	10.280	9.288	9.188	0.100	8.994	8.782	0.212
MJ10×1.5-4H5H	10.329	9.138	9.026	0.112	8.775	8.539	0.236
MJ11×0.75-4H5H	11.193	10.598	10.513	0.085	10.419	10.269	0.150
MJ11×1-4H5H	11.239	10.445	10.350	0.095	10.216	10.026	0.190
MJ11×1.25-4H5H	11.280	10.288	10.188	0.100	9.994	9.782	0.212

续表

螺纹标记	大径 D_3	中径 D_2			小径 D_1		
	max	max	min	T_{D_2} 4H	max	min	T_{D_1} 6H
MJ11×1.5－4H5H	11.329	10.138	10.026	0.112	9.775	9.539	0.236
MJ12×1－4H5H	12.244	11.450	11.350	0.100	11.216	11.026	0.190
MJ12×1.25－4H5H	12.292	11.300	11.188	0.112	10.994	10.782	0.212
MJ12×1.5－4H5H	12.335	11.144	11.026	0.118	10.775	10.539	0.236
MJ12×1.75－4H5H	12.378	10.988	10.863	0.125	10.560	10.295	0.265
MJ14×1－4H5H	14.244	13.450	13.350	0.100	13.216	13.026	0.190
MJ14×1.25－4H5H	14.292	13.300	13.188	0.112	12.994	12.782	0.212
MJ14×1.5－4H5H	14.335	13.144	13.026	0.118	12.775	12.539	0.236
MJ14×2－4H5H	14.421	12.833	12.701	0.132	12.351	12.051	0.300
MJ15×1－4H5H	15.244	14.450	14.350	0.100	14.216	14.026	0.190
MJ15×1.5－4H5H	15.335	14.144	14.026	0.118	13.775	13.539	0.236
MJ16×1－4H5H	16.244	15.450	15.350	0.100	15.216	15.026	0.190
MJ16×1.5－4H5H	16.335	15.144	15.026	0.118	14.775	14.539	0.236
MJ16×2－4H5H	16.421	14.833	14.701	0.132	14.351	14.051	0.300
MJ17×1－4H5H	17.244	16.45	16.350	0.100	16.216	16.026	0.190
MJ17×1.5－4H5H	17.335	16.144	16.026	0.118	15.775	15.539	0.236
MJ18×1－4H5H	18.244	17.45	17.350	0.100	17.216	17.026	0.190
MJ18×1.5－4H5H	18.335	17.144	17.026	0.118	16.775	16.539	0.236
MJ18×2－4H5H	18.421	16.833	16.701	0.132	16.351	16.051	0.300
MJ18×2.5－4H5H	18.501	16.516	16.376	0.140	15.919	15.564	0.355
MJ20×1－4H5H	20.244	19.450	19.350	0.100	19.216	19.026	0.190
MJ20×1.5－4H5H	20.335	19.144	19.026	0.118	18.775	18.539	0.236
MJ20×2－4H5H	20.421	18.833	18.701	0.132	18.351	18.050	0.300
MJ20×2.5－4H5H	20.501	18.516	18.376	0.140	17.919	17.564	0.355
MJ22×1－4H5H	22.244	21.450	21.350	0.100	21.216	21.026	0.190
MJ22×1.5－4H5H	22.335	21.144	21.026	0.118	20.775	20.539	0.236
MJ22×2－4H5H	22.421	20.833	20.701	0.132	20.351	20.051	0.300
MJ22×2.5－4H5H	22.501	20.516	20.376	0.140	19.919	19.564	0.355
MJ24×1－4H5H	24.250	23.456	23.350	0.106	23.216	23.026	0.190
MJ24×1.5－4H5H	24.342	23.151	23.026	0.125	22.775	22.539	0.236

续 表

螺纹标记	大径 D_3	中径 D_2			小径 D_1		
	max	max	min	T_{D_2} 4H	max	min	T_{D_1} 6H
MJ24×2-4H5H	24.429	23.841	22.701	0.140	22.351	22.051	0.300
MJ24×3-4H5H	24.603	22.221	22.051	0.170	21.477	21.077	0.400
MJ25×1-4H5H	25.250	24.456	24.350	0.106	24.216	24.026	0.190
MJ25×1.5-4H5H	25.342	24.151	24.026	0.125	23.775	23.539	0.236
MJ25×2-4H5H	25.429	23.841	23.701	0.140	23.351	23.051	0.300
MJ26×1.5-4H5H	26.342	25.151	25.026	0.125	24.775	24.539	0.236
MJ27×1-4H5H	27.250	26.456	26.350	0.106	26.216	26.026	0.190
MJ27×1.5-4H5H	27.342	26.151	26.026	0.125	25.775	25.539	0.236
MJ27×2-4H5H	27.429	25.841	25.701	0.140	25.351	25.051	0.300
MJ27×3-4H5H	27.603	25.221	25.051	0.170	24.477	24.077	0.400
MJ28×1-4H5H	28.250	27.456	27.350	0.106	27.216	27.026	0.190
MJ28×1.5-4H5H	28.342	27.151	27.026	0.125	26.775	26.539	0.236
MJ28×2-4H5H	28.429	26.841	26.701	0.140	26.351	26.051	0.300
MJ30×1-4H5H	30.250	29.456	29.350	0.106	29.216	29.026	0.190
MJ30×1.5-4H5H	30.342	29.151	29.026	0.125	28.775	28.539	0.236
MJ30×2-4H5H	30.429	28.841	28.701	0.140	28.351	28.051	0.300
MJ30×3-4H5H	30.603	28.221	28.051	0.170	27.477	27.077	0.400
MJ30×3.5-4H5H	30.685	27.907	27.727	0.180	27.040	26.590	0.450
MJ32×1.5-4H5H	32.342	31.151	31.026	0.125	30.775	30.593	0.236
MJ32×2-4H5H	32.429	30.841	30.701	0.140	30.351	30.051	0.300
MJ33×1.5-4H5H	33.342	32.151	32.026	0.125	31.775	31.539	0.236
MJ33×2-4H5H	33.429	31.841	31.701	0.140	31.351	31.051	0.300
MJ33×3-4H5H	33.603	31.221	31.051	0.170	30.477	30.077	0.400
MJ33×3.5-4H5H	33.685	30.907	30.727	0.180	30.040	29.590	0.450
MJ35×1.5-4H5H	35.342	34.151	34.026	0.125	33.775	33.539	0.236
MJ35×2-4H5H	35.429	33.841	33.701	0.140	33.351	33.051	0.300
MJ36×1.5-4H5H	36.342	35.151	35.026	0.125	34.775	34.539	0.236
MJ36×2-4H5H	36.429	34.841	34.701	0.140	34.351	34.051	0.300
MJ36×3-4H5H	36.603	34.221	34.051	0.170	33.477	33.077	0.400
MJ36×4-4H5H	36.767	33.592	33.402	0.190	32.578	32.103	0.475

续表

螺纹标记	大径 D_3	中径 D_2			小径 D_1		
	max	max	min	T_{D_2} 4H	max	min	T_{D_1} 6H
MJ38×1.5－4H5H	38.342	37.151	37.025	0.125	36.775	36.539	0.236
MJ39×1.5－4H5H	39.342	38.151	38.025	0.125	37.775	37.539	0.236
MJ39×2－4H5H	39.429	37.841	37.701	0.140	37.351	37.051	0.300
MJ39×3－4H5H	39.603	37.221	37.051	0.170	36.477	36.077	0.400
MJ39×4－4H5H	39.767	36.592	36.402	0.190	35.578	35.103	0.475
MJ40×1.5－4H5H	40.342	39.151	39.026	0.125	38.775	38.539	0.236
MJ40×2－4H5H	40.429	38.841	38.701	0.140	38.351	38.051	0.300
MJ40×3－4H5H	40.603	38.221	38.051	0.170	37.477	37.077	0.400
MJ42×1.5－4H5H	42.342	41.151	41.026	0.125	40.775	40.539	0.236
MJ42×2－4H5H	42.429	40.841	40.701	0.140	40.351	40.051	0.300
MJ42×3－4H5H	42.603	40.221	40.051	0.170	39.477	39.077	0.400
MJ42×4－4H5H	42.767	39.592	39.402	0.190	38.578	38.103	0.475
MJ42×4.5－4H5H	42.850	39.277	39.077	0.200	38.146	37.616	0.530
MJ45×1.5－4H5H	45.342	44.151	44.026	0.125	43.775	43.539	0.236
MJ45×2－4H5H	45.429	43.841	43.701	0.140	43.351	43.501	0.300
MJ45×3－4H5H	45.603	43.221	43.051	0.170	42.477	42.077	0.400
MJ45×4－4H5H	45.767	42.592	42.402	0.190	41.578	41.103	0.475
MJ45×4.5－4H5H	45.850	42.277	42.077	0.200	41.146	40.616	0.530
MJ48×1.5－4H5H	48.349	47.158	47.026	0.132	46.775	46.539	0.236
MJ48×2－4H5H	48.439	46.851	46.701	0.150	46.351	46.051	0.300
MJ48×3－4H5H	48.613	46.231	46.051	0.180	45.477	45.077	0.400
MJ48×4－4H5H	48.777	45.602	45.402	0.200	44.578	44.103	0.475
MJ48×5－4H5H	48.934	44.964	44.752	0.212	43.689	43.129	0.560
MJ50×1.5－4H5H	50.349	49.158	49.026	0.132	48.775	48.539	0.236
MJ50×2－4H5H	50.439	48.851	48.701	0.150	48.351	48.051	0.300
MJ50×3－4H5H	50.613	48.231	48.051	0.180	47.477	47.077	0.400
MJ52×1.5－4H5H	52.349	51.158	51.026	0.132	50.775	50.539	0.236
MJ52×2－4H5H	52.439	50.851	50.701	0.150	50.351	50.051	0.300
MJ52×3－4H5H	52.613	50.231	50.051	0.180	49.477	49.077	0.400
MJ52×4－4H5H	52.777	49.602	49.402	0.200	48.578	48.103	0.475

续 表

螺纹标记	大径 D_3	中径 D_2			小径 D_1		
	max	max	min	T_{D_2} 4H	max	min	T_{D_1} 6H
MJ52×5－4H5H	52.934	48.964	48.752	0.212	47.689	47.129	0.560
MJ55×1.5－4H5H	55.349	54.158	54.026	0.132	53.775	53.539	0.236
MJ55×2－4H5H	55.439	53.851	53.701	0.150	53.351	53.051	0.300
MJ55×3－4H5H	55.613	53.231	53.051	0.180	52.477	52.077	0.400
MJ55×4－4H5H	55.777	52.602	52.402	0.200	51.578	51.103	0.475
MJ56×1.5－4H5H	56.349	55.158	55.026	0.132	54.775	54.539	0.236
MJ56×2－4H5H	56.439	54.851	54.701	0.150	54.351	54.051	0.300
MJ56×3－4H5H	56.613	54.231	54.051	0.180	53.477	53.077	0.400
MJ56×4－4H5H	56.777	53.602	53.402	0.200	52.578	52.103	0.475
MJ56×5.5－4H5H	57.018	52.652	52.428	0.224	51.241	50.641	0.600
MJ58×1.5－4H5H	58.349	57.158	57.026	0.132	56.775	56.539	0.236
MJ58×2－4H5H	58.439	56.851	56.701	0.150	56.351	56.051	0.300
MJ58×3－4H5H	58.613	56.231	56.051	0.180	55.477	55.077	0.400
MJ58×4－4H5H	58.777	55.602	55.402	0.200	54.578	54.103	0.475
MJ60×1.5－4H5H	60.349	59.158	59.026	0.132	58.775	58.539	0.236
MJ60×2－4H5H	60.439	58.851	58.701	0.150	58.351	58.051	0.300
MJ60×3－4H5H	60.613	58.231	58.051	0.180	57.477	57.077	0.400
MJ60×4－4H5H	60.777	57.602	57.402	0.200	56.578	56.103	0.475
MJ60×5.5－4H5H	61.018	56.652	56.428	0.224	55.241	54.641	0.600
MJ62×1.5－4H5H	62.349	61.158	61.026	0.132	60.775	60.539	0.236
MJ62×2－4H5H	62.439	60.851	60.701	0.150	60.351	60.051	0.300
MJ62×3－4H5H	62.613	60.231	60.051	0.180	59.477	59.077	0.400
MJ62×4－4H5H	62.777	59.602	59.402	0.200	58.578	58.103	0.475
MJ64×1.5－4H5H	64.349	63.158	63.026	0.132	62.775	62.539	0.236
MJ64×2－4H5H	64.439	62.851	62.701	0.150	62.351	62.051	0.300
MJ64×3－4H5H	64.613	62.231	62.051	0.180	61.477	61.077	0.400
MJ64×4－4H5H	64.777	61.602	61.402	0.200	60.578	60.103	0.475
MJ64×6－4H5H	65.102	60.339	60.103	0.236	58.784	58.154	0.630
MJ65×1.5－4H5H	65.349	64.158	64.026	0.132	63.775	63.539	0.236
MJ65×2－4H5H	65.439	63.851	63.701	0.150	63.351	63.051	0.300

续表

螺纹标记	大径 D_3	中径 D_2			小径 D_1		
	max	max	min	T_{D_2} 4H	max	min	T_{D_1} 6H
MJ65×3-4H5H	65.613	63.231	63.051	0.180	62.477	62.077	0.400
MJ65×4-4H5H	65.777	62.602	62.402	0.200	61.578	61.103	0.475
MJ68×1.5-4H5H	68.349	67.158	67.026	0.132	66.775	66.539	0.236
MJ68×2-4H5H	68.439	66.851	66.701	0.150	66.351	66.051	0.300
MJ68×3-4H5H	68.613	66.231	66.051	0.180	65.477	65.077	0.400
MJ68×4-4H5H	68.777	65.602	65.402	0.200	64.578	64.103	0.475
MJ68×6-4H5H	69.102	64.339	64.103	0.236	62.784	62.154	0.630
MJ70×1.5-4H5H	70.349	69.158	69.026	0.132	68.775	68.539	0.236
MJ70×2-4H5H	70.439	68.851	68.701	0.150	68.351	68.051	0.300
MJ70×3-4H5H	70.613	68.231	68.051	0.180	67.477	67.077	0.400
MJ70×4-4H5H	70.777	67.602	67.402	0.200	66.578	66.103	0.475
MJ70×6-4H5H	71.102	66.339	66.103	0.236	64.784	64.154	0.630
MJ72×1.5-4H5H	72.349	71.158	71.026	0.132	70.775	70.539	0.236
MJ72×2-4H5H	72.439	70.851	70.071	0.150	70.351	70.051	0.300
MJ72×3-4H5H	72.613	70.231	70.051	0.180	69.477	69.077	0.400
MJ72×4-4H5H	72.777	69.602	69.402	0.200	68.578	68.103	0.475
MJ72×6-4H5H	73.102	68.339	68.103	0.236	66.784	66.154	0.630
MJ75×1.5-4H5H	75.349	74.158	74.026	0.132	73.775	73.539	0.236
MJ75×2-4H5H	75.439	73.851	73.701	0.150	73.351	73.051	0.300
MJ75×3-4H5H	75.613	73.231	73.051	0.180	72.477	72.077	0.400
MJ75×4-4H5H	75.777	72.602	72.402	0.200	71.578	71.103	0.475
MJ76×1.5-4H5H	76.349	75.158	75.026	0.132	74.775	74.539	0.236
MJ76×3-4H5H	76.613	74.231	74.051	0.180	73.477	73.077	0.400
MJ76×4-4H5H	76.777	73.602	73.402	0.200	72.578	72.103	0.475
MJ76×6-4H5H	77.102	72.339	72.103	0.236	70.784	70.154	0.630
MJ78×1.5-4H5H	78.349	77.158	77.026	0.132	76.775	76.539	0.236
MJ78×2-4H5H	78.439	76.851	76.701	0.150	76.351	76.051	0.300
MJ78×3-4H5H	78.613	76.231	76.051	0.180	75.477	75.077	0.400
MJ80×1.5-4H5H	80.349	79.158	79.026	0.132	78.775	78.539	0.236
MJ80×2-4H5H	80.439	78.851	78.701	0.150	78.351	78.051	0.300

续 表

螺纹标记	大径 D_3	中径 D_2			小径 D_1		
	max	max	min	T_{D_2} 4H	max	min	T_{D_1} 6H
MJ80×3－4H5H	80.613	78.231	78.051	0.180	77.477	77.077	0.400
MJ80×4－4H5H	80.777	77.602	77.402	0.200	76.578	76.103	0.475
MJ80×6－4H5H	81.102	76.339	76.103	0.236	74.784	74.154	0.630
MJ82×1.5－4H5H	82.349	81.158	81.026	0.132	80.775	80.539	0.236
MJ82×2－4H5H	82.439	80.851	80.701	0.150	80.351	80.051	0.300
MJ82×3－4H5H	82.613	80.231	80.051	0.180	79.477	79.077	0.400
MJ85×1.5－4H5H	85.349	84.158	84.026	0.132	83.775	83.539	0.236
MJ85×2－4H5H	85.439	83.851	83.701	0.150	83.351	80.051	0.300
MJ85×3－4H5H	85.613	83.231	83.051	0.180	82.477	79.077	0.400
MJ85×4－4H5H	85.777	82.602	82.402	0.200	81.578	81.103	0.475
MJ85×6－4H5H	86.102	81.339	81.103	0.236	79.784	79.154	0.630
MJ88×1.5－4H5H	88.349	87.158	87.026	0.132	86.775	86.539	0.236
MJ90×1.5－4H5H	90.349	89.158	89.026	0.132	88.775	88.539	0.236
MJ90×2－4H5H	90.439	88.851	88.701	0.150	88.351	88.051	0.300
MJ90×3－4H5H	90.613	88.231	88.051	0.180	87.477	87.077	0.400
MJ90×4－4H5H	90.777	87.602	87.402	0.200	86.578	86.103	0.475
MJ90×6－4H5H	91.102	86.339	86.103	0.236	84.784	84.154	0.630
MJ92×1.5－4H5H	92.357	91.166	91.026	0.140	90.775	90.539	0.236
MJ95×1.5－4H5H	95.357	94.166	94.026	0.140	93.775	93.539	0.236
MJ95×2－4H5H	95.449	93.861	93.701	0.160	93.351	93.051	0.300
MJ95×3－4H5H	95.623	93.241	93.051	0.190	92.477	92.077	0.400
MJ95×4－4H5H	95.789	92.614	92.402	0.212	91.578	91.103	0.475
MJ95×6－4H5H	96.116	91.353	91.103	0.250	89.784	89.154	0.630
MJ98×1.5－4H5H	98.357	97.166	97.026	0.140	96.775	96.539	0.236
MJ100×1.5－4H5H	100.357	99.166	99.026	0.140	98.775	98.539	0.236
MJ100×2－4H5H	100.449	98.861	98.701	0.160	98.351	98.051	0.300
MJ100×3－4H5H	100.623	98.241	98.051	0.190	97.477	97.077	0.400
MJ100×4－4H5H	100.789	97.614	97.402	0.212	96.578	96.103	0.475
MJ100×6－4H5H	101.116	96.353	96.103	0.250	94.784	94.154	0.630

注：内螺纹大径的最小值 $D_{3\min} \geqslant D$；

内螺纹大径的最大值 $D_{3\max} = D_{2\max} + 0.79386P$。

参考文献

[1] 山本晃. 螺纹连接的理论与计算[M]. 郭可谦,译. 上海:上海科学技术出版社,1984.

[2] 全国螺纹标准化技术委员会. 公制、美制和英制螺纹标准手册[M]. 2 版. 北京:中国标准出版社,2004.

[3] 赵慧婷. MJ 螺纹在飞机上的应用[J]. 机械工程师,2007(1):44-46.

[4] 窦志伟,徐阿玲. MJ 螺纹在飞机上的应用探讨[J]. 航空标准化与质量,2008(6):27-31.

[5] 孙小炎. MJ 螺纹紧固件简介(一)[J]. 航天标准化,2009(1):9-13.

[6] 孙小炎. MJ 螺纹紧固件简介(二)[J]. 航天标准化,2009(2):13-17.

[7] 《MJ 螺纹》标准编制组. 国家军用标准《MJ 螺纹》介绍[J]. 航空标准化,1984(1):7-14.

[8] 李新勇. 螺纹实用手册[M]. 北京:机械工业出版社,2009.

[9] 中华人民共和国国家军用标准:GJB 3.1A—2003 MJ 螺纹 第 1 部分 通用要求[S]. 北京:国防科工委军标出版发行部,2003.

[10] 中华人民共和国国家军用标准:GJB 3.2A—2003 MJ 螺纹 第 2 部分 螺栓和螺母螺纹的极限尺寸[S]. 北京:国防科工委军标出版发行部,2003.

[11] 中华人民共和国国家军用标准:GJB 3.3A—2003 MJ 螺纹 第 3 部分 管路螺纹的极限尺寸[S]. 北京:国防科工委军标出版发行部,2003.

[12] 乔奇光,乔正阳,全革,等. MJ 螺纹的耐冲击特性及承载优势[J]. 装备环境工程,2013,10(2):129-131.

[13] 刘秀爽. MJ 螺纹及检验方法[J]. 计量技术,1992(8):18-19.

[14] 于源. 抗疲劳的 MJ 螺纹及其标准[J]. 金属加工(冷加工),1997(1):16-19.

[15] 李永,张昆. MJ 螺纹与普通螺纹强度试验与分析[J]. 科技风,2011(2):63-64.

[16] 曲绪英. 浅析 MJ 螺纹与普通螺纹相配合的可能性[J]. 航空标准化,2005(5):10-13.

[17] 曲绪英. MJ 螺纹与普通螺纹能否配合的判定公式[J]. 航空标准化,2006(4):37-40.

[18] GB/T 196—2003 普通螺纹 基本尺寸[S]. 北京:中国标准出版社,2004.

[19] GB/T 197—2003 普通螺纹 公差[S]. 北京:中国标准出版社,2004.

[20] GB/T 2516—2003 普通螺纹 极限偏差[S]. 北京:中国标准出版社,2004.

[21] 全国紧固件标准化技术委员会. 标准紧固件实用手册[M]. 北京:中国标准出版社,2009.

[22] 中华人民共和国国家军用标准:GJB 715.23A—2008 紧固件试验方法 拉伸强度[S]. 北京:国防科学技术工业委员会,2008.

[23] 国家标准件产品质量监督检验中心. 紧固件检验手册[M]. 北京:中国计量出版

社,2010.
[24] Sopwith D G. The distribution of load in screw threads [J]. Inst, Mechanical Eng. Appl. Mechanics Proc. ,1948,159:373 - 383.
[25] YAMATOTOA. The theory and computation of threads connection[M]. Tokoy: Yokendo,1980.
[26] Kenny B, Patterson E A. Load and stress distribution in screw threads [J]. Experimental Mechanics,1985,25(3):33 - 38.
[27] Chen J J,Shih Y S. A study of the helical effect on the thread connection by three dimensional finite element analysis[J]. Nuclear Engineering and Design,1999,191(2):109 - 116.
[28] 徐芝纶. 弹性力学[M]. 4 版. 北京:高等教育出版社,2006.
[29] 李江涛. 起落架结构用 MJ 螺纹连接强度研究[D]. 西安:西安交通大学,2013.
[30] 张红兵,杜建红. 有限元模型中螺栓载荷施加方法研究[J]. 机械设计与制造,1999(6):32 - 33.
[31] 鹈户口英善. 螺纹结构强度设计规范的制定及理论基础[J]. 李明民,译. 高压ガス,1984,21(1).
[32] 王客,毛志. 基于 MATLAB 实现最小二乘曲线拟合[J]. 北京广播学院学报,2005,12(2):52 - 56.
[33] 欧阳明松,徐连民. 基于 MATLAB 的试验数据拟合[J]. 南昌工程学院学报,2010,29(4):24 - 28.
[34] 唐家德. 基于 MATLAB 的非线性曲线拟合[J]. 计算机与现代化,2008(6):15 - 19.
[35] 凌永祥,陈明逵. 计算方法教程[M]. 西安:西安交通大学出版社,2009.
[36] 《飞机设计手册》总编委会. 飞机设计手册:第三册(上) 材料[M]. 北京:航空工业出版社,1997.
[37] 张红松,胡仁喜,康士廷. ANSYS 13.0 有限元分析从入门到精通[M]. 北京:机械工业出版社,2011.
[38] 刘展. ABAQUS 6.6 基础教程与实例详解[M]. 北京:中国水利水电出版社,2008.
[39] 石亦平,周玉蓉. ABAQUS 有限元分析实例详解[M]. 北京:机械工业出版社,2011.
[40] Volker Schats. 实现螺栓可靠装配的 10 个步骤[M]. 朱正德,郭林建,译. 北京:机械工业出版社,2010.